westermann

DAS **TRAININGS**BUCH

Mathematik 5–8

In 3 Schritten zum Lernerfolg!

DAS **TRAININGS**BUCH

Mathematik 5–8

Autoren:

Derya Sahin unterrichtet Mathematik, Biologie und Arbeitslehre in der Sekundarstufe I. Durch Erfahrungen im Unterricht weiß sie, dass Schwierigkeiten in der Mathematik strategisch und durch die richtige Unterstützung mit verschiedenen Darstellungsformen erfolgreich gemeistert werden können.

Gotthard Jost unterrichtet Mathematik und Biologie in den Sekundarstufen I und II an einer Gesamtschule. Darüber hinaus ist er Autor zahlreicher Lernhilfen, Lehrerhandreichungen und Schulbücher.

Bildquellenachweis: Shutterstock.com, New York: Goran: 72, 185

Druck A4 / Jahr 2026
Alle Drucke der Serie A sind im Unterricht parallel verwendbar.

Redaktion: Ilona Külen
Illustrationen: Thies Schwarz, Hannover
Umschlaggestaltung und Layout: Janssen Kahlert Design und Kommunikation GmbH, Hannover
Umschlagfoto: Getty Images (RF), München: Photographer's Choice RF/Fred Paul; iStockphoto.com, Calgary
Druck und Bindung: Westermann Druck GmbH, Georg-Westermann-Allee 66,
38104 Braunschweig

ISBN 978-3-7426-**0033**-2

Liebe Schülerin, lieber Schüler,

du willst sicherer in Mathematik werden?

Dann ist das **Trainingsbuch** genau das Richtige für dich! Mithilfe der 3-Schritt-Methode kannst du hier alles üben, was in der 5. bis 8. Klasse wichtig ist.

Die **3-Schritt-Methode** ist ganz einfach.

1 verstehen: Lies die Regeln gründlich durch und merke dir den Inhalt.

2 üben: Abwechslungsreiche **Übungen** helfen dir, die Regeln zu verinnerlichen.

3 können: Schließlich schreibst du einen **Test**, um zu überprüfen, ob du die Regeln wirklich verstanden hast.

Die Lösungen zu den Übungen und Tests findest du ab Seite 166. Mit den Auswertungen zu den einzelnen Tests kannst du außerdem deine erreichte Punktzahl ermitteln.

Wenn mal eine Übung oder Testaufgabe nicht auf Anhieb klappt, dann ist das nicht schlimm. Schau dir einfach die Regeln und die Lösungen zur Aufgabe genau an. Versuche dann, sie etwas später noch einmal zu lösen.
Wenn du nicht genügend Platz findest, um die Aufgabe im Buch zu lösen, dann benutze ein eigenes Heft dafür.

Und jetzt kann es auch schon losgehen.

Viel Erfolg beim Üben mit dem **Trainingsbuch**!
Derya Sahin und Gotthard Jost

Inhalt

1. Natürliche Zahlen

Auf dem Zahlenstrahl darstellen und ordnen

1 VERSTEHEN

Wenn man etwas abzählen möchte, beispielsweise Bonbons in der Tüte oder die Tage bis zu den Sommerferien, **benutzt man dafür die natürlichen Zahlen** (1, 2, 3 …).

Am besten kann man sich natürliche Zahlen am **Zahlenstrahl** vorstellen. Der Zahlenstrahl beginnt bei 0 und die Zahlen werden auf dem Zahlenstrahl nach der Größe aufgereiht.

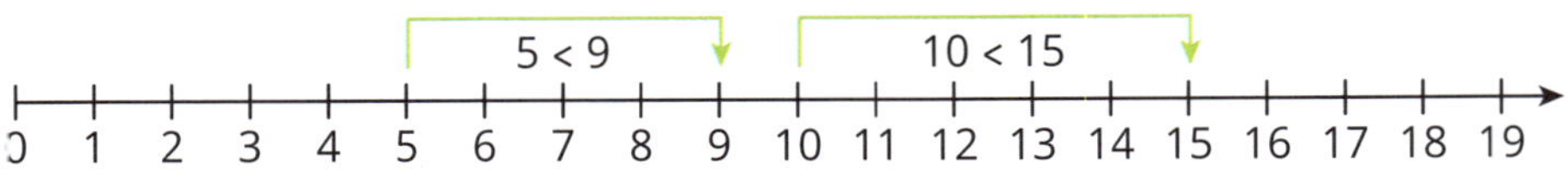

Wenn man sich auf dem Zahlenstrahl nach rechts bewegt, werden die Zahlen immer größer, nach links werden die Zahlen immer kleiner.

Die Zahl 10 ist kleiner als die Zahl 15. → $10 < 15$
Die Zahl 9 ist größer als die Zahl 5. → $9 > 5$

Die Spitze des Größer- oder Kleiner-Zeichens zeigt zur kleineren Zahl hin.

$7 < 10 < 14 < 15 < 20 > 12 > 10 > 8$

„kleiner als“ „größer als“

Den Zahlenstrahl kann man unterschiedlich einteilen.
Es gibt zum Beispiel Zahlenstrahlen, die in Einer-, Zehner-, Hunderter-, Tausenderschritte usw. eingeteilt sind.

Jede natürliche Zahl hat einen **Vorgänger** und einen **Nachfolger**.

Vorgänger		Natürliche Zahl		Nachfolger
5	$<$	6	$<$	7

Vorgänger und Nachfolger der Zahl 1999:
$1998 < 1999 < 2000$

2 ÜBEN

1 Gib die Zahlen an den markierten Stellen an.

2 Trage die Zahlen in den Zahlenstrahl ein.

1300, 1250, 1010, 1650, 2020, 2070

3 Setze das richtige Relationszeichen ein (< oder >).

a) 45 ☐ 55 b) 34 ☐ 12 c) 78 ☐ 98

d) 123 ☐ 124 e) 211 ☐ 112 f) 131 ☐ 313

4 Setze eine geeignete Ziffer für den Platzhalter ein.

a) 2785 > 27☐5 b) ☐15 < 215 c) 6672 < 66☐2 < 6☐62

3 KÖNNEN

TEST **1. Vergleiche die Zahlen und ordne sie nach der Größe.**

381; 1234; 9876; 12 121; 5001; 219; 311; 3100; 12 122

.... < .... < .... < .... < ....

< .... < .... < .... < ....

2. Welche der angegebenen Zahlen sind größer als die Zahl 482 789? Gib zu diesen gefundenen Zahlen den Vorgänger und den Nachfolger an.

(1) 49 278 (2) 482 790 (3) 480 999

(4) 561 054 (5) 67 089 (6) 449 898

Zehnersystem, Stellenwertsystem, Zehnerpotenzen

1 VERSTEHEN

Um alle **Zahlen** zu beschreiben, benötigt man nur zehn verschiedene **Ziffern** **(0, 1, 2, 3, 4, 5, 6, 7, 8, 9)**.
Alle natürlichen Zahlen kann man in einer **Stellenwerttafel** darstellen, damit lassen sich große Zahlen leichter überblicken.
Das bekannteste Stellenwertsystem ist das **Zehnersystem**.
Im Zehnersystem bilden Einer, Zehner, Hunderter etc. die Stellenwerte.

Die Zahlen 10, 100, 1000, 10 000 kann man als **Zehnerpotenz** aufschreiben. Man schreibt „10" und die hochgestellte Zahl, welche die Anzahl der Nullen nach der 1 verdeutlicht.

Zehnerpotenz	rechnerische Schreibweise
$10 = 10^1$	$10 \cdot 1 = 10$
$100 = 10^2$	$10 \cdot 10 = 100$
$1000 = 10^3$	$10 \cdot 10 \cdot 10 = 1000$

(Zwischen benachbarten Stellen jeweils: $\cdot 10$)

	Milliarden	100 Millionen	10 Millionen	Millionen	Hunderttausender	Zehntausender	Tausender	Hunderter	Zehner	Einer
Abkürzung	Mrd.	HM	ZM	Mio.	HT	ZT	T	H	Z	E
Potenzschreibweise	10^9	10^8	10^7	10^6	10^5	10^4	10^3	10^2	10^1	10^0
Anzahl der Nullen	9	8	7	6	5	4	3	2	1	0

TIPP Zahlen unter einer Million schreibt man klein und zusammen.

Im Zehnersystem werden 10 Einer zu 1 Zehner, 10 Zehner zu 1 Hunderter, 10 Hunderter zu 1 Tausender zusammengefasst.

Die Zahlen 4321 und 1 255 100 im Stellenwertsystem:

	M	HT	ZT	T	H	Z	E	Zehnerpotenzen
4321				4	3	2	1	$4 \cdot 10^3 + 3 \cdot 10^2 + 2 \cdot 10^1 + 1 \cdot 10^0$
1 255 105	1	2	5	5	1	0	5	$1 \cdot 10^6 + 2 \cdot 10^5 + 5 \cdot 10^4 + 5 \cdot 10^3 + 1 \cdot 10^2 + 0 \cdot 10^1 + 5 \cdot 10^0$

2 ÜBEN

1 Schreibe diese Zahlen in Worten und als Zehnerpotenzen.

a) 892 178 b) 5 633 120 c) 2 456 320 120

2 Trage die Zahlen in eine Stellenwerttafel nach folgendem Muster ein.

Mrd.	HM	ZM	M	HT	ZT	T	H	Z	E

a) 80 738 172 b) 5 012 788 001 c) 123 456 789
d) fünf Millionen siebenhunderttausendundacht
e) acht Milliarden siebenundachtzig Millionen dreihunderttausend-undsechs

3 Schreibe die Zahlen mit Ziffern.

a) drei Millionen vierhunderttausendsiebenhundertacht

....

b) siebenhundertsiebzigtausendsiebenhundertsiebenundsiebzig

....

4 Ordne die Zahlen, beginne mit der größten.

$4 \cdot 10^1$; $12 \cdot 10^1$, $1 \cdot 10^1$; 134; $94 \cdot 10^0$; $5 \cdot 10^3$;
siebenhundertdreiundvierzig; neunhundertzweiundsiebzigtausend

3 KÖNNEN

TEST Gib die Zahlen im Zehnersystem an und schreibe in Worten.

a) $1 \cdot 10^5 + 6 \cdot 10^4 + 7 \cdot 10^3 + 8 \cdot 10^2 + 0 \cdot 10^1 + 6$
b) $4 \cdot 10^7 + 5 \cdot 10^6 + 6 \cdot 10^5 + 2 \cdot 10^4 + 4 \cdot 10^3 + 5 \cdot 10^2 + 1$
c) $8 \cdot 10^6 + 7 \cdot 10^5 + 5 \cdot 10^4 + 8 \cdot 10^3 + 4 \cdot 10^2 + 5 \cdot 10^1 + 5$

Runden

1 VERSTEHEN

Zahlen mit vielen Ziffern werden oft auf Zehner, Hunderter, Tausender etc. gerundet, um sie leichter vergleichen zu können. Dabei gibt man nicht den genauen, sondern den ungefähren (≈) Zahlenwert an.

- Zuerst wird die **Rundungsstelle** gesucht (wird oft vorgegeben).
- Ist die Ziffer rechts von der Rundungsstelle eine 4 oder kleiner, bleibt die Rundungsstelle erhalten (**abrunden**).
- Ist die Ziffer rechts von der Rundungsstelle 5 oder größer, wird die Rundungsstelle um 1 erhöht (**aufrunden**).

Nach dem Auf- oder Abrunden nehmen alle Ziffern rechts von der Rundungstelle den Wert 0 an.

Runde auf Zehner	4578 ≈ 4580	(aufgerundet)
Runde auf Hunderter	1898 ≈ 1900	(aufgerundet)
Runde auf Tausender	12 432 ≈ 12 000	(abgerundet)

2 ÜBEN

1 Runde auf Zehner.

a) 3679 ≈ .... b) 45 389 ≈ ....

c) 43 014 ≈ .... d) 888 ≈ ....

e) 12 345 ≈ .... f) 654 ≈ ....

2 Runde auf Hunderter.

a) 45 130 ≈ .... b) 987 654 ≈ ....

c) 68 754 ≈ .... d) 4444 ≈ ....

3 Runde auf Tausender.

a) 15 891 ≈ .... b) 409 001 ≈ ....

c) 135 790 ≈ .... d) 999 999 ≈ ....

4 Runde auf Zehntausender.

a) 12 345 678 ≈ .... b) 18 800 ≈ ....

c) 1 453 891 ≈ .... d) 111 111 ≈ ....

5 Die Zahlen sind gerundet worden. Nenne jeweils eine mögliche Ausgangszahl.

a) Auf Zehner: .... ≈ 30; .... ≈ 5010

b) Auf Hunderter: .... ≈ 7800; .... ≈ 431 800

c) 788 000 ist auf Tausender gerundet. Gib die größte und die kleinste Zahl an, aus der die gerundete Zahl entstanden sein könnte.

....

TEST 1. Runde die Zahlen auf die markierte Stelle.

a) 99 500 123 ≈ .... b) 123 999 ≈ ....

c) 111 222 383 ≈ .... d) 956 021 ≈ ....

e) 806 323 ≈ .... f) 254 678 900 ≈ ....

2. Finde die Fehler und korrigiere, wenn nötig, das Ergebnis. Ordne die Ergebnisse nach der Größe.

Die Zahlen wurden auf die markierte Stelle gerundet.

(1) 10 475 123 ≈ *10 570 000* (2) 56 741 ≈ *56 740*

(3) 76 899 ≈ *77 000* (4) 8759 ≈ *8750*

(5) 2 395 000 ≈ *2 300 000* (6) 10 587 123 ≈ *10 590 000*

1 VERSTEHEN

Die vier Grundrechenarten

	Addition	Subtraktion	Multiplikation	Division
Zeichen	+ (plus)	– (minus)	· (mal)	: (geteilt)
Rechenausdruck	$15 + 3 = 18$	$15 - 3 = 12$	$15 \cdot 3 = 45$	$15 : 3 = 5$
Sprechweise	15 plus 3 gleich 18	15 minus 3 gleich 12	15 mal 3 gleich 45	15 geteilt durch 3 gleich 5
	↓ hinzufügen	↓ wegnehmen	↓ vervielfachen	↓ teilen

Diese **lateinischen Bezeichnungen** solltest du wie Vokabeln lernen:

Summand + Summand = **Summe** $15 + 3 = \mathbf{18}$	Minuend – Subtrahend = **Differenz** $15 - 3 = \mathbf{12}$
Faktor · Faktor = **Produkt** $15 \cdot 3 = \mathbf{45}$	Dividend : Divisor = **Quotient** $15 : 3 = \mathbf{5}$

Jetzt kannst du Textaufgaben in **Rechenausdrücke übersetzen**:

- Bilde die Summe aus den Zahlen 18 und 12 → $18 + 12 = 30$.
- Subtrahiere die Zahl 105 von 200 → $200 - 105 = 95$.
- Der Minuend ist 45, der Subtrahend 14, berechne die Differenz → $45 - 14 = 31$.

Manchmal enthält eine Textaufgabe **mehrere Rechenschritte**:

Schritt 1: Addiere die Zahlen 20 und 18. Schritt 2: Subtrahiere davon die Schritt 3: Summe aus 5 und 9.

$$\underbrace{20 + 18}_{38} - \underbrace{5 + 9}_{14} = 4$$

- Multipliziere die Summe der Zahlen 13 und 4 mit der Differenz der Zahlen 10 und 4
  → $(13 + 4) \cdot (10 - 4) = 17 \cdot 6 = 102$
- Bilde den Quotienten von 120 und 12. Addiere dazu das Produkt von 12 und 2.
  → $120 : 12 + 12 \cdot 2 = 10 + 24 = 34$

2 ÜBEN

1 Gib das Zeichen der Grundrechenart an, das zum Ergebnis führt.

a) 13 ☐ 2 = 26 b) 14 ☐ 3 = 17 c) 20 ☐ 11 = 9
d) 25 ☐ 2 = 50 e) 14 ☐ 14 = 196 f) 60 ☐ 15 = 4
g) 20 ☐ 20 = 400 h) 169 ☐ 13 = 13 i) 16 ☐ 4 = 12
j) 1 ☐ 1 = 1 k) 3 ☐ 0 = 0 l) 0 ☐ 2 = 2

2 Berechne im Kopf.

a) $125 - 13 + 12 =$ .... b) $18 \cdot 5 \cdot 2 =$ ....
c) $42 - 38 + 5 =$ .... d) $72 : 8 =$ ....
e) $60 : 3 =$ .... f) $625 : 25 =$ ....
g) $10 + 99 - 9 =$ .... h) $2800 : 7 =$ ....
i) $10 \cdot 12 \cdot 1 =$ ....

3 Vergleiche und setze < , > oder = ein.

a) $16 + 25$ ☐ $45 - 15$ b) $175 - 37$ ☐ $112 + 57$
c) $68 + 12$ ☐ $94 - 12$ d) $25 \cdot 10$ ☐ $163 + 87$
e) $43 + 155$ ☐ $30 \cdot 6$ f) $75 : 5$ ☐ $30 : 2$
g) $11 \cdot 11$ ☐ $321 - 211$ h) $108 : 6$ ☐ $9 \cdot 18$

**4 Die Begriffe sind durcheinandergeraten.
Verbinde die zusammengehörenden Begriffe mit Linien.**

Produkt Quotient Summe

Ergebnis einer „Geteilt durch"-Aufgabe Ergebnis einer Mal-Aufgabe

Ergebnis einer Plus-Aufgabe Differenz Ergebnis einer Minus-Aufgabe

5 Berechne.

Multiplizieren

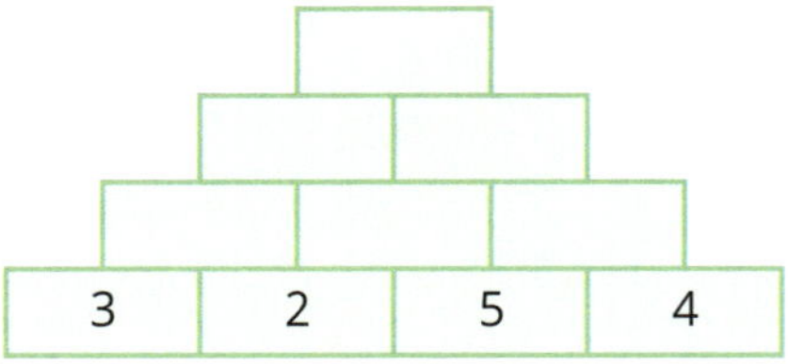

Dividieren

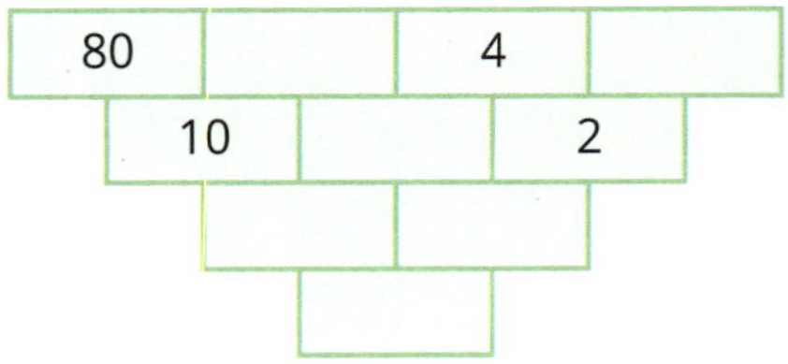

6 Stelle einen Rechenausdruck auf und berechne.

a) Berechne die Differenz von 175 und 45 und subtrahiere davon 55.

b) Multipliziere die Zahl 15 mit sich selbst und dividiere das Ergebnis durch 5.

c) Der Divisor ist 24, der Dividend 144.
Berechne den Wert des Quotienten.

d) Addiere zum Produkt der Zahlen 9 und 15 die Summe der Zahlen 12 und 30.

7 Fülle die Lücken aus.

145 + ... = 1145 | 376 – .... = 26

125 : .... = 5 | 12 · .... = 108

TEST 1. Berechne die Summen und die Differenzen.

Führe anschließend die Probe durch, indem du zu jeder Aufgabe eine „entgegengesetzte“ Rechenart findest.

Berechne die Summen und Differenzen	Probe mit der „entgegengesetzten“ Rechenart
a) 96 – 13 – 12 =	+ 12 + 13 = 96
b) 18 + 19 + 25 =	
c) 124 – 80 – 5 =	
d) 123 + 11 + 9 =	

2. Berechne.

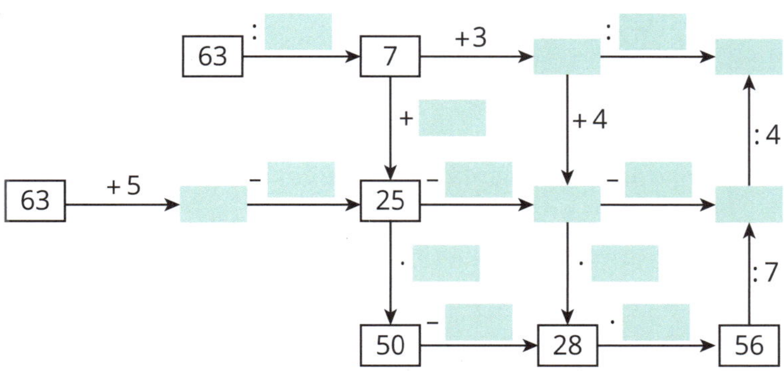

Schriftliches Rechnen

Bei der **schriftlichen Addition und Subtraktion** schreibt man die Zahlen **stellengenau** untereinander (Einer unter Einer, Zehner unter Zehner, Hunderter unter Hunderter usw.). Man addiert bzw. subtrahiert dann spaltenweise von rechts nach links. Wird die Zahl in einer Stellenwertspalte größer als 10, so bildet man zur nächsthöheren Spalte **Überträge**.
Steht im Minuenden eine kleinere Ziffer als beim Subtrahenden, so überträgt man beim Minuenden eine 10, welche von der nächsthöheren Stelle wieder abgezogen wird.

Addition

	T	H	Z	E
	5	2	1	9
+	2	3	4	7
			1	
	7	5	6	6

$9 + 7 = 16$
Übertrag

Subtraktion

	2	8	4	6
–	1	7	9	2
		1		
	1	0	5	4

Bei mehr als einem Subtrahenden, addiert man diese zunächst und subtrahiert dann die Summe.

Schriftliche Multiplikation

Zwei Zahlen werden multipliziert, indem man den 1. Faktor (links) mit jeder Ziffer des zweiten Faktors (rechts) multipliziert ①. Man beginnt mit der höchsten Stelle des 2. Faktors.
Multipliziere anschließend die die weiteren Ziffern des zweiten Faktors nacheinander mit den Einern, Zehnern, Hundertern... des ersten Faktors ②. Schreibe die Teilprodukte so untereinander auf, dass ihre Einer unter der entsprechenden Ziffer des 2. Faktors stehen. Anschließend füllt man die Lücken mit Nullen ③ und addiert die Teilprodukte ④. Ist ein Produkt aus zwei Ziffern größer als 10, bildet man auch hier Überträge ⑤ zur nächsten Spalte.

3	4	5	·	1 ①	3 ②
		3	4	5	0 ③
④ +		1	0	3	5
			1		1 ⑤
		4	4	8	5

Bei der schriftlichen Multiplikation und Division kann dir die **Überschlagsrechnung** helfen: Man rundet die Zahlen und erhält ein ungefähres Ergebnis. So kann man überprüfen, ob das exaktes Ergebnis in etwa stimmen kann.

Im Beispiel $345 \cdot 13$ wäre der Überschlag: $300 \cdot 15 = 4500$.

Schriftliche Division

Ein Überschlag ist sinnvoll: $3800 : 5 = 760$

	3	8	7	6	:	5	=	7	7	5	R 1
–	3	5									
		3	7				Probe:				
④ –		3	5				7	7	5	·	5
			2	6				3	8	7	5
			2	5			3875 + 1 = 3876 ✓				
				1							

① Man dividiert die erste Ziffer des Dividenden (3) durch den Divisor (5). Geht das nicht, nimmt man beim Dividenden zwei (oder mehr) Ziffern: 38. Man schreibt das Ergebnis 7 auf.
② Das erhaltene Ergebnis wird mit dem Divisor multipliziert und das Produkt unter die verwendeten Ziffern des Dividenden geschrieben und davon subtrahiert: $38 - 35 = 3$.
③ Zu der erhaltenen Differenz wird die nächste Ziffer des Dividenden heruntergezogen. Die so entstandene Zahl wird wieder durch den Divisor geteilt. Das Ergebnis kommt hinter die erste Lösungsziffer.
④ Mit der neuen Lösungsziffer beginnt man wieder mit Schritt ②.
Das Verfahren wird so lange wiederholt, bis die letzte Differenz Null ist (die Rechnung ist aufgegangen) oder ein nicht mehr teilbarer Rest bleibt. Diesen schreibt man dann hinter das Ergebnis.
Bei der Probe multipliziert man das Ergebnis mit dem Divisor, der Rest wird hinzugezählt; das Ergebnis muss dem ursprünglichen Dividenden entsprechen.

2 ÜBEN

1 Addiere schriftlich.

a)
```
  8976
+ 3519
______
```

b)
```
  86534
+   121
_______
```

2 Multipliziere schriftlich.

a) 543190 · 5

b) 34501 · 45

3 Subtrahiere schriftlich.

a)
```
  87369
-   342
-------
```

b)
```
  98273
-  1234
-------
```

c)
```
  43789
-  3432
-------
```

d)
```
  754198
- 231563
--------
```

4 Dividiere schriftlich. Mache zuerst eine Überschlagsrechnung und danach auch die Probe.

Ü: a) ....

Ü: b) ....

Ü: c) ....

a) 2 1 1 6 6 4 : 8 =

b) 1 8 8 7 9 : 7 =

c) 4 5 7 8 : 5 =

5 **Fülle die Lücken aus.**

a)

	8	0	7	☐
−		4	6	3
	☐			
	7	☐	☐	2

b)

	1	☐	6
+	☐	1	3
+	1	1	☐
	1	1	
	7	0	0

c)

	2	0	1	7
☐	1	1	0	6
			1	
	☐	☐	☐	3

3 KÖNNEN

TEST **1. Addiere schriftlich.**

a) 785 639 + 62 518 + 347

b) 863 529 + 99 + 123

2. Subtrahiere schriftlich.

a) 36 879 – 2 567

b) 87 349 – 17 800 – 89

3. Multipliziere schriftlich. Mache zuerst eine Überschlagsrechnung.

a) 45 345 · 21

b) 23 901 · 61

4. Dividiere schriftlich mit Probe.

a) 437 464 : 8

b) 79 646 : 14

1 VERSTEHEN

Größen und Einheiten

Größenangaben, wie beispielsweise die Strecke 25 km bestehen aus einer **Maßzahl** und einer **Maßeinheit**: Maßzahl → 25 km ← Maßeinheit

Um Maßeinheiten ineinander **umzuwandeln**, muss man sie mit der **Umrechnungszahl** multiplizieren (bzw. durch sie dividieren).

$2\,\text{km} = (2 \cdot 1000)\,\text{m} = 2000\,\text{m} = (2000 \cdot 10)\,\text{dm} = 20\,000\,\text{dm}$

Alle **Maßeinheiten für Längen** sind Vielfache oder Teiler eines Meters.

:	Einheiten	·	
:1000	Kilometer (km) – Meter (m)	·1000	1 km ≙ 1000 m
:10	Meter (m) – Dezimeter (dm)	·10	1 m ≙ 10 dm
:10	Dezimeter (dm) – Zentimeter (cm)	·10	1 dm ≙ 10 cm
:10	Zentimeter (cm) – Millimeter (mm)	·10	1 cm ≙ 10 mm

Alle **Maßeinheiten für Massen** (umgangssprachlich: **Gewichte**) sind Vielfache oder Teiler eines Kilogramms.

:	Einheiten	·	
:1000	Tonne (t) – Kilogramm (kg)	·1000	1 t ≙ 1000 kg
:1000	Kilogramm (kg) – Gramm (g)	·1000	1 kg ≙ 1000 g
:1000	Gramm (g) – Milligramm (mg)	·1000	1 g ≙ 1000 mg

Alle **Maßeinheiten für die Zeit** sind Vielfache einer Sekunde.

:	Einheiten	·	
:24	Tag (d) – Stunde (h)	·24	1 d ≙ 24 h
:60	Stunde (h) – Minute (min)	·60	1 h ≙ 60 min
:60	Minute (min) – Sekunde (s)	·60	1 min ≙ 60 s

Maßeinheiten für Geld hängen von der jeweiligen Währung ab. Sie werden in der Kommaschreibweise angegeben. Für den Euro gilt:

:	Einheiten	·	
:100	Euro (€) – Cent (ct)	·100	1 € ≙ 100 ct

Beim **Rechnen mit verschiedenen Größen** muss man diese zunächst in dieselbe Maßeinheit umwandeln. Achte dabei darauf, was eine sinnvolle Einheit ist und welche in der Aufgabenstellung verlangt wird.

$2\,\text{m} - 45\,\text{cm} = 200\,\text{cm} - 45\,\text{cm} = 155\,\text{cm} = 1\,\text{m}\ 55\,\text{cm}$

In höheren Klassenstufen kommen auch Flächen- und Volumeneinheiten vor → Seiten 82 und 100.

2 ÜBEN

1 Wandle in die angegebene Maßeinheit um.

a) 12 000 g (in kg) b) 32 m (in dm) c) 2 h (in s)
d) 2 h 20 min (in min) e) 1544 ct (in €) f) 2 m 56 cm (in mm)

2 Berechne.

a) 2 kg + 450 g b) 2 min – 45 s
c) 18 kg – 4000 g – 100 000 mg d) 6 dm 5 cm – 23 cm
e) 30 min 50 s – 18min15 s f) 125 g · 8

3 Löse die Textaufgaben.

a) Hr. Meier darf maximal 750 kg in seinen Autoanhänger laden. Wie viele Säcke Kies darf er laden, wenn ein Sack 40 kg wiegt?
b) Lisa schaut um 20:15 Uhr einen Film, der 123 min dauert. Lisa muss aber spätestens um 22:30 Uhr ins Bett. Kann sie den Film bis dahin komplett ansehen?

3 KÖNNEN

TEST 1. Wandle in die angegebene Einheit um.

a) 4 min (in s) b) 20 d (in h)
c) 46 000 g (in kg) d) 8 kg 56 g (in g)
e) 2 m 6 dm 4 cm (in mm) f) 3 d 7200 s (in h)

2. Berechne.

a) 2 kg 600 g + 4300 g b) 6 h 23 min – 2 h 34 min
c) 4,70 € + 2,50 € + 85 ct

3. Löse die Textaufgabe.

Aylin möchte von Berlin nach Antalya fliegen. Der Flug startet um 07:15 Uhr und landet um 11:48 Uhr (Ortszeit) in Antalya. Aylin muss dort die Uhr eine Stunde vorstellen. Wie lange dauerte der Flug?

Teilbarkeit und Primzahlen

1 VERSTEHEN

Die **Teilbarkeitsregeln** braucht man, um herauszufinden, ob man eine Division **ohne Rest** ausführen kann.

Endzifferregeln

- Eine Zahl ist **durch 2 teilbar**, wenn ihre letzte Ziffer durch 2 teilbar oder eine Null ist: 4, 12, ..., 347 89**8** ist durch 2 teilbar, weil die letzte Ziffer **8** ohne Rest durch 2 teilbar ist: 8 : 2 = 4.
- Eine Zahl ist **durch 5 teilbar**, wenn ihre letzte Ziffer 0 oder 5 ist: 1**0**, 1**5**, ...
- Eine Zahl ist **durch 10 teilbar**, wenn ihre letzte Ziffer 0 ist: 5**0**, 10**0**, ...
- Eine Zahl ist **durch 4 teilbar**, wenn ihre zwei letzten Ziffern eine Zahl bilden, die durch 4 teilbar ist: 1**24**, 312**68**
- Eine Zahl ist **durch 8 teilbar**, wenn ihre drei letzten Ziffern eine Zahl bilden, die durch 8 teilbar sind: **112**, 31**240**

Quersummenregel (Summe der einzelnen Ziffern)

- Eine Zahl ist **durch 3 teilbar**, wenn ihre Quersumme durch 3 teilbar ist: Quersumme von 312: **3** + **1** + **2** = 6
  6 ist durch 3 teilbar also ist auch 312 durch 3 teilbar. ✓
- Eine Zahl ist **durch 9 teilbar**, wenn ihre Quersumme durch 9 teilbar ist: Quersumme von **6129**: **6** + **1** + **2** + **9** = 18
  18 ist durch 9 teilbar, also ist 6129 auch durch 9 teilbar. ✓
- Eine Zahl ist **durch 6 teilbar**, wenn 2 Bedingungen erfüllt werden: Die Zahl muss gerade und die Quersumme durch 3 teilbar sein.
  8922 ist eine gerade Zahl ✓
  8922: **8** + **9** + **2** + **2** = 21 ✓ durch 3 teilbar ✓ → 8922 ist durch 6 teilbar.

Primzahlen sind Zahlen, die **genau zwei Teiler** haben (die 1 und sich selbst). Es gibt unendlich viele Primzahlen, z. B.: 2, 3, 5, 7, 11, 13, 17, 19, 23, 29 ... **Die 1 ist keine Primzahl**, da sie nur einen Teiler hat: sich selbst.

3 ist eine Primzahl, da man die Zahl 3 nur durch 3 und 1 ohne Rest teilen kann. 6 ist keine Primzahl, da man die 6 nicht nur durch 1 und 6, sondern auch durch 2 und 3 teilen kann.

2 ÜBEN

1 **Finde die Primzahlen.**

2 **Setze einen Haken wenn die Antwort „ja“ lautet.**

Ist die Zahl durch	4528	3325	18	61	1989	500	7435	5820
2 teilbar?								
3 teilbar?								
4 teilbar?								
5 teilbar?								
6 teilbar?								
8 teilbar?								
9 teilbar?								
10 teilbar?								

3 **Prüfe mit der Quersummenregel, ob die Zahlen durch 3 und 9 teilbar sind.**

a) 43 212 b) 9199 c) 916 731 234 d) 197 011

4 **Überprüfe die Aussagen und gib die Teilbarkeitsregel an.**

a) 17 720 ist durch 10 teilbar. b) 537 ist durch 2 teilbar.
c) 11 118 ist durch 9 teilbar. d) 1254 ist nicht durch 5 teilbar.

3 KÖNNEN

TEST **1. Untersuche auf Teilbarkeit durch 2, 3, 4, 5, 6, 8, 10.**

a) 354 216 b) 85 296 c) 23 420

2. Setze Ziffern so, dass die Zahl durch 6 teilbar ist.

3198☐ 1☐6 75☐8 123☐ 751☐

Verbindung der Grundrechenarten

1 VERSTEHEN

Bei umfangreichen Rechenaufgaben ist es wichtig, folgende **Rechenregeln und Rechengesetze** zu beachten und diese einzuhalten.

Rechenregeln

- Rechnungen in der **Klammer** löst man immer **zuerst**.
- Bei mehreren Klammern löst man **von innen nach außen**.
- **Punkt**rechnung (· und :) kommt **vor Strich**rechnung (+ und –)
- Es wird immer **von links nach rechts** gerechnet.

$40 + 3 \cdot (15 + 3 \cdot (2 + 10 \cdot 3) - 10)$	innere Klammer zuerst
$= 40 + 3 \cdot (15 + 3 \cdot (2 + 10 \cdot 3) - 10)$	Punkt vor Strich in innerster Klammer
$= 40 + 3 \cdot (15 + 3 \cdot 32 - 10)$	Punkt vor Strich in Klammer
$= 40 + 3 \cdot (15 + 96 - 10)$	Klammer zuerst
$= 40 + 3 \cdot 101$	Punkt vor Strich
$= 40 + 303$	
$= 343$	

Die folgenden Rechengesetze helfen dir dabei, Rechnungen vorteilhaft zu lösen, indem du beispielsweise geschickt umstellst oder zusammenfasst.

Kommutativgesetz (Vertauschungsgesetz)

In einer Summe darf man die Summanden vertauschen und in einem Produkt darf man die Faktoren vertauschen.

Allgemeine Schreibweise: $\mathbf{a + b = b + a}$ $\quad$ $\mathbf{a \cdot b = b \cdot a}$

$3 + 4 = 4 + 3$ $\quad$ $6 \cdot 2 = 2 \cdot 6$

Assoziativgesetz (Verbindungsgesetz)

In einer Summe mit drei oder mehr Summanden darf man die Klammern beliebig setzen. Der Wert der Summe ändert sich nicht, auch wenn man die Klammern weglässt. Das gleiche gilt auch für die Multiplikation.

Allgemeine Schreibweise: $\mathbf{a + (b + c) = (a + b) + c = a + b + c}$

$2 + (3 + 7) = (2 + 3) + 7 = 2 + 3 + 7$

$\mathbf{a \cdot (b \cdot c) = (a \cdot b) \cdot c = a \cdot b \cdot c}$

$4 \cdot (2 \cdot 6) = (4 \cdot 2) \cdot 6 = 4 \cdot 2 \cdot 6$

Distributivgesetz (Verteilungsgesetz)
Eine Summe oder eine Differenz kann man mit einer Zahl multiplizieren oder dividieren, indem man jedes Glied in der Klammer mit dieser Zahl multipliziert oder dividiert.

Allgemeine Schreibweise: $\mathbf{a \cdot (b + c) = a \cdot b + a \cdot c}$

$\mathbf{a \cdot (b - c) = a \cdot b - a \cdot c}$

$\mathbf{a \cdot (b + c - d) = a \cdot b + a \cdot c - a \cdot d}$

$2 \cdot (3 + 5 - 6 + 1) = 2 \cdot 3 + 2 \cdot 5 - 2 \cdot 6 + 2 \cdot 1$

$\mathbf{(a + b) : c = a : c + b : c}$

$\mathbf{(a - b) : c = a : c - b : c}$

$(8 + 4) : 2 = 8 : 2 + 4 : 2$

1 Vertausche die Summanden bzw. die Faktoren vorteilhaft und rechne im Kopf.

a) $31 + 45 + 9 + 5 = (31 + 9) + (45 + 5) =$ ....

b) $5 \cdot 11 \cdot 2 =$ ....

c) $84 + 71 + 6 + 9 =$ ....

d) $25 \cdot 6 \cdot 4 =$ ....

e) $6 \cdot 2 \cdot 30 \cdot 3 =$ ....

f) $55 + 26 + 5 + 14 =$ ....

g) $4 \cdot 45 \cdot 25 =$ ....

h) $64 + 65 + 26 =$ ....

2 Rechne vorteilhaft.

a) $(30 + 5) + 46 =$ ....

b) $(4 + 11) : 5 =$ ....

c) $(50 - 7) \cdot 6 =$ ....

d) $13 \cdot 25 \cdot 4 =$ ....

e) $4 \cdot (3 + 7 - 1) =$ ……………………………………………

f) $(15 - 12) : 3 =$ ……………………………………………

g) $(8 \cdot 2) : 4 =$ ……………………………………………

h) $14 \cdot (5 + 9) =$ ……………………………………………

i) $112 : 7 - 56 : 7 =$ ……………………………………………

3 Nutze das Distributivgesetz.

$5 \cdot 4 + 5 \cdot 6 = 5 \cdot (4 + 6) = 5 \cdot 10 = 50$

a) $9 \cdot 33 + 9 \cdot 67 =$ ……………………………………………

b) $5 \cdot 72 + 5 \cdot 28 =$ ……………………………………………

c) $45 \cdot 21 + 45 \cdot 29 =$ ……………………………………………

d) $6 \cdot 36 + 6 \cdot 54 =$ ……………………………………………

e) $8 \cdot 42 + 8 \cdot 48 =$ ……………………………………………

4 Rechne. Schreibe alle Rechenschritte auf.

a) $\big(2 \cdot (4 + 5) - (3 - 1) + 33 - 10\big)$
b) $15 + 3 \cdot \big(17 + 3 \cdot (8 + 10 \cdot 1) - 9\big)$
c) $(14 - 12) \cdot 2 + \big(5 \cdot (72 : 9) + 10\big)$
d) $45 : 5 - 3 + (38 - 9 - 8)$
e) $36 : \big(94 - (132 - 14 \cdot 3)\big)$

5 Eine Aufgabe für echte Profis: In den Aufgaben fehlen die Klammern. Setze die Klammern richtig ein.

a) $29 \cdot 3 - 20 + 9 \cdot 2 = 29$
b) $33 - 4 \cdot 5 = 145$
c) $8 \cdot 199 + 1 : 4 = 400$
d) $14 + 66 \cdot 8 : 80 = 8$

6 **Nutze das Assoziativgesetz zum vorteilhaften Multiplizieren.**

a) $4 \cdot 28 \cdot 25 =$ ....

b) $250 \cdot 28 \cdot 4 =$ ....

c) $5 \cdot 75 \cdot 6 =$ ....

7 **Nutze das Distributivgesetz, indem du große Zahlen „aufteilst".**

$7 \cdot 88 = 7 \cdot (80 + 8) = 7 \cdot 80 + 7 \cdot 8 = 560 + 56 = 616$

a) $3 \cdot 69 =$ ....

b) $14 \cdot 38 =$ ....

c) $7 \cdot 110 =$ ....

TEST **1. Berechne die Aufgaben und beachte dabei die Rechenregeln.**

a) $9 + 17 \cdot 2 - 15$

b) $37 - (100 : 25 + 6)$

c) $(88 - 110 : 10) + 24$

d) $2 + \big((6 \cdot 4 + 3) - 15\big) + 88$

2. Berechne die Aufgaben.

a) $\big(17 \cdot (199 - 196) - 4 \cdot (70 - 69)\big) + \big(6 \cdot (21 - 11)\big)$

b) $\big((36 : (28 : 7) \cdot 18) - (45 + 15)\big) : 51$

c) $\big(12 - (55 : 5)\big) + \big(5 \cdot (2 + 3 + 8)\big)$

d) $\big(25 + (72 : 9) \cdot 4\big) - (5 \cdot 4 + 5)$

Wichtig ist, erst Klammer, dann Punkt vor Strich, so werden die Berechnungen richtig.

2. Bruch- und Prozentrechnung

Brüche darstellen

1 VERSTEHEN

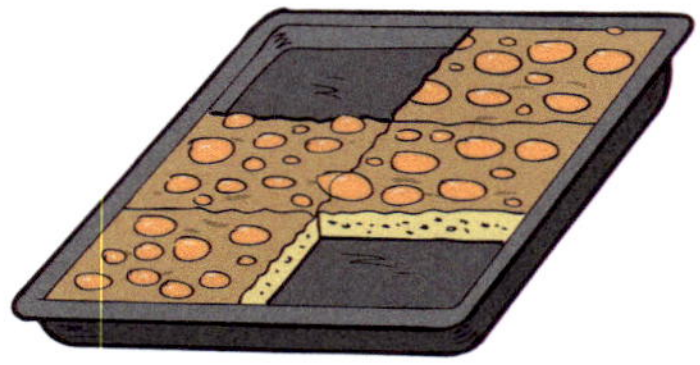

Ein Bruch gibt einen **Bruchteil** von einem Ganzen an. Möchte man etwas Ganzes in gleich große Teile zerlegen, zum Beispiel einen Kuchen in sechs gleich große Stücke zerlegen, so ist jedes Teil ein Sechstel des Kuchens.

$$\frac{2}{6}$$

2 ← Zähler
Bruchstrich ← Bruchstrich
6 ← Nenner

Ein Bruch besteht aus einem **Zähler**, einem **Nenner** und einem **Bruchstrich**.
Nenner: Gibt an, in wie viele gleich große Teile ein Ganzes zerlegt wird.
Zähler: Gibt an, wie viele Teile ausgewählt werden.
Der **Bruchstrich** hat dabei dieselbe Bedeutung wie das Geteilt-Zeichen.

Bruchzahlen können (wie die natürlichen Zahlen auch) am Zahlenstrahl dargestellt werden. Der Zahlenstrahl wird in gleich große Teile zerlegt, und bei geeigneter Teilung kann jeder Bruch eingetragen werden.

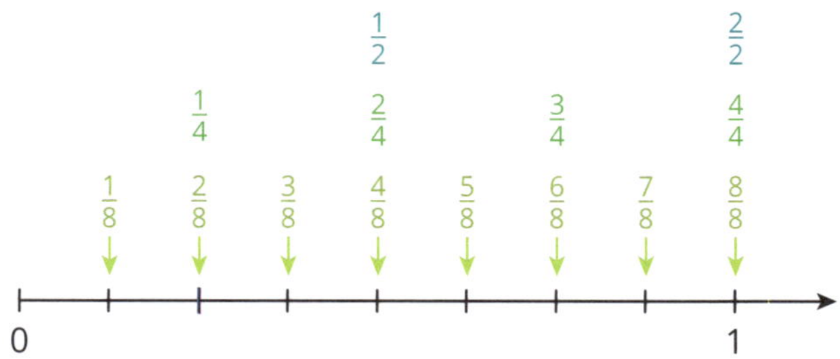

2 ÜBEN

1 Färbe den angegebenen Bruchteil ein.

a) $\frac{1}{4}$ b) $\frac{2}{3}$ c) $\frac{1}{2}$

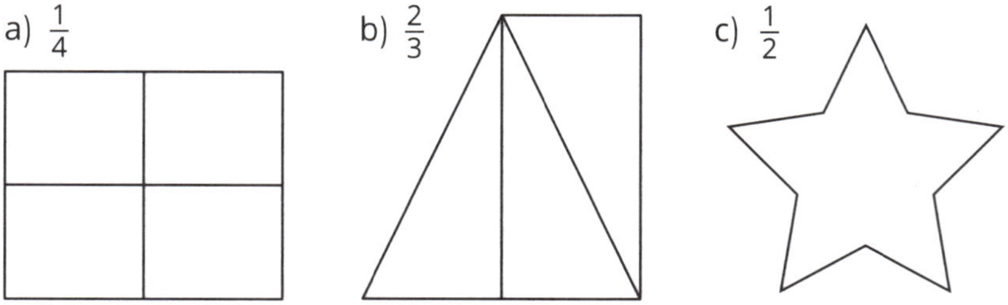

❷ Welcher Bruchteil wird durch die grüne Farbe dargestellt?

a) $\frac{\square}{\square}$ 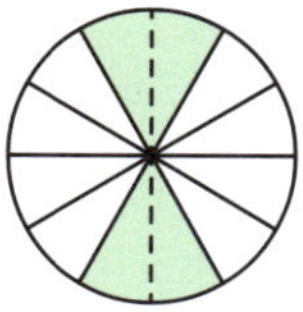

b) $\frac{\square}{\square}$ 

c) $\frac{\square}{\square}$ 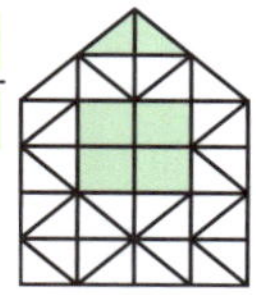

d) $\frac{\square}{\square}$ 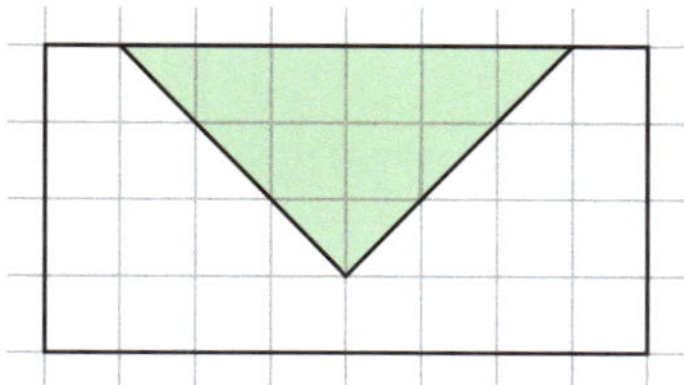

e) $\frac{\square}{\square}$ 

❸ Gib als Bruchzahl an.

a) 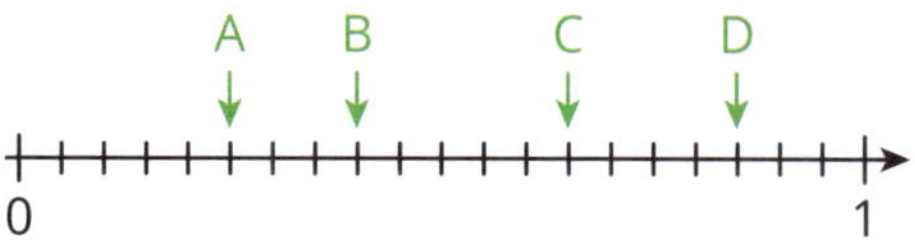

A = ... B = ...

C = ... D = ...

b) 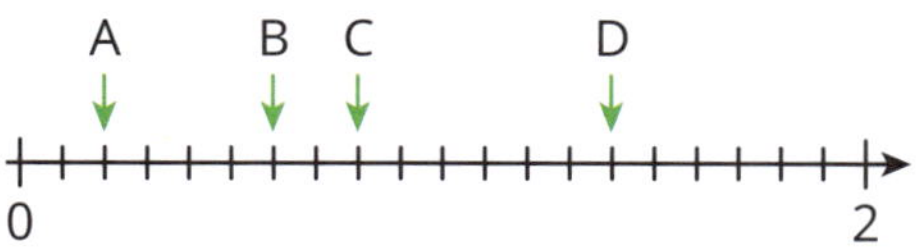

A = ... B = ...

C = ... D = ...

TEST **1. Zeichne zu jeder Aufgabe eine geeignete Figur und färbe den angegeben Bruchteil.**

a) $\frac{2}{7}$ b) $\frac{17}{20}$ c) $\frac{1}{10}$ d) $\frac{3}{3}$

2. Trage die Brüche auf dem Zahlenstrahl ein.

$\frac{1}{2}$; $\frac{2}{2}$; $\frac{1}{10}$; $\frac{5}{10}$; $\frac{10}{5}$

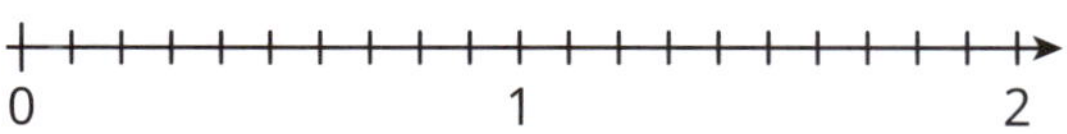

Von echten und unechten Brüchen

1 VERSTEHEN

Man unterscheidet verschiedene Brucharten.
Ein Bruch wird …

- **Stammbruch** genannt, wenn der Zähler 1 und der Nenner eine beliebige natürliche Zahl ist: $\frac{1}{4}$
- **Scheinbruch** genannt, wenn Zähler und Nenner identisch sind: $\frac{4}{4}$
- **echter Bruch** genannt, wenn der Zähler kleiner als der Nenner ist: $\frac{3}{4}$
- **unechter Bruch** genannt, wenn der Zähler größer als der Nenner ist: $\frac{7}{4}$

Der Wert eines unechten Bruchs ist immer größer als ein Ganzes. Oder anders gesagt, er ist immer größer als 1.
Daher kann man unechte Brüche in **gemischte Zahlen** umwandeln.
Eine gemischte Zahl setzt sich aus einer ganzen Zahl und einem Bruch zusammen: $\frac{7}{4} = \frac{4}{4} + \frac{3}{4} = 1 + \frac{3}{4} = 1\frac{3}{4}$

Unechter Bruch

↓

$\frac{7}{4}$

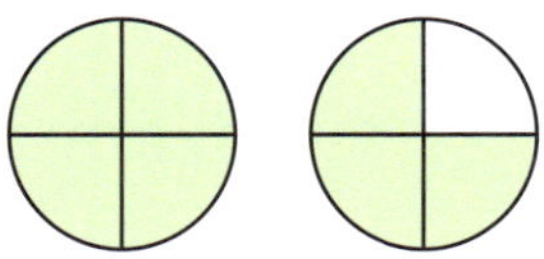

Umwandeln in eine gemischte Zahl

$7 : 4 = 1$ Rest 3

Der „Rest“ wird weiterhin als Bruch dargestellt.

gemischte Zahl

↓

$1\frac{3}{4}$

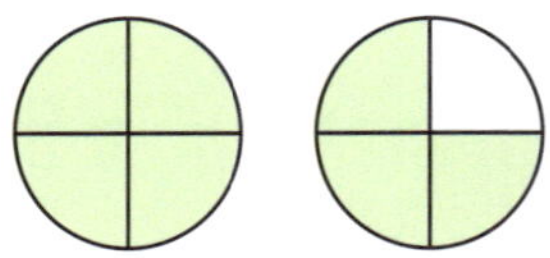

Umgekehrt kann man gemischte Zahlen in unechte Brüche umwandeln.
$1\frac{3}{4} = \frac{4}{4} + \frac{3}{4} = \frac{7}{4}$, oder als Term: $\frac{(1 \cdot 4) + 3}{4} = \frac{7}{4}$

2 ÜBEN

❶ Welcher Bruch ist dargestellt?
Schreibe als unechten Bruch und als gemischte Zahl.

a)

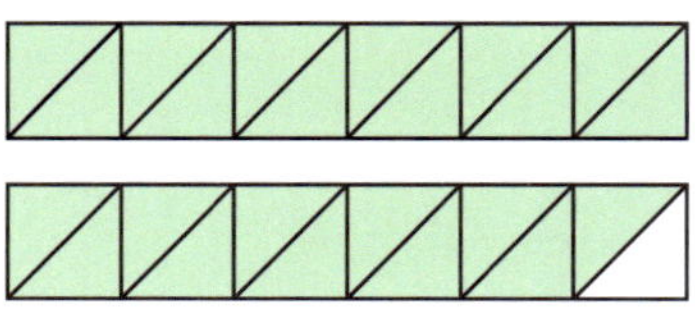

b)

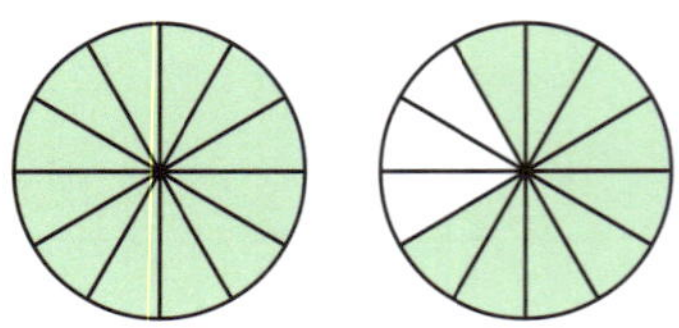

……………………………………………… ………………………………………………

c) 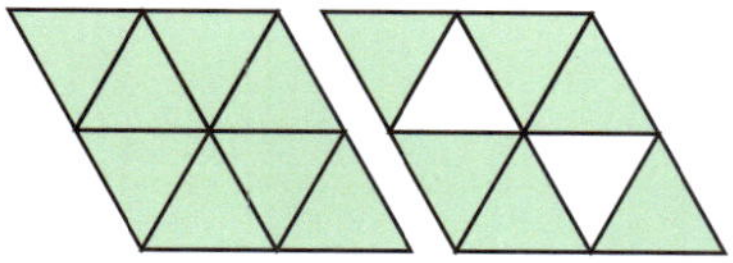

d) 

....

....

❷ Schreibe als gemischte Zahl.

a) $\frac{8}{5}$ = ...

b) $\frac{4}{3}$ = ...

c) $\frac{7}{2}$ = ...

d) $\frac{11}{5}$ = ...

e) $\frac{19}{4}$ = ...

f) $\frac{12}{9}$ = ...

g) $\frac{18}{8}$ = ...

h) $\frac{13}{7}$ = ...

i) $\frac{24}{23}$ = ...

j) $\frac{74}{12}$ = ...

k) $\frac{50}{26}$ = ...

l) $\frac{78}{11}$ = ...

3 KÖNNEN

TEST Wandle den unechten Bruch in eine gemischte Zahl um bzw. umgekehrt.

a) $1\frac{3}{4}$ = ...

b) $2\frac{3}{6}$ = ...

c) $11\frac{1}{4}$ = ...

d) $13\frac{2}{3}$ = ...

e) $18\frac{9}{10}$ = ...

f) $\frac{30}{7}$ = ...

g) $4\frac{4}{15}$ = ...

h) $\frac{131}{44}$ = ...

i) $3\frac{3}{7}$ = ...

j) $\frac{57}{10}$ = ...

k) $25\frac{1}{7}$ = ...

l) $30\frac{3}{4}$ = ...

Brüche erweitern und kürzen

Der Blechkuchen zeigt, dass $\frac{1}{4}$ und $\frac{4}{16}$ unterschiedliche Brüche sind, aber den gleichen Wert haben. Beim rechten Blechkuchen wurde nämlich gleich viel vom Kuchen gegessen, nur dass die Portionen kleiner sind.

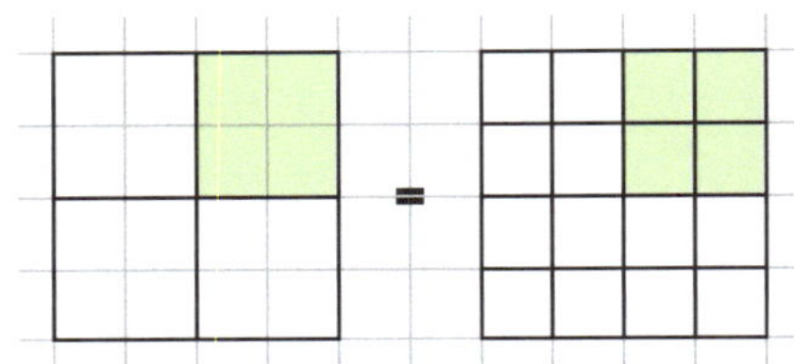

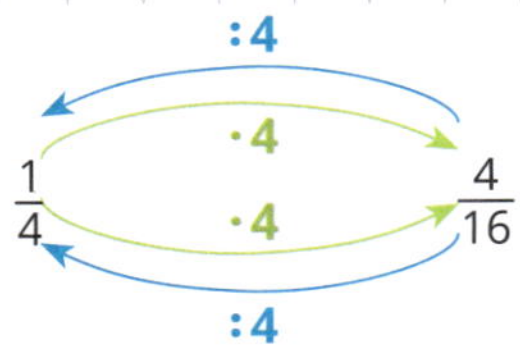

Man kann durch verschiedene Unterteilung gleiche Brüche erhalten, die dennoch den gleichen Anteil an einem Ganzen beschreiben. Wird die Unterteilung verfeinert, so heißt der Vorgang **Erweitern**. Zähler und Nenner werden mit demselben Faktor multipliziert. Wird die Unterteilung vergröbert, heißt der Vorgang **Kürzen**. Zähler und Nenner werden durch dieselbe Zahl dividiert.

kgV und ggT

Brüche mit verschiedenen Nennern kann man durch **Erweitern** oder **Kürzen** auf einen gemeinsamen Nenner, den **Hauptnenner** bringen. Die einfachste Weise, einen Hauptnenner zu finden, ist, die Nenner der Brüche zu multiplizieren.

Der so gefundene Hauptnenner von $\frac{2}{6}$ und $\frac{1}{4}$ wäre $6 \cdot 4 = 24$.

Besser rechnen lässt es sich aber mit dem kleinstmöglichen Hauptnenner. Dieser wird **kgV** (= **kleinstes gemeinsames Vielfaches**) genannt.

$\frac{2}{6} = \frac{4}{12}$ und $\frac{1}{4} = \frac{3}{12}$; kgV(4; 6) = **12**

Beim Kürzen sucht man den **größten gemeinsamen Teiler** (**ggT**).

:2

$\frac{2}{6} = \frac{1}{3}$; ggT(2; 6) = 2

:2

Bruchanteile können auch in **Prozentschreibweise** angegeben werden. Dazu werden Brüche so erweitert oder gekürzt, dass man im Nenner eine 100 hat (Prozent „%" bedeutet „von Hundert", siehe auch Seite 42).

$\frac{7}{25} = \frac{7 \cdot 4}{25 \cdot 4} = \frac{28}{100} = 28\,\%$

2 ÜBEN

1 Erweitere.

a) $\frac{2}{3}$ mit 4 b) $\frac{3}{7}$ mit 6 c) $\frac{5}{8}$ mit 20 d) $\frac{3}{10}$ mit 11

2 Kürze die Brüche so weit wie möglich.

a) $\frac{16}{24}$ b) $\frac{35}{110}$ c) $\frac{52}{13}$ d) $\frac{310}{31}$

3 Erweitere auf Hundertstel und schreibe in Prozent.

a) $\frac{6}{25}$ b) $\frac{4}{5}$ c) $\frac{13}{50}$ d) $\frac{6}{10}$

4 Bestimme die fehlende Zahl.

a) $\frac{12}{18} = \frac{\square}{6} = \frac{20}{\square}$ b) $\frac{22}{28} = \frac{\square}{84} = \frac{132}{\square}$ c) $\frac{30}{15} = \frac{\square}{3} = \frac{66}{\square}$

5 Erweitere $\frac{2}{7}$ und $\frac{6}{12}$ auf einen gemeinsamen Nenner.
Tipp: Bestimme zuerst das KgV (7; 12).

3 KÖNNEN

TEST

1. Überprüfe durch Kürzen, ob die beiden Bruchzahlen den gleichen Wert haben.

a) $\frac{8}{18}$; $\frac{20}{45}$ b) $\frac{18}{42}$; $\frac{15}{20}$ c) $\frac{9}{33}$; $\frac{36}{99}$

2. Schreibe als Hundertstelbruch und kürze so weit wie möglich.

10 %; 16 %; 34 %; 55 %; 72 %; 100 %

Brüche ordnen und vergleichen

1 VERSTEHEN

Ein Größenvergleich von Brüchen ist möglich, wenn man sie auf einen einheitlichen Nenner oder Zähler erweitert bzw. kürzt.

Möglichkeiten die Brüche miteinander zu vergleichen:

- **Vergleich von gleichnamigen Brüchen**
  Bei Brüchen mit gleichem Nenner ist derjenige größer, der den größeren Zähler hat.
  $\frac{4}{7}$ und $\frac{5}{7}$ →

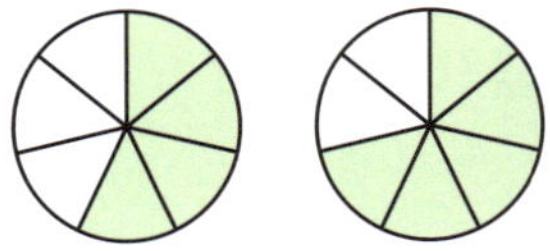

$\frac{4}{7} < \frac{5}{7}$

- **Vergleich von zählergleichen Brüchen**
  Bei Brüchen mit gleichem Zähler ist derjenige größer, der den kleineren Nenner hat.
  $\frac{5}{6}$ und $\frac{5}{8}$; da kleinere Nenner den größeren Wert haben, gilt

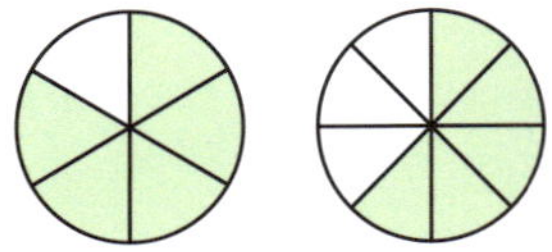

$\frac{5}{6} > \frac{5}{8}$.

Du kannst dir das anhand einer Pizza verdeutlichen.

$\frac{5}{6}$ bedeutet, die Pizza würde in 6 Stücke geteilt.

$\frac{5}{8}$ bedeutet, die Pizza würde in 8 Stücke geteilt.

Die Stücke bei der 6er-Teilung sind größer als bei der 8er-Teilung.

Sind die Brüche weder gleichnamig noch zählergleich, muss man sie durch Erweitern oder Kürzen **gleichnamig machen**.

$\frac{1}{2} < \frac{5}{3}$ weil: $\frac{1}{2} = \frac{3}{6} < \frac{10}{6} = \frac{5}{3}$

2 ÜBEN

1 Setze das richtige Relationszeichen ein:
< (kleiner als), > (größer als) oder =.

a) $\frac{2}{3}\;\square\;\frac{1}{3}$	b) $\frac{3}{4}\;\square\;\frac{2}{4}$	c) $\frac{2}{7}\;\square\;\frac{5}{7}$
d) $\frac{3}{9}\;\square\;\frac{3}{3}$	e) $\frac{3}{5}\;\square\;\frac{3}{7}$	f) $\frac{4}{10}\;\square\;\frac{4}{19}$
g) $\frac{7}{8}\;\square\;\frac{9}{11}$	h) $\frac{9}{99}\;\square\;\frac{5}{55}$	i) $\frac{15}{25}\;\square\;\frac{2}{5}$
j) $1\frac{5}{2}\;\square\;2\frac{5}{3}$	k) $\frac{114}{10}\;\square\;\frac{115}{10}$	l) $\frac{77}{11}\;\square\;\frac{77}{12}$
m) $2\frac{1}{5}\;\square\;2\frac{1}{6}$	n) $1\frac{2}{9}\;\square\;\frac{18}{4}$	o) $\frac{15}{24}\;\square\;\frac{9}{12}$

2 Ordne der Größe nach, beginne mit dem kleinsten Bruch. Bringe die Brüche zuvor auf den Hauptnenner.

a) $\frac{4}{10}$; $\frac{3}{20}$; $\frac{2}{50}$ ....

b) $\frac{3}{4}$; $\frac{5}{8}$; $\frac{1}{12}$; $\frac{9}{24}$; $\frac{17}{48}$ ....

c) $\frac{4}{7}$; $\frac{9}{11}$; $\frac{5}{14}$ ....

3 Stelle die Brüche auf dem Zahlenstrahl dar und ordne sie anschließend nach der Größe.

$\frac{1}{4}$; $\frac{1}{2}$; $1\frac{1}{2}$; $\frac{3}{4}$; $\frac{4}{4}$; $\frac{3}{2}$

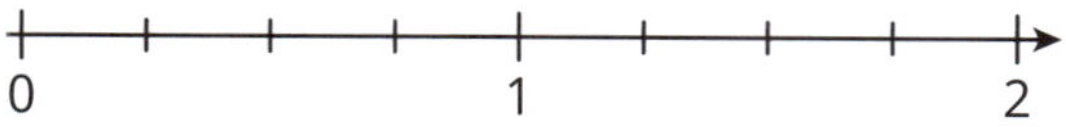

....

TEST **1. Ordne die Brüche nach der Größe. Beginne mit dem kleinsten Bruch.**

$\frac{3}{5}$; $\frac{3}{12}$; $\frac{6}{6}$; $\frac{3}{2}$; $\frac{4}{15}$; $\frac{3}{20}$; $\frac{2}{30}$

....

....

....

2. Finde einen Bruch mit möglichst kleinem Nenner zwischen:

a) $\frac{3}{20}$ und $\frac{5}{20}$ ....

b) $\frac{1}{4}$ und $\frac{1}{7}$ ....

c) $\frac{3}{15}$ und $\frac{4}{5}$ ....

d) $\frac{2}{7}$ und $\frac{3}{28}$ ....

Brüche im Alltag

1 VERSTEHEN

Brüche begegnen uns in vielen Bereichen des täglichen Lebens. Im Alltag werden Größen wie zum Beispiel **Gewichte, Zeit, Längen** etc. in Bruchteilen einer Maßeinheit angegeben.

$\frac{1}{8}$ Liter Milch, $\frac{3}{4}$ Stunde, $\frac{1}{2}$ Kilogramm Äpfel, $\frac{1}{4}$ Meter Faden

Bruchteile kann man nicht nur zeichnerisch darstellen, sondern auch als Bruchteil von Größen angeben bzw. berechnen.

Bestimmen des Anteils: 45 min von 60 min

$45 : 60 = \frac{45}{60} = \frac{3}{4}$

Bestimmen des Bruchteils: $\frac{3}{4}$ von 60 min

$\frac{3}{4}$	von	60 Minuten	=	45 Minuten
Anteil		Ganzes		Bruchteil

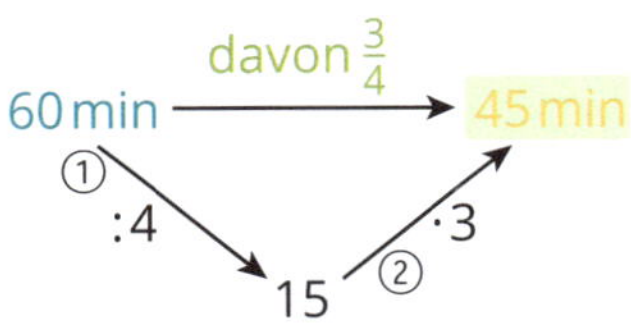

Bestimmen des Ganzen: 45 min sind $\frac{3}{4}$.

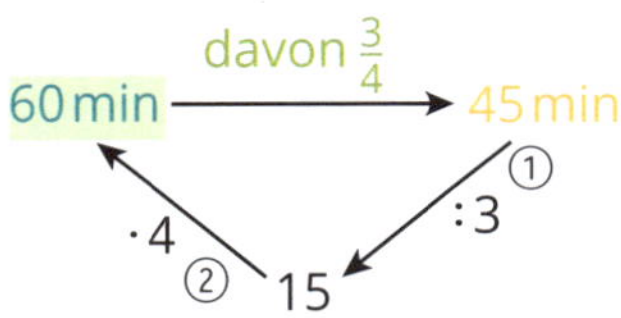

2 ÜBEN

1 Berechne den Bruchteil der Größe.

a) $\frac{2}{3}$ von 84 m
b) $\frac{7}{11}$ von 121 g
c) $\frac{3}{5}$ von 225 mℓ
d) $\frac{3}{10}$ von 630 €
e) $\frac{4}{9}$ von 180°
f) $\frac{1}{4}$ von 3600 s
g) $\frac{14}{100}$ von 400 cm
h) $\frac{15}{21}$ von 126 kg
i) $\frac{5}{6}$ von 420 ℓ

2 **Welcher Anteil ist das? Denke an das Kürzen.**

a) 18 m von 45 m b) 58 ℓ von 116 ℓ c) 8 t von 24 t
d) 45 kg von 180 kg e) 5 s von 60 s f) 60 € von 90 €

3 **Bestimme das Ganze.**

a) $\frac{2}{4}$ sind 134 ℓ b) $\frac{5}{12}$ sind 35 km c) $\frac{7}{8}$ sind 49 km
d) $\frac{9}{10}$ sind 810 kg e) $\frac{1}{4}$ sind 4 t f) $\frac{5}{6}$ sind 90 €

4 **Bestimme die gesuchte Größe. Mache dir zunächst klar, ob das der Bruchteil, der Anteil oder das Ganze ist.**

a) $\frac{3}{7}$ von 595 € .... b) 64 dm von 224 dm ....
c) $\frac{4}{5}$ von 330 kg .... d) $\frac{4}{5}$ sind 330 kg ....

3 KÖNNEN

TEST **Löse die Aufgaben.**

a) Die Klasse 6 c der Friedrich-Realschule bietet einen Kuchenverkauf an. Jeder der Schülerinnen und Schüler backt einen Kuchen. 24 von 30 gebackenen Kuchen wurden verkauft.

Das entspricht einem Anteil von .... = ...

b) Die Schülerinnen und Schüler der Klasse 6 c sparen für eine Klassenfahrt. Sie haben bereits 720 Euro in der Klassenkasse. Das sind $\frac{8}{11}$ des Gesamtpreises der Fahrt. Wie viel kostet die Klassenfahrt? ....

c) Die Schule bietet in der Kantine ein Mittagessen für Schülerinnen und Schüler an, die Nachmittagsunterricht haben. Von den 45 Schülerinnen und Schülern gehen insgesamt $\frac{4}{9}$ essen. Wie viele sind das? ....

Addition und Subtraktion von Bruchzahlen

1 VERSTEHEN

Gleichnamige Brüche addieren und subtrahieren

Brüche mit gleichem Nenner werden addiert oder subtrahiert, indem man die Zähler addiert oder subtrahiert und den Nenner beibehält.

$\frac{1}{4} + \frac{2}{4} = \frac{1+2}{4} = \frac{3}{4}$

$\frac{5}{6} - \frac{4}{6} = \frac{1}{6}$

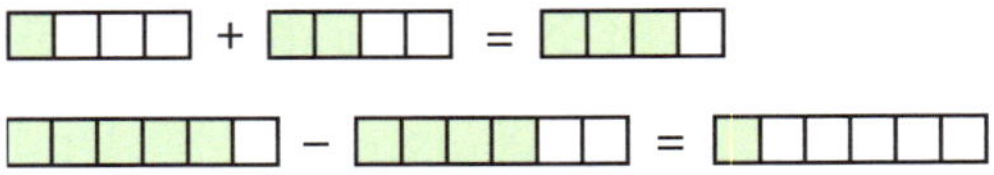

Ungleichnamige Brüche addieren und subtrahieren

Brüche mit unterschiedlichen Nennern müssen zuerst auf den Hauptnenner erweitert werden. Anschließend kann man (wie oben) addieren oder subtrahieren.

$\frac{1}{2} + \frac{1}{4} = ?$ Hauptnenner: $\text{kgV}(2; 4) = 4$; $\frac{1}{2} + \frac{1}{4} = \frac{2}{4} + \frac{1}{4} = \frac{2+1}{4} = \frac{3}{4}$

$\frac{7}{8} - \frac{2}{3} = ?$ Hauptnenner: $\text{kgV}(8; 3) = 24$; $\frac{7}{8} - \frac{2}{3} = \frac{21}{24} - \frac{16}{24} = \frac{21-16}{24} = \frac{5}{24}$

Gemischte Zahlen addieren und subtrahieren

- Methode 1: Alle gemischten Zahlen werden in unechte Brüche verwandelt.

Hauptnenner bilden nicht vergessen

$2\frac{3}{4} + 4\frac{1}{3} = \frac{11}{4} + \frac{13}{3} = \frac{33}{12} + \frac{52}{12} = \frac{33+52}{12} = \frac{85}{12} = 7\frac{1}{12}$

$3\frac{1}{2} - 1\frac{2}{5} = \frac{7}{2} - \frac{7}{5} = \frac{35}{10} - \frac{14}{10} = \frac{35-14}{10} = \frac{21}{10} = 2\frac{1}{10}$

- Methode 2: Man berechnet die ganzzahligen Anteile und Brüche getrennt.

$2\frac{3}{4} + 4\frac{1}{3} = (2+4) + \left(\frac{3}{4} + \frac{1}{3}\right) = 6 + \left(\frac{9}{12} + \frac{4}{12}\right) = 6 + \frac{13}{12}$

$= 6 + 1\frac{1}{12} = 7\frac{1}{12}$

$3\frac{1}{2} - 1\frac{2}{5} = (3-1) + \left(\frac{1}{2} - \frac{2}{5}\right) = 2 + \left(\frac{5}{10} - \frac{4}{10}\right) = 2\frac{1}{10}$

TIPP Die erste Methode ist dann günstiger, wenn bei einer Subtraktion entweder beim ganzahligen Anteil oder beim Bruchanteil eine Differenz von „kleiner als 0“ entsteht.

2 ÜBEN

1 Berechne und kürze vollständig. Gib das Ergebnis, falls möglich, als gemischte Zahl an.

a) $\frac{1}{12}+\frac{1}{12}$ b) $\frac{3}{4}+\frac{3}{5}$ c) $\frac{9}{11}+\frac{3}{5}$

d) $\frac{7}{8}+\frac{6}{12}$ e) $\frac{13}{15}-\frac{9}{15}$ f) $\frac{14}{15}-\frac{1}{5}$

2 Bestimme den fehlenden Zähler oder Nenner.

a) $\frac{2}{3}+\frac{\square}{9}=\frac{8}{9}$ b) $\frac{1}{9}+\frac{7}{5}=\frac{\square}{45}$ c) $\frac{2}{\square}+\frac{1}{3}=\frac{11}{15}$

3 Berechne und kürze vollständig.

a) $1\frac{7}{9}+3\frac{2}{7}$ b) $14\frac{7}{10}+4\frac{1}{5}$ c) $\frac{5}{11}+\frac{1}{33}+\frac{2}{3}$ d) $10\frac{5}{6}-3\frac{2}{3}$

4 Gib das Ergebnis in der vorgegebenen Maßeinheit an.

a) $\frac{1}{4}$ km + 20 m = ... km b) $\frac{3}{4}$ h + $\frac{1}{2}$ min = ... Sekunden

5 Berechne.

a) $\frac{1}{2}+\frac{13}{4}+\frac{3}{20}$ b) $\frac{5}{7}+\frac{1}{4}+\frac{3}{28}$ c) $4\frac{5}{6}+3\frac{1}{3}+1\frac{5}{6}$

d) $\frac{7}{8}-\frac{1}{12}+3\frac{3}{24}$ e) $\frac{2}{8}+2\frac{1}{2}-\left(\frac{1}{3}+\frac{1}{12}\right)$ f) $6\frac{1}{2}-\left(2\frac{1}{24}-1\frac{1}{48}\right)$

6 Addiere die Differenz aus $2\frac{5}{6}$ und $\frac{3}{8}$ zu der Summe aus $\frac{1}{8}$ und 5.

3 KÖNNEN

TEST Berechne.

a) Bilde die Summe aus $\frac{6}{10}$ und $\frac{1}{2}$ und subtrahiere anschließend die Differenz von $1\frac{1}{2}$ und $\frac{2}{5}$.

b) Subtrahiere die Summe der Zahlen $1\frac{2}{5}$ und $\frac{4}{15}$ von der Differenz der Zahlen 5 und $\frac{1}{30}$.

Multiplikation und Division von Bruchzahlen

1 VERSTEHEN

Multiplizieren

natürliche Zahl mal Bruch

Die natürliche Zahl wird mit dem Zähler multipliziert und der Nenner bleibt unverändert.

Gemischte Zahlen werden zunächst in unechte Brüche umgewandelt.

$$4 \cdot \frac{1}{3} = \frac{1 \cdot 4}{3} = \frac{4}{3}; \quad 4\frac{1}{3} \cdot 4 = \frac{13}{3} \cdot 4 = \frac{13 \cdot 4}{3} = \frac{52}{3} = 17\frac{1}{3}$$

Bruch mal Bruch

Zwei Brüche werden miteinander multipliziert, indem man die beiden Zähler und die beiden Nenner miteinander multipliziert.

$$\frac{1}{3} \cdot \frac{2}{3} = \frac{1 \cdot 2}{3 \cdot 3} = \frac{2}{9}$$

$$\frac{2}{5} \cdot \frac{\cancel{10}^{5}}{\cancel{16}_{8}} = \frac{2}{5} \cdot \frac{5}{8} = \frac{\cancel{2}^{1} \cdot \cancel{5}^{1}}{\cancel{5}_{1} \cdot \cancel{8}_{4}} = \frac{1}{4}$$

Die Brüche sollten, falls möglich, vor dem Multiplizieren gekürzt werden. Du darfst dabei „über Kreuz“ kürzen.

Dividieren

Zwei Brüche werden dividiert, indem man den ersten Bruch mit dem Kehrwert des zweiten Bruches multipliziert.

$$\frac{3}{7} : \frac{2}{5} = \frac{3}{7} \cdot \frac{5}{2} = \frac{15}{14} = 1\frac{1}{14}$$

Der Kehrwert von $\frac{2}{5}$ ist $\frac{5}{2}$.

Da „Geteilt durch“ auch als Bruchstrich geschrieben werden kann, gilt hier der Hauptbruchstrich als Divisionszeichen.

$$\frac{\frac{3}{4}}{\frac{1}{7}} = \frac{3}{4} : \frac{1}{7} = \frac{3}{4} \cdot \frac{7}{1} = \frac{21}{4} = 5\frac{1}{4}$$

Auch hier werden gemischte Zahlen zunächst in unechte Brüche umgewandelt.

$$\frac{3\frac{3}{7}}{2\frac{1}{6}} = 3\frac{3}{7} : 2\frac{1}{6} = \frac{24}{7} : \frac{13}{6} = \frac{144}{91} = 1\frac{53}{91}$$

2 ÜBEN

1 Berechne. Denke daran, vorher zu kürzen.

a) $\frac{1}{2} \cdot \frac{1}{4} =$ .... b) $\frac{36}{45} \cdot \frac{35}{63} =$ ....

c) $\frac{3}{7} : \frac{9}{10} =$ .... d) $\frac{12}{9} \cdot 3 =$ ....

e) $11\frac{6}{10} \cdot \frac{12}{20} =$ .... f) $\frac{7}{28} : \frac{42}{56} =$ ....

2 Berechne. Denke daran, zu kürzen.

a) $\frac{9}{12} \cdot \frac{3}{4} \cdot \frac{36}{39} =$ ....

b) $\frac{4}{25} \cdot \frac{5}{26} : \frac{8}{45} =$ ....

c) $2\frac{2}{8} \cdot 1\frac{4}{18} \cdot \frac{9}{12} =$ ....

3 Ergänze so, dass die Rechnung stimmt.

a) $\frac{2}{\square} \cdot \frac{\square}{9} = \frac{36}{45}$

b) $\frac{11}{7} \cdot \frac{\square}{\square} = \frac{55}{63}$

c) $\frac{4}{6} \cdot \frac{\square}{\square} = 12$

d) $\frac{9}{16} : \square = \frac{3}{16}$

e) $\frac{10}{11} : \frac{\square}{1} = \frac{10}{55}$

f) $\frac{7}{10} : \frac{\square}{\square} = \frac{\square}{\square} \cdot \frac{\square}{\square} = \frac{21}{100}$

4 Schreibe den Doppelbruch als Quotient aus zwei Brüchen und gib, wenn möglich, als gemischte Zahl an.

a) $\frac{6\frac{3}{7}}{5}$

b) $\frac{\frac{5}{8}}{\frac{5}{9}}$

c) $\frac{\frac{8}{10}}{\frac{64}{100}}$

d) $\frac{6\frac{1}{5}}{12\frac{1}{2}}$

3 KÖNNEN

TEST **1. Überprüfe Merdans Hausaufgaben. Korrigiere, wenn nötig, das Ergebnis.**

a) $\frac{9}{11} \cdot \frac{33}{36} = \frac{3}{4}$

b) $\frac{2}{3} \cdot 9 = \frac{18}{27}$

c) $15 : \frac{5}{8} = 24$

d) $5\frac{5}{7} \cdot \frac{14}{80} = 1$

e) $4\frac{6}{10} : \frac{2}{15} = 34\frac{1}{2}$

f) $2\frac{7}{8} : 5\frac{3}{4} = \frac{6}{3}$

g) $\frac{\frac{4}{9}}{\frac{3}{7}} = \frac{9}{4} \cdot \frac{7}{3} = 1\frac{1}{27}$

h) $\frac{\frac{1}{64}}{\frac{5}{8}} = \frac{1}{40}$

i) $1\frac{2}{3} : \frac{6}{7} = 1\frac{7}{18}$

2. Berechne.

Multipliziere $1\frac{9}{11}$ mit der Summe aus $2\frac{3}{4}$ und $3\frac{3}{5}$, teile das Ergebnis durch die Differenz aus dieser Zahl und $\left(\frac{1}{5} + 5\right)$.

Prozentrechnung

1 VERSTEHEN

In vielen Lebensbereichen ist die Prozentrechnung von großer Bedeutung. In Geschäften stößt man auf Angebote wie: „Winterschlussverkauf, bis zu 70 % billiger".

Bei solchen **Prozentangaben** handelt es sich um **relative Anteile,** also **Brüche**. Denn bei einem Bruch gibt man auch an, wie viele Teile von einem Ganzen gemeint sind.

Prozent bedeutet „von 100" und wird durch das Zeichen % ausgedrückt. Prozente beschreiben also Brüche, deren Nenner den Wert 100 haben. Den Zähler eines Bruches mit dem Nenner 100 nennt man **Prozentzahl p**. Den gesamten Bruch nennt man **Prozentsatz** $p\,\% = \frac{p}{100}$.

a) $\frac{85}{100}$ kann als 85 % umgeschrieben werden, da der Bruch bereits im Nenner eine 100 hat: $\frac{85}{100} = 85\,\%$

b) $\frac{3}{5}$ muss zunächst auf Hundertstel erweitert werden:
$\frac{3}{5} = \frac{3 \cdot 20}{5 \cdot 20} = \frac{60}{100} = 60\,\%$

c) $0{,}35 = \frac{35}{100} = 35\,\%$

Die Gesamtheit nennt man **Grundwert G** und den entsprechenden prozentualen Anteil **Prozentwert W.**

Sobald zwei der drei Größen (Grundwert, Prozentwert und Prozentsatz) angegeben sind, kann man entweder mit der Formel oder mit dem **Dreisatz** die dritte, unbekannte Größe berechnen:
Insgesamt hat man drei Formeln.

$p\% = \frac{W}{G}$ $\quad W = G \cdot \frac{p}{100}$ $\quad G = W \cdot \frac{100}{p}$

TIPP Der Dreisatz hat den Vorteil, dass man sich keine Formeln merken muss (siehe auch Seite 133).

a) Ein T-Shirt zum Preis von 15 € wird um 30 % gesenkt. Berechne, um wie viel Euro das T-Shirt billiger wird.

G = 15 € p% = 30 % gesucht: W

Berechnung mit dem Dreisatz

	100 %	15 Euro	
: 100	1 %	$\frac{15}{100}$	: 100
· 30	30 %	$\frac{15}{100} \cdot 30$ $= \frac{450}{100}€ = 4{,}50€$	· 30

Berechnung mit der Formel

$W = \frac{G \cdot P}{100}$

$W = \frac{15 \cdot 30}{100} = \frac{450}{100} = 4{,}5€$

Das T-Shirt wird um 4,5€ billiger.

b) Boris hat 90 € beim Kauf eines Keyboards gespart, das sind 24 %. Berechne den ursprünglichen Preis des Keyboards.

$W = 90€,\ p = 24;\ G = W \cdot \frac{100}{p} \rightarrow G = 90€ \cdot \frac{100}{24} = 375€$

Das Keyboard kostete ursprünglich 375 Euro.

c) Ulrike hat schon 15 km der 25 km langen Route zurückgelegt. Wie viel Prozent der Route sind das?

$W = 15\,km,\ G = 25\,km,\ p\% = \frac{W}{G};\ p = \frac{15\,km}{25\,km} = \frac{3}{5} = \frac{60}{100} = 60\,\%$

Ulrike hat 60 % geschafft.

1 Gib den entsprechenden Prozentsatz an.

a) $\frac{3}{5}$ = ... b) $\frac{1}{2}$ = ...

c) $\frac{4}{25}$ = ... d) $\frac{14}{40}$ = ...

e) $\frac{1}{20}$ = ... f) $\frac{2}{8}$ = ...

2 Wie viel Prozent der Fläche sind gefärbt?

a) .... b) .... c) ....

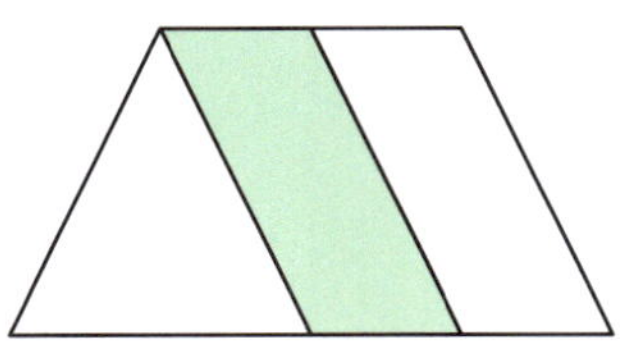

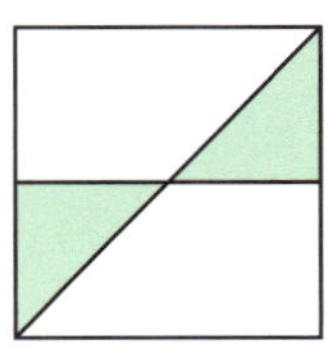

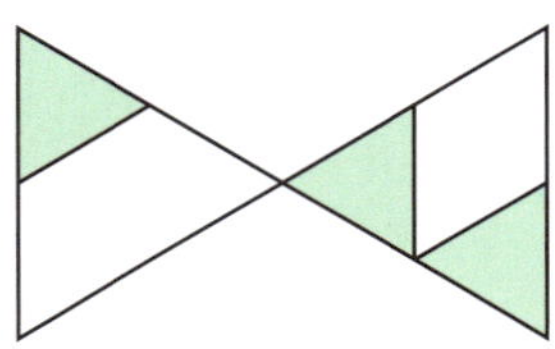

3 Verbinde die Bruchteile mit den entsprechenden Prozentangaben.

$\frac{1}{20}$ $\frac{1}{4}$ $\frac{3}{6}$ $\frac{3}{4}$ $\frac{1}{3}$ $\frac{2}{10}$ $\frac{1}{10}$

10 % 20 % 50 % 75 % $33\frac{1}{3}$ % 5 % 25 %

4 Berechne sowohl mit dem Dreisatz als auch mit der Formel.

a) 25 % von 160 €
b) 30 % von 750 m
c) 24 % entsprechen 66 kg
d) 45 % entsprechen 90 €

5 Berechne.

Sina bekommt jede Woche 15 Euro Taschengeld. Ihre Eltern erhöhen es um 20 %. Wie viel Taschengeld bekommt Sina zukünftig monatlich?

TEST 1. Berechne die fehlenden Werte.

Grundwert	Prozentwert	Prozentsatz
105 Euro	4,2 Euro	
	35 km	3 %
235 g		25 %

2. Löse die Textaufgaben.

a) Auf der Internetseite der Realschule Freiburg ist ein Streifendiagramm abgebildet, dass die Verteilung der insgesamt 967 Schülerinnen und Schüler auf drei Stufen veranschaulicht. Wie viele Schülerinnen und Schüler sind in jeder Stufe?

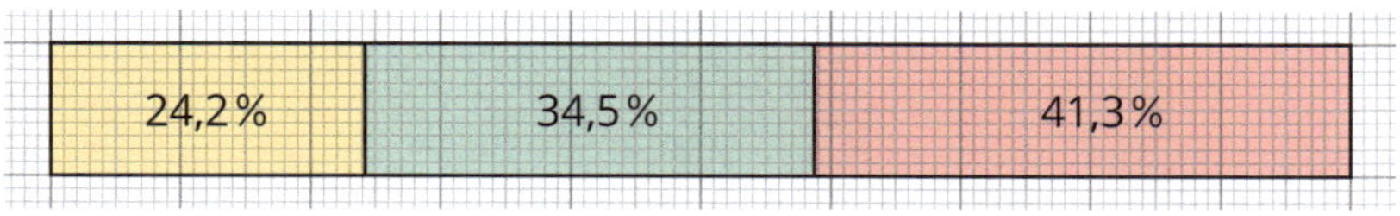

b) Eine Ware kostet nach einer Preissenkung um 15 % nur noch 89 Euro. Wie viel kostete sie vor der Preissenkung?

Zinsrechnung

1 VERSTEHEN

Die Zinsrechnung ist ein **Sonderfall der Prozentrechnung**, man begegnet ihr vor allem in der Finanzmathematik. Beispielsweise werden die Schulden für geliehenes Kapital (= Darlehen) berechnet oder die Zinsen für ein Guthaben, die nach Ablauf eines Jahres gutgeschrieben werden. In der Finanzmathematik werden Fachbegriffe und Formeln verwendet, die sich aus der Prozentrechnung übertragen lassen:

Prozentrechnung		Zinsrechnung	
Grundwert G	$G = \frac{100}{p} \cdot W$	Kapital K	$K = \frac{100}{p} \cdot Z$
Prozentwert W	$W = \frac{P}{100} \cdot G$	Jahreszinsen Z	$Z = \frac{p}{100} \cdot K$
Prozentsatz	$p\,\% = \frac{W}{G}$	Zinssatz	$p\,\% = \frac{Z}{K}$

Berechnung der **Tageszinsen:** Wenn der Zeitraum der Verzinsung nur t Tage beträgt, so gilt: $Z(t) = Z \cdot \frac{t}{360} = \frac{p}{100} \cdot K \cdot \frac{t}{360}$

Berechnung der **Monatszinsen:** Wenn der Zeitraum der Verzinsung eines Kapitals K nur Monate beträgt, so gilt die Formel $Z(m) = Z \cdot \frac{m}{12} = \frac{p}{100} \cdot K \cdot \frac{m}{12}$

Ein Bankjahr umfasst 12 Bankmonate und besitzt $12 \cdot 30 = 360$ Tage.

Bei Kapitalanlagen werden die Zinsen eines Jahres zum Kapital addiert und im Folgejahr mitverzinst (**Zinseszinsen**).

a) Die Zinsen für den aufgenommenen Kredit betragen pro Jahr 2480 Euro bei einem Zinssatz von 3,1 %.
   Lösung: $K = \frac{100}{p} \cdot Z \rightarrow \frac{100}{3{,}1} \cdot 2480\,€ = 80\,000\,€$

b) Frau Müller hat ein Guthaben von 10 150 Euro auf ihrem Konto. Berechne die Zinsen vom 20.05. bis 11.12. desselben Jahres bei einem Zinssatz von 2,5 %.
   Lösung: $Z = \frac{p}{100} \cdot K \cdot \frac{t}{360} \rightarrow \frac{2{,}5}{100} \cdot 10\,150\,€ \cdot \frac{211}{360} = 148{,}73\,€$

c) Herr Flink stellt fest, dass sein Aktienfond mit einem Kapitel von $K = 290{,}00\,€$ nach Ablauf des Jahres Zinsen in Höhe von 10,05 € bringt.
   Lösung: $K = 290{,}00\,€$; $Z = 10{,}05\,€$
   $\rightarrow p\,\% = \frac{Z}{K} = \frac{10{,}05}{290} \approx 0{,}036 = \frac{36}{100}$; $p\% = 3{,}6\,\%$

2 ÜBEN

1 Ergänze die fehlenden Angaben. Runde sinnvoll.

Kapital (in €)	576		1050
Zinssatz	2,8 %	3,75 %	
Jahreszinsen (in €)		32,20	50,4

2 Löse die Textaufgaben.

a) Mirko hat im Lotto gewonnen und das Geld zu 3 % angelegt. Die jährlichen Zinsen entsprechen 8200 €. Wie hoch war der Gewinn?

....

b) Dilek hat ihre Ersparnisse bei der Bank angelegt. Sie bekommt bei einem Zinssatz von 2,1 % nach einem Jahr eine Zinsgutschrift von 78,80 €. Wie hoch sind Dileks Ersparnisse?

....

c) Frau Weber bekommt nach einem Jahr 160 € Zinsen für ihr Sparguthaben in Höhe von 5759 €. Herr Bauer erhält für 8644 € von seiner Bank nach einem Jahr 195 €. Welcher Zinssatz ist besser?

....

....

3 KÖNNEN

TEST Berechne.

a) Finn hat 4440 € gespart und möchte sein Erspartes anlegen. Die A-Bank bietet im 1. Jahr: 3,5 %, im 2. Jahr 4,2 % und im 3. Jahr 4,8 %. Die B-Bank bietet im ersten Jahr 2,8 %, 2. Jahr 4,4 % und im 3. Jahr 5.6 %. Für welche Bank soll sich Finn entscheiden? Berechne schrittweise die anteiligen Zinsen. Achtung, Zinsen werden mitverzinst!

b) Ein Sparguthaben von 7200 Euro wird mit 5,1 % verzinst. Wie hoch ist der Zinsertrag in der Zeit vom 5.5. bis 20.12.?

3. Dezimalzahlen und rationale Zahlen

Das Wichtigste zu Dezimalbrüchen

1 VERSTEHEN

Größenangaben werden oft in **Dezimalbrüchen** geschrieben.
Die Dezimalschreibweise ist dabei nur eine andere Schreibweise für Brüche mit 10, 100, 1000, ..., (einer Zehnerpotenz) im Nenner.
Das Komma trennt die Ganzen von den Teilen des Ganzen.

Zur Darstellung von Dezimalbrüchen erweitert man die **Stellenwerttafel** der natürlichen Zahlen nach rechts um die Dezimalstellen Zehntel (z), Hundertstel (h), Tausendstel (t) etc.

H	Z	E		z	h	t	Dezimalbruch und Zerlegung
		2	,	3	1		$2{,}31 = 2 + \frac{3}{10} + \frac{1}{100}$
	4	9	,	0	7	8	$49{,}078 = 49 + \frac{0}{10} + \frac{7}{100} + \frac{8}{1000}$

TIPP Manchmal werden Dezimalbrüche auch einfach Dezimalzahlen genannt. Mache es so, wie du es in der Schule gelernt hast.

Mithilfe der Stellenwerttafel lassen sich Dezimalbrüche leicht in Bruchzahlen umschreiben.
Dabei bestimmt die letzte Dezimalstelle den Nenner des Bruches.

$$0{,}4 = \frac{4}{10};\ 0{,}25 = \frac{25}{100} = \frac{1}{4};\ 2{,}625 = 2\frac{625}{1000} = 2\frac{5}{8}$$

Etwas schwieriger ist es, Brüche in Dezimalbrüche umzuwandeln.
Manche kann man so erweitern oder kürzen, dass sie eine Zehnerpotenz im Nenner haben. Anschließend schreibt man sie mithilfe der Stellenwerttafel als Dezimalbruch.

$$\frac{4}{5} = \frac{8}{10} = 0{,}8;\ \frac{72}{600} = \frac{12}{100} = 0{,}12;\ \frac{7}{8} = \frac{875}{1000} = 0{,}875$$

Bei Brüchen wie $\frac{2}{3}$ funktioniert dieses Verfahren nicht, da sie sich nicht auf einen Nenner mit 10, 100, 1000, … erweitern lassen.
Um solche Brüche in Dezimalbrüche umzuwandeln, teilt man Zähler durch Nenner. Dabei können **periodische Dezimalbrüche** entstehen.

$\frac{2}{3} = 2:3 = 0{,}66... = 0{,}\overline{6}$

```
 20
-18
 ---
  20
 -18
 ---
   2...
```

$\frac{3}{11} = 3:11 = 0{,}27... = 0{,}\overline{27}$

```
 30
-22
 ---
  80
 -77
 ---
   3...
```

2 ÜBEN

1 Schreibe als Bruch und in der Dezimalschreibweise.

a) 4 Zehntel ....

b) 15 Hundertstel ....

c) 243 Tausendstel ....

d) 76 Zehntel ....

2 Schreibe die Dezimalbrüche auf und zerlege sie.

Z	E	z	h	t	zt	ht	Dezimalbruch und Zerlegung
3	7	2	9	0	0	0	
	5	0	2	0	4	7	
6	0	0	0	7	9	9	
1	0	0	0	0	2	3	

3 Schreibe als Dezimalbruch.

a) $\frac{3}{10}$ = ...

b) $\frac{12}{100}$ = ...

c) $\frac{542}{1000}$ = ...

d) $1\frac{6}{10}$ = ...

e) $2\frac{3}{100}$ = ...

f) $65\frac{73}{1000}$ = ...

4 Schreibe als gewöhnlichen Bruch. Kürze, falls möglich.

a) 0,7 = ...

b) 0,36 = ...

c) 0,375 = ...

d) 0,004 = ...

e) 1,64 = ...

f) 2,09 = ...

g) 3,555 = ...

h) 1,207 = ...

5 Wandle die abgebildeten Gewichtsangaben in Einheiten ohne Komma um[1] (z. B. 0,35 kg = 350 g).

0,75 kg

3,45 kg

1,577 t

0,018 kg

0,006 kg

....

....

....

6 Rechne die Brüche in Dezimalbrüche um. Nutze dein Heft für Zwischenrechnungen.

a) $\frac{3}{5}$ = ...

b) $\frac{3}{8}$ = ...

c) $3\frac{3}{4}$ = ...

d) $\frac{9}{30}$ = ...

e) $\frac{28}{70}$ = ...

f) $\frac{1}{6}$ = ...

1 Zur Umwandlung von Größen: siehe Seite 20.

3 KÖNNEN

TEST **1. Gib den Dezimalbruch und die Zerlegung an.**

H	Z	E	z	h	t	zt	Dezimalbruch und Zerlegung
		5	4	7	0	0	
	2	3	0	2	1	8	
1	0	4	0	0	6	0	

2. Schreibe als Dezimalbruch.

a) $\frac{32}{100}$ = ...

b) $\frac{9}{10\,000}$ = ...

c) $\frac{2}{10} + \frac{5}{100}$ = ...

3. Finde die Fehler.

Tim hat in seinen Hausaufgaben einige Fehler gemacht.
Finde und korrigiere sie.

a) $\frac{3}{4} = 3{,}4$

b) $0{,}51 = \frac{51}{100}$

c) $\frac{2}{25} = \frac{4}{100} = 0{,}04$

d) $2{,}39 = 2\frac{39}{10}$

e) $0{,}978 = \frac{9}{10} + \frac{7}{100} + \frac{8}{1000}$

4. Wandle in Dezimalbrüche um.

a) $\frac{1}{4}$ = ...

b) $\frac{6}{10}$ = ...

c) $\frac{7}{25}$ = ...

d) $\frac{12}{40}$ = ...

e) $\frac{9}{75}$ = ...

f) $\frac{40}{200}$ = ...

Dezimalbrüche vergleichen, ordnen und runden

1 VERSTEHEN

Für den **Vergleich** von Dezimalbrüchen geht man von links nach rechts vor:
- Zuerst vergleicht man die Ganzen.
- Sind sie gleich, vergleicht man die Zehntel.
- Sind auch diese gleich, vergleicht man die Hundertstel etc.

Anschließend setzt man zwischen die beiden Zahlen das Zeichen **< (kleiner als)** oder **> (größer als)**, je nachdem ob die kleinere oder größere Zahl links steht.

32,57621 soll mit 32,57973 verglichen werden.
Die Ganzen (32), die Zehntel (5) und die Hundertstel (7) sind gleich.
Erst in den Tausendsteln unterscheiden sich die beiden Zahlen.
6 ist kleiner als 9. Also gilt:
32,57**6**21 ist kleiner als 32,57**9**73, bzw. 32,57**6**21 < 32,57**9**73.

Man kann Dezimalbrüche auch mithilfe des **Zahlenstrahls** vergleichen. Auf ihm liegt der kleinere von zwei Dezimalbrüchen weiter links.

Hat man Dezimalbrüche miteinander verglichen, kann man sie der Größe nach **ordnen**, entweder indem man mit dem kleinsten oder dem größten beginnt.

Ordnet man die Dezimalbrüche 3,45, 2,98, 3,42 und 2,89, erhält man
2,89 < 2,98 < 3,42 < 3,45.

Dezimalbrüche sind oft Maßzahlen bestimmter Maßeinheiten (Strecken, Flächen, Preise...) von denen es genügt, sie ungefähr zu kennen. Man kann den Dezimalbruch dann **runden**.

So sind 7,99 € ungefähr 8 € oder 3,425 m ungefähr 3,4 m.

Man rundet Dezimalzahlen nach dem gleichen Prinzip wie natürliche Zahlen (Seite 10). Ist die Ziffer rechts der Rundungsstelle kleiner als 5 wird abgerundet, andernfalls aufgerundet.

Die Zahl 5,635 gerundet auf

Einer:	Zehntel:	Hundertstel:
5,635 ≈ 6	5,635 ≈ 5,6	5,635 ≈ 5,64
(aufgerundet)	(abgerundet)	(aufgerundet)

Soll zum Beispiel die Zahl 2,497 auf Hundertstel gekürzt werden (≈ 2,5), ergänzt man eine Null um zu verdeutlichen, dass auf zwei Dezimalen gerundet wurde. Also 2,497 ≈ 2,50.

1 Setze das richtige Zeichen (<, >) ein.

a) 2,5 ☐ 2,51 b) 3,09 ☐ 3,11 c) 5,634 ☐ 5,643
d) 0,0045 ☐ 0,00406 e) 2,607 ☐ 2, 6009

2 Setze das richtige Zeichen (<, =, >) ein.

a) 1,4 ☐ 1,400 b) 0,75 ☐ $\frac{78}{100}$ c) $\frac{3}{20}$ ☐ 0,14
d) $\frac{1}{3}$ ☐ 0,333 e) $4\frac{1}{6}$ ☐ $4,\overline{6}$

3 Gib alle Ziffern an, die du an der freien Stelle einsetzen kannst.

a) 5,4☐32 < 5,479 ....

b) 3,903 > 3,☐89 ....

c) $\frac{3}{8}$ < 0,3☐501 ....

4 Gib die auf dem Zahlenstrahl markierten Dezimalbrüche an.

5 Trage im abgebildeten Zahlenstrahl die Dezimalbrüche ein.

2,31 1,98 2,04 2,44
3,01 2,98 $2\frac{3}{5}$ $3\frac{8}{400}$

6 Runde die Dezimalbrüche auf Tausendstel, Hundertstel, Zehntel und Einer.

Dezimalbruch	Zehntel	Einer	Tausendstel	Hundertstel
2,4926				
0,4076				
1,2409				
9,4546				
0,07155				
1,7341				
1,02698				
3,0998				
9,95947				

7 Die Zahl 3,422 liegt zwischen welchen benachbarten Zahlen mit …

a) einer Dezimalstelle? ……………………………………

b) keiner Dezimalstelle? ……………………………………

c) drei Dezimalstellen? ……………………………………

d) fünf Dezimalstellen? ……………………………………

3 KÖNNEN

TEST **1. Ordne die (Dezimal-)Brüche. Beginne mit …**

a) dem kleinsten.

7,893 6,994 7,889 6,093 7,032 6,354

b) dem größten.

$\frac{1989}{5000}$ $\frac{4}{9}$ $\frac{21}{50}$ $\frac{43}{100}$ 0,475 0,3976

2. Trage die angegebenen Zahlen sowie die Zahl, die genau zwischen den beiden Zahlen liegt, auf dem Zahlenstrahl ein.

a) 3,1; 3,7

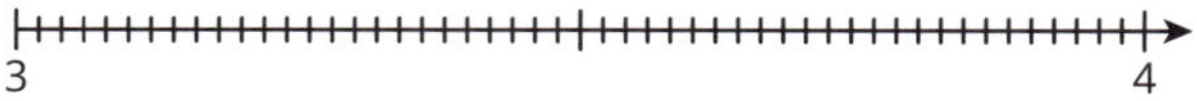

b) 0,28; 0,54

c) 1,45; 1,75

d) 0,03; $\frac{1}{10}$

e) $\frac{6}{40}$; 0,89

3. Runde die Dezimalbrüche wie angegeben.

a) Auf Zehntel: 4,76; 0,245; 12,109; 0,054; 9,899

....

....

b) Auf kg: 39,271 kg; 0,889 kg; 1,499 kg; 3245 g; 0,29854 t

....

....

c) Auf die nächstgrößere Einheit: 45 325 g; 983 mℓ; 356 cm; 23,49 a; 76,5 mm

....

....

Addieren und Subtrahieren von Dezimalbrüchen

1 VERSTEHEN

Zum **Addieren** und **Subtrahieren** schreibt man die Dezimalbrüche so untereinander, dass **Komma unter Komma** steht. Es ist hilfreich, unbesetzte Dezimalstellen mit Nullen aufzufüllen (in den Beispielen grün). Anschließend addiert, bzw. subtrahiert man stellenweise von rechts nach links. Im Ergebnis muss das Komma an der gleichen Stelle stehen.

Sollen mehrere Dezimalbrüche subtrahiert werden, kann man diese **in einer Nebenrechnung zunächst addieren** und das Ergebnis von der Ausgangszahl subtrahieren (siehe Beispiel b).

a) 2,4372 + 0,56 + 13,884

		2,	4	3	7	2
		0,	5	6	0	0
+	1	3,	8	8	4	0
		1	1	1		
	1	6,	8	8	1	2

b) 12,473 – 2,89 – 0,046

N	R:	2,	8	9	0
	+	0,	0	4	6
			1		
		2,	9	3	6

	1	2,	4	7	3
–		2,	9	3	6
		1		1	
		9,	5	3	7

TIPP Dezimalbrüche lassen sich oft leichter im Kopf addieren oder subtrahieren, wenn man die Kommas so weit nach rechts verschiebt, bis alle Zahlen ganzzahlig sind. Anschließend addiert (oder subtrahiert) man und verschiebt das Komma im Ergebnis wieder um gleich viele Stellen nach links, wie man es zuvor nach rechts verschoben hat.

a) 0,7 + 3,6 = ? → Komma eine Stelle nach rechts: 7 + 36 = 43 → Komma eine Stelle nach links: 4,3

b) 2,3 + 0,31 + 1,7 = ? → Komma zwei Stellen nach rechts: 230 + 31 + 170 = 431 → Komma zwei Stellen nach links: 4,31

2 ÜBEN

1 Rechne im Kopf.

a) 2,3 + 1,4 b) 1,7 + 4,45 c) 8,4 – 2,3 d) 1,68 – 0,55
e) 6,2 + 3,4 f) 5,82 + 3,29 g) 6,5 – 4,7 h) 25,12 – 23,105

2 Berechne schriftlich.

a)
```
  23,426
+ 15,703
```

b)
```
   0,847
+  9,78
```

c)
```
  341,9275
+  37,2336
```

d)
```
    7,46
+  23,551
+   0,402
```

e)
```
  125,244
-  83,178
```

f)
```
   48,201
-   2,88
-  12,067
```

3 Berechne.

a) 45,219 + 76,804

b) 3,9365 + 2,3674 + 0,0457

c) 55,43 – 43,78

d) 567,3957 – 189,303 – 205,7791

4 Berechne alle Ergebnisse und du erfährst am Schluss, wann Deutschland das letzte Mal Fußballweltmeister geworden ist.

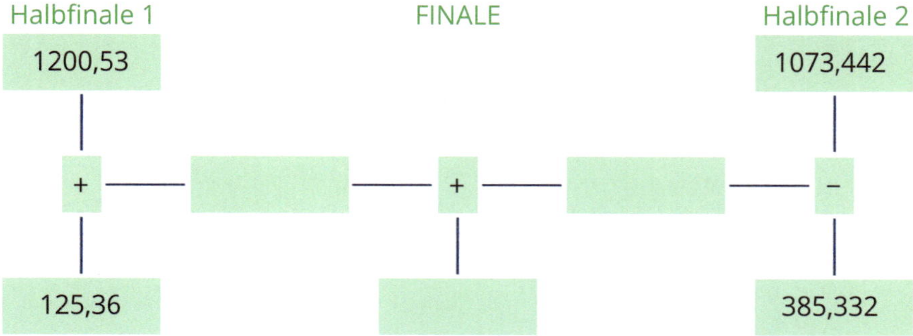

5 Berechne im Heft.

Frau Fischer geht einkaufen. Der leere Einkaufskorb wiegt 2,4 kg und sie hat 50 € in ihrem Geldbeutel. Berechne,

a) wie schwer der Korb nach dem Einkauf ist.
b) ob das Geld für den ganzen Einkauf reicht.

3 KÖNNEN

TEST

1. Berechne im Kopf.

a) 3,2 + 4,9 b) 2,46 + 3,98
c) 7,4 – 0,8 d) 8,45 – 5,54

2. Berechne.

a)
```
   14,295
 + 26,084
 ________
```

b)
```
   7,332
 + 0,998
 _______
```

c)
```
   199,376
 +  47,905
 +  23,891
 _________
```

d)
```
   18,668
 + 17,905
 ________
```

e)
```
  143,846
−  78,335
―――――――――
```

f)
```
   53,132
−   4,77
−  19,841
―――――――――
```

3. Fülle die Tabelle aus, indem du zeilen- und spaltenweise addierst. Wenn du richtig gerechnet hast, ist die Summe der letzten Spalte und Zeile gleich.

3,75	0,23	1,96	
7,94	1,362	9,026	
1,392	7,02	4,079	

4. Fülle die beiden Zahlenpyramiden aus. Die Summe zweier Zahlen steht jeweils im Kästchen mittig darüber.

a)

1,45	0,764	3,992	0,308

b)

	7,572		
4,389		5,642	
2,57			

5. Berechne den Umfang[2] der abgebildeten Figur.

Gib die Lösung
a) in der angegeben Einheit an.
b) in der nächstkleineren Einheit an.
c) Auf Einer gerundet an.

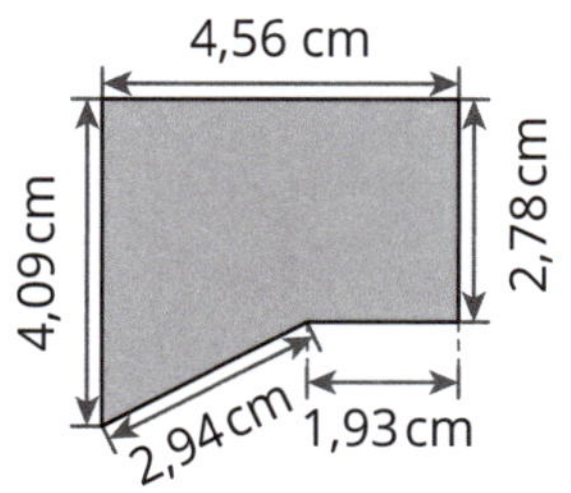

2 Zur Berechnung von Umfang: siehe Kapitel 4, Seite 82 f.

Multiplizieren und Dividieren von Dezimalbrüchen

1 VERSTEHEN

Multipliziert man einen Dezimalbruch **mit einer Zehnerpotenz** (10, 100, 1000, ...), verschiebt man das Komma um so viele Stellen nach rechts, wie die Zehnerpotenz Nullen hat.
Stehen rechts nicht genügend Ziffern, ergänzt man mit Nullen.

$3{,}72 \cdot 1000 = 3{,}720 \cdot 1000 = 3720$ (bzw. 3720,0)

(Da 1000 drei Nullen hat, wird das Komma um drei Stellen nach rechts verschoben.)

Dividiert man einen Dezimalbruch **durch eine Zehnerpotenz**, verschiebt man das Komma um so viele Stellen nach links, wie die Zehnerpotenz Nullen hat. Stehen links nicht genügend Ziffern, ergänzt man mit Nullen.

$1{,}3 : 100 = 001{,}3 : 100 = 0{,}013$

(Da 100 zwei Nullen hat, wird das Komma zwei Stellen nach links verschoben.)

Man **multipliziert zwei Dezimalbrüche** miteinander, indem man die Kommas zunächst nicht berücksichtigt.
Das Ergebnis muss gleich viele Dezimalstellen haben wie beide Faktoren zusammen.

	2			1
2,	6	7	·	4,	3
	1	0	6	8	
+			8	0	1
	1	1,	4	8	1
				3	

Man **dividiert Dezimalbrüche**, indem man zunächst in **Dividend** (Zahl, die geteilt wird) und **Divisor** (Zahl, durch die geteilt wird) das Komma so weit nach rechts verschiebt, bis der Divisor eine natürliche Zahl ist.
Wird in der anschließenden Division das Komma überschritten, muss man im Ergebnis ein Komma setzen.

$3{,}25 : 1{,}3 = 32{,}5 : 13 = 2{,}5$

$\cdot 10 \quad \cdot 10$

$$\begin{array}{r} -26 \\ \hline 65 \\ -65 \\ \hline 0 \end{array}$$

Das Komma wird hier um eine Stelle nach rechts verschoben bzw. es wird mit 10 multipliziert.

2 ÜBEN

1 Berechne im Kopf.

a) $0{,}6 \cdot 10 =$ ....
b) $0{,}27 \cdot 100 =$ ....
c) $0{,}31 \cdot 10\,000 =$ ....
d) $3{,}7 : 10 =$ ....
e) $64{,}78 : 1000 =$ ....
f) $0{,}42 : 100 =$ ....
g) $0{,}9 \cdot 3 =$ ....
h) $1{,}2 \cdot 8 =$ ....
i) $2{,}1 \cdot 0{,}4 =$ ....

2 Multipliziere schriftlich und runde das Ergebnis auf …

a) die zweite Dezimalstelle.
b) die dritte Dezimalstelle.

a) $0{,}82 \cdot 2{,}75$

b) $13{,}908 \cdot 0{,}47$

3 Dividiere schriftlich. Was fällt bei Aufgabe b) auf?

a) $5{,}448 : 12 =$

b) $0{,}707 : 0{,}11 =$

❹ Löse die Textaufgabe[3].

Chiara möchte einen neuen Teppich für ihr Schlafzimmer kaufen.

a) Wie groß (in m^2) ist das Zimmer?

b) Sie kauft einen Teppich mit den Maßen 3,5 m × 5,5 m. Wie viel Verschnitt bleibt übrig?

c) Was muss sie bezahlen, wenn ein Quadratmeter 14,95 € kostet?

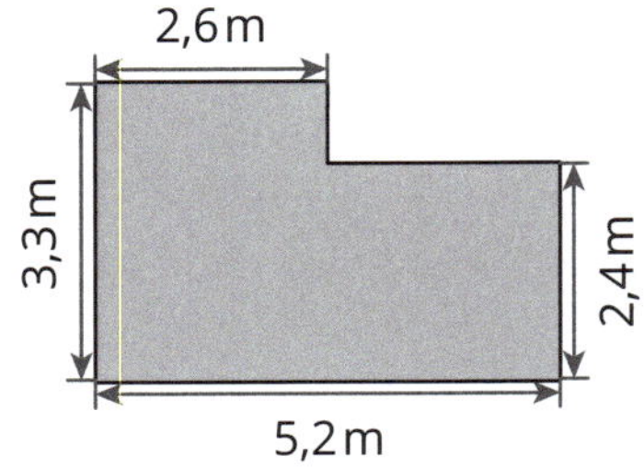

3 KÖNNEN

TEST **1. Ergänze in folgender Multiplikationstabelle alle fehlenden Zahlen. Das schaffst du im Kopf!**

·	4	0,2		
0,3				0,63
		0,12		
0,05			0,035	

2. Rechne schriftlich.

a) $2,407 \cdot 4,835$

b) $33,048 : 3,4 =$

3 Zur Berechnung von Flächeninhalten: siehe Kapitel 4, Seite 82 f.

3. Löse die Textaufgabe[4].

Tom bekommt ein neues Aquarium geschenkt. Es ist 1 m breit, 0,4 m tief und 0,6 m hoch. Schreibe in dein Heft.

a) Wie viel Liter Wasser passen in das Aquarium, wenn es bis 5cm unter den Rand gefüllt wird?

b) Ein Liter Wasser mit einer Temperatur von 21 °C wiegt 0,998 kg. Wie schwer wird das Becken insgesamt, wenn es leer 9,31 kg wiegt?

4. Setze im Startfeld die Zahl 3,2 ein. Wenn du richtig gerechnet hast, steht im Ziel wieder deine Startzahl.

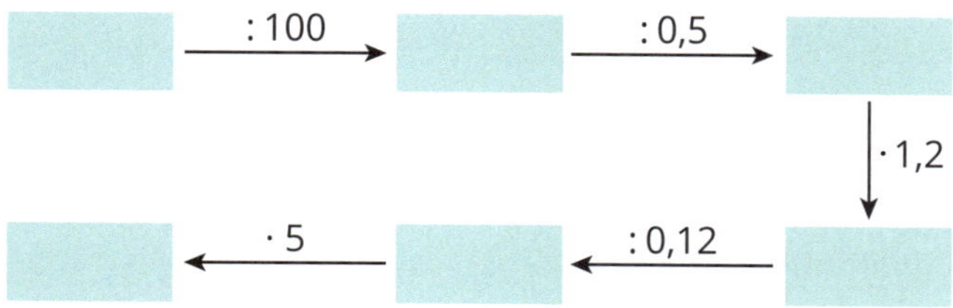

5. Löse die Textaufgabe.

Der nordöstlichste Bundesstaat der USA ist Maine. In einem amerikanischen Atlas kann man lesen, dass er eine Fläche von 35 385 mi² (Quadratmeilen) hat und 1 328 302 Mio. Menschen in Maine leben. Schreibe in dein Heft.

a) Eine Quadratmeile entspricht 2,59 km². Rechne die Fläche Maines in km² um.

b) Rechne aus, wie viele Menschen in Maine durchschnittlich auf einem km² leben. Runde beide Größen auf Tausender, bevor du dividierst.

c) Maine hat den Spitznamen „Kiefernstaat" („Pine Tree State"), da etwa 83 % des Lands bewaldet sind.
Rechne aus, wie viele Quadratkilometer das sind.

4 Zur Berechnung von Volumen: siehe Kapitel 4, Seite 100.

Rationale Zahlen vergleichen und ordnen

Wenn es im Winter sehr kalt ist, also die Temperatur beispielsweise −10 °C beträgt, begegnet man **negativen Zahlen**.
Diese Zahlen haben ein „−" (Minus) als **Vorzeichen**.
Die natürlichen Zahlen haben das Vorzeichen „+" (Plus), was man aber meistens gar nicht schreibt.

Die negativen Zahlen kann man wie die natürlichen Zahlen am Zahlenstrahl darstellen.
Dabei verlängert man den Zahlenstrahl nach links über die Null hinaus.

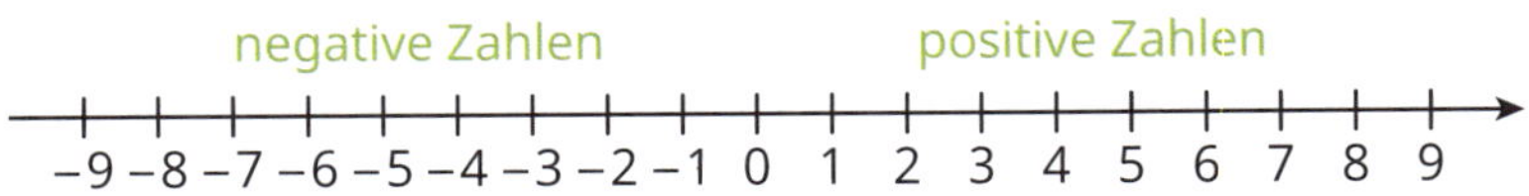

Betrachtet man diese negativen Zahlen (links von 0) und die positiven Zahlen (rechts von 0), so erkennt man, dass die positiven und negativen Zahlen an der Null gespiegelt werden.

Die Zahl −6 ist also die **Gegenzahl** zu +6 und umgekehrt.
Beide haben die gleiche Entfernung zur Null, nämlich 6 Schritte.

Diese Entfernung einer Zahl zur Null nennt man ihren **Betrag**, er wird durch Betragsstriche gekennzeichnet.

$|7| = 7$ $\qquad |-7| = 7$

$\mathbb{Q}$ ist die Menge aller **rationalen Zahlen**. Sie wird gebildet aus allen positiven und negativen ganzen Zahlen, Brüchen sowie der Null.

Genauso wie die natürlichen Zahlen kann man rationale Zahlen miteinander **vergleichen**. Am Zahlenstrahl sieht man, dass niedrigere Zahlen weiter links auf dem Zahlenstrahl, und höhere Zahlen weiter rechts stehen.

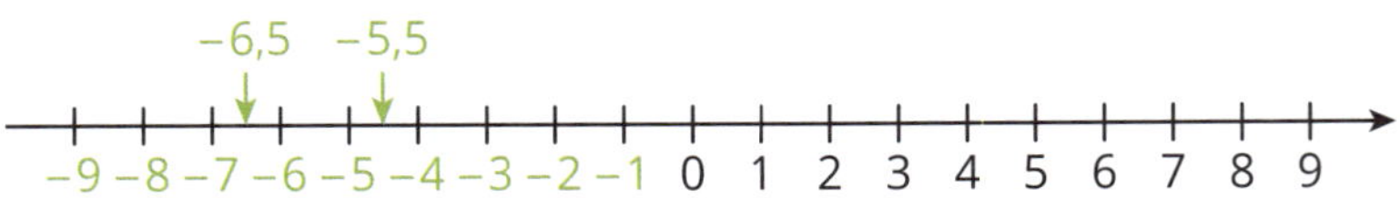

Da −6,5 auf dem Zahlenstrahl weiter links liegt, ist diese Zahl kleiner als −5,5. Es gilt also: $-6{,}5 < -5{,}5$.

2 ÜBEN

1 Markiere auf dem Zahlenstrahl die Zahl und ihre Gegenzahl.

0; −3; 5; −6,5

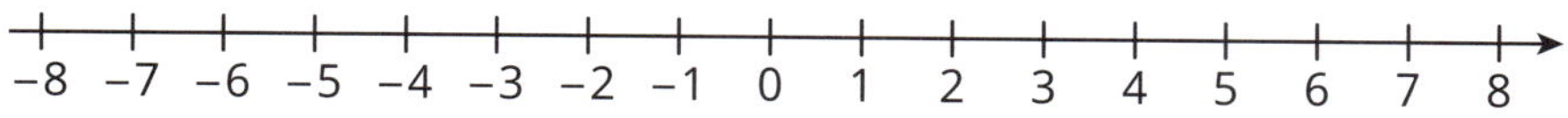

2 Vergleiche. Setze das richtige Zeichen ein: > oder < .

a) 4,5 ☐ 2,6 b) 6,0 ☐ −6,9 c) 0 ☐ −0,1

d) |−2,3| ☐ 1,9 e) −1,4 ☐ 0,14 f) |−9,81| ☐ |−9,82|

3 Ordne die rationalen Zahlen der Größe nach. Beginne mit der kleinsten Zahl.

2,5; 0,01; −0,02; −0,1; −7,5; 0,75; |−5,7|; 0; 1,9

....

4 Bestimme jeweils den Vorgänger und den Nachfolger mit der gleichen Anzahl Dezimalstellen wie die gegebene Zahl.

a) .... < −2,9 < .... b) .... < |−8| < ....

c) .... < −4,09 < .... d) .... < −3,75 < ....

3 KÖNNEN

TEST **Bestimme den Vorgänger und den Nachfolger mit der gleichen Anzahl Dezimalstellen wie die gegebene Zahl.**

a) .... < −0,002 < .... b) .... < −2,99 < ....

c) .... < −32,5 < .... d) .... < −|2| < ....

e) .... < −16,61 < .... f) .... < |−0,10| < ....

Rechnen mit rationalen Zahlen

1 VERSTEHEN

Beim Rechnen mit rationalen Zahlen muss man besonders auf die **Vorzeichen** achten.

Rationale Zahlen addieren und subtrahieren

Zwei rationale Zahlen mit **gleichem Vorzeichen** werden addiert, indem man die Beträge addiert.
Das Ergebnis erhält **das gemeinsame Vorzeichen**.

$(-7) + (-15) = -(7 + 15) = -22$

Zwei rationale Zahlen mit **unterschiedlichen Vorzeichen** werden addiert, in dem man den kleineren vom größeren Betrag subtrahiert und das Ergebnis erhält **das Vorzeichen der Zahl, die den größeren Betrag hat**.

$8 + (-18) = -(18 - 8) = -10$

$(-3) + 11 = +(11 - 3) = 8$

Addiert man zu einer rationalen Zahl eine positive Zahl, „wandert man auf dem Zahlenstrahl nach rechts". Addiert man eine negative Zahl, „wandert man nach links".

$3 + (-2) = 1$ $\quad$ $3 + (+2) = 5$

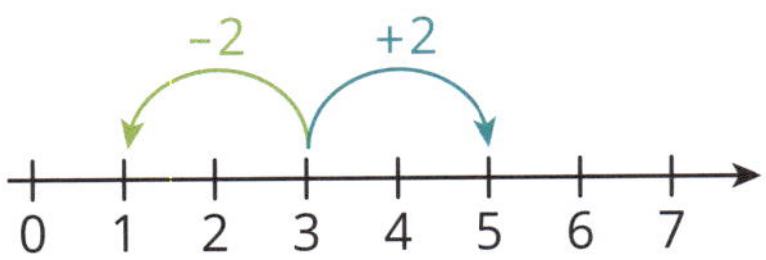

Subtrahiert man von einer rationalen Zahl eine positive Zahl, „wandert man auf dem Zahlenstrahl nach links", subtrahiert man eine negative Zahl, „wandert man nach rechts".

$3 - (+2) = 1$ $\quad$ $3 - (-2) = 5$

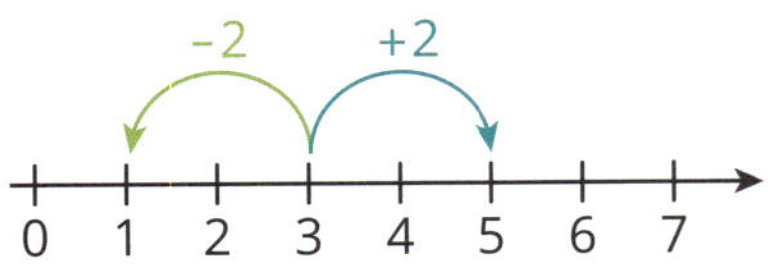

Sind Rechenzeichen und das nachfolgende Vorzeichen gleich, ergibt sich daraus ein positives Rechenzeichen.
Sind aber das Rechenzeichen und das nachfolgende Vorzeichen verschieden, ergibt sich daraus ein negatives Rechenzeichen.

$-5 - (-7) = -5 + 7 = 2$

$5 + (-4) = 5 - 4 = 1$

Also ich merke es mir so:
+ und **+** ergibt +
− und **−** ergibt +
+ und **−** ergibt −
− und **+** ergibt −

Rationale Zahlen multiplizieren und dividieren

Bei der Multiplikation bzw. Division multipliziert/dividiert man zwei rationale Zahlen, indem man zunächst die Beträge der Zahlen multipliziert/dividiert. Haben beide Zahlen gleiche Vorzeichen, ist das Ergebnis positiv.

$12 \cdot 2 = 24$ $\quad$ $(-15):(-3) = 5$

Haben aber die Zahlen unterschiedliche Vorzeichen, ist das Ergebnis negativ.

$(-4) \cdot 6 = -(4 \cdot 6) = -24$ $\quad$ $169:(-13) = -(169:13) = -13$

2 ÜBEN

1 Berechne.

a) $6{,}5 - (-7)$

b) $-4{,}5 + (-12)$

c) $(-25):\left(-\frac{1}{4}\right)$

d) $36:\left(-\frac{3}{5}\right)$

2 Ergänze die fehlende Zahl.

a) $4 \cdot$ .... $= -28$

b) $-2{,}5 \cdot$ .... $= -12{,}5$

c) $2 \cdot |-4{,}8| =$ ....

d) $(-15) +$ .... $= 6$

e) $-24 +$ .... $= -28{,}5$

f) .... $+ (-12{,}5) = -7{,}5$

g) .... $: |-4| = 5$

h) $\left(-\frac{3}{4}\right) \cdot |$...............$| = -\frac{15}{16}$

i) $108:(-4 +$ ....$) = 54$

3 Löse die Aufgaben unter Anwendung der entsprechenden Rechenregeln.

a) $((-10) + (-3)) \cdot (-16) - (+3) =$ ....

....

b) $-60 - (97 - 78 - 26) =$ ....

....

c) $22 - (+25) - (-14) - 8 =$ ....

....

d) $3 \cdot (7 - (5 - 2{,}5) \cdot 2) - 2 =$ ....

....

e) $\frac{2}{7} \cdot (4 - (-9 + 6)) + (-15) =$ ....

....

f) $(12 - 4) : (-2) =$ ....

....

4 Subtrahiere von der Zahl -28 die Summe der Zahlen 18 und -4. Verdopple das Ergebnis und multipliziere mit $\left(-\frac{1}{2}\right)$.

5 Multipliziere den Quotienten der Zahlen -78 und 26 mit der Differenz der Zahlen -108 und $+98$.

6 Zum Knobeln: Notiere zu jedem Diagramm zwei passende Aufgaben, berechne sie und trage den Ergebnispfeil ein.

a)

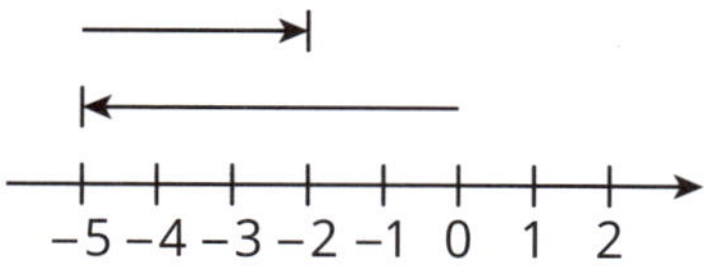

b)

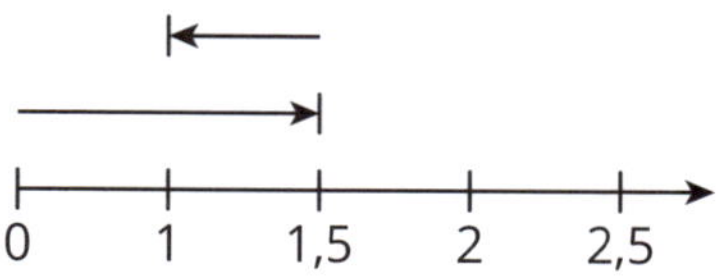

TEST 1. Berechne. Achte auf die Rechenregeln.

a) $-3 \cdot \left(-\frac{1}{2} \cdot \left(-\frac{5}{6}\right)\right) - \frac{3}{12}$

b) $\frac{1}{6} \cdot \left(-\frac{4}{5}\right) + \frac{7}{10} - \frac{8}{5} : \frac{1}{7}$

2. Finde die Fehler und korrigiere die Rechnung. Welche Rechenregeln wurden nicht beachtet?

a) $(3{,}5 - (-5{,}5)) : (-3))(-4)$
$= ((3{,}5 + 5{,}5) : (-3)) \cdot (-4)$
$= (9 : (-3)) \cdot (-4)$
$= 9 : 12$
$= \frac{3}{4}$

b) $-(-56 - 26 \cdot 2) + 3$
$= (-30 \cdot 2) + 3$
$= (-60) + 3$
$= -57$

4. Geometrie

Geometrische Grundbegriffe

In der Geometrie werden **Punkte** mit Großbuchstaben (A, B, C ...) und Geraden mit Kleinbuchstaben (g, h ...) bezeichnet.

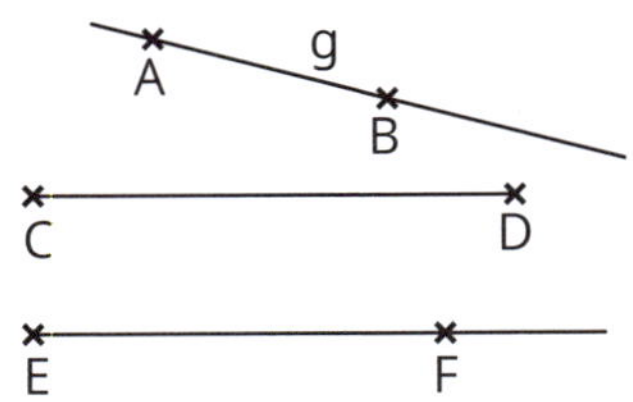

Eine **Gerade** (in der Grafik: g) hat keinen Anfangspunkt und Endpunkt.
Eine **Strecke** (in der Grafik: $\overline{CD}$) hat einen Anfangspunkt und Endpunkt.
Eine **Halbgerade** (in der Grafik: $\overleftarrow{EF}$) hat einen Anfangspunkt aber keinen Endpunkt.

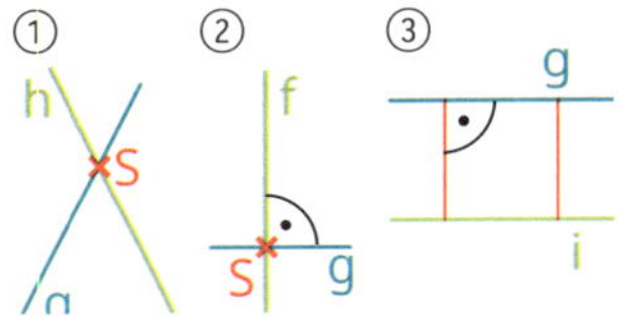

Zwei Geraden können einander in einem Punkt S **schneiden** (g und h, ①), zueinander **orthogonal** (senkrecht) liegen ($f \perp g$, ②), wenn sie einen rechten Winkel ⊾ bilden oder **parallel** zueinander liegen ($g \parallel i$, ③).

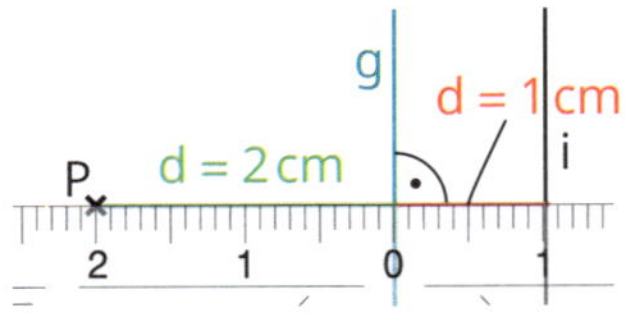

Zwei parallele Geraden haben überall den gleichen **Abstand** (= kürzeste Entfernung) zueinander. Der **Abstand d zweier paralleler Geraden** g und i ist die Länge einer Strecke, die senkrecht auf beiden Geraden steht (hier: 1 cm).
Der **Abstand d zwischen Punkt P und Gerade g** ist die Länge der Senkrechten zu der Geraden durch den Punkt P (hier: 2 cm).

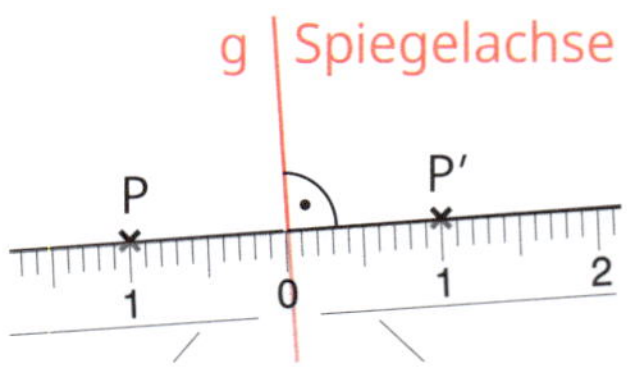

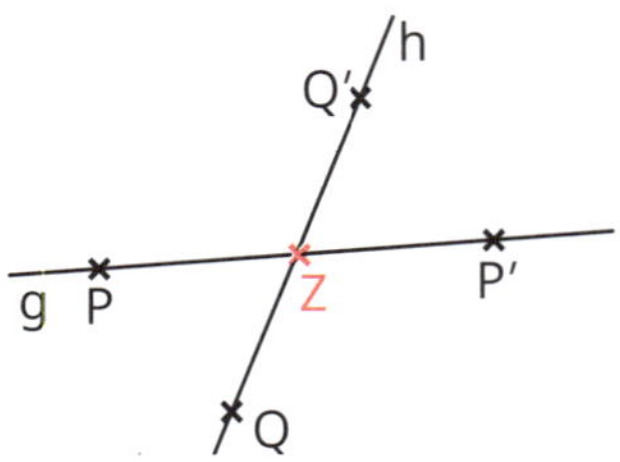

Mithilfe des Geodreiecks kann man einen Punkt P an einer Geraden g **spiegeln**. Die Gerade g bildet die **Spiegelachse**, von der P und der Spiegelpunkt P′ gleich weit entfernt sind. P und P′ liegen auf einer Orthogonalen zu g. Wird eine Figur durch eine Spiegelachse (auch: **Symmetrieachse**) in zwei spiegelbildliche Hälften geteilt, nennt man sie **achsensymmetrisch**. In **punktsymmetrischen** Figuren schneiden sich die Verbindungsstrecken zusammengehörender (gegenüberliegender) Punkte im **Symmetriezentrum Z**. Z ist der Mittelpunkt aller Verbindungsstrecken.

Achsensymmetrische Figur zeichnen

① Spiegelachse festlegen.
② Durch jeden zu spiegelnden Punkt eine Hilfslinie zeichnen, die rechtwinklig zur Spiegelachse steht.
③ Spiegelpunkte auf den Hilfslinien so setzten, dass sie gleich weit von der Achse entfernt sind wie die ursprünglichen Punkte.
④ Spiegelpunkte in der richtigen Reihenfolge verbinden.

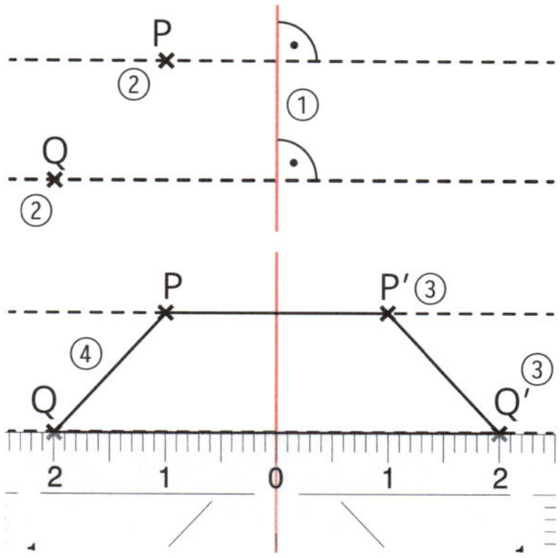

Punktsymmetrische Figur zeichnen

① Spiegelzentrum Z festlegen.
② Jeden zu spiegelnden Punkt mit Z verbinden und die Strecke über Z hinaus verlängern.
③ Spiegelpunkte auf den Hilfslinien so setzen, dass die Entfernung zu Z die gleiche ist, wie von Z zu den ursprünglichen Punkten.
④ Spiegelpunkte in der richtigen Reihenfolge verbinden.

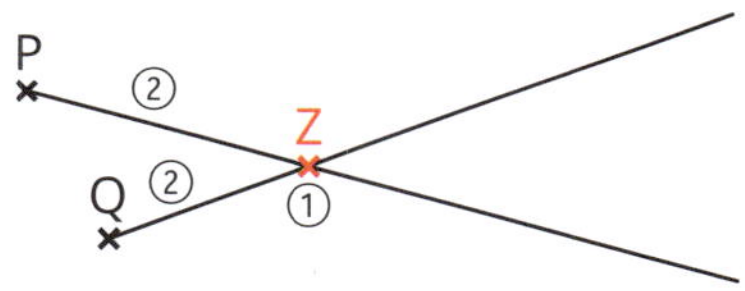

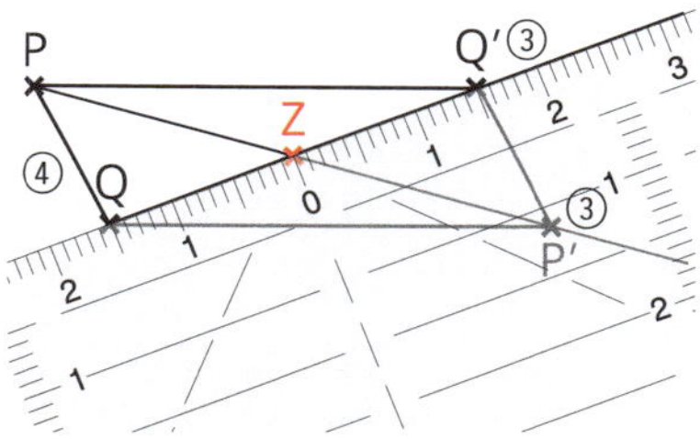

Zwei aufeinander senkrecht stehende Zahlengeraden bilden ein **Koordinatensystem**. Schnittpunkt der beiden Achsen ist der Nullpunkt (Origo, O). Die waagerechte Achse wird als **x-Achse** (Rechtsachse, Abszisse) und die senkrechte Achse wird als **y-Achse** (Hochachse, Ordinate) bezeichnet.
Die Lage eines Punktes wird durch P(x|y) festgelegt. Für die abgebildeten Punkte A und B gilt A(1|3) und B(2,5|1,5).[1]

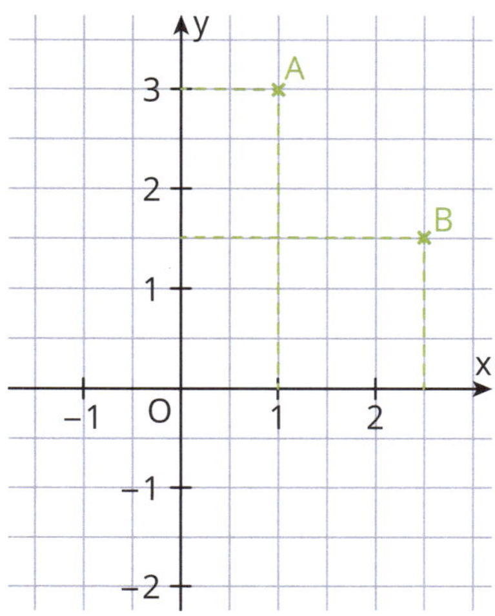

1 Wenn du bisher nur Koordinatensysteme mit positiven Achsen kennengelernt hast, zeichne sie weiterhin so.

2 ÜBEN

1 Spiegle die Punkte A, B und C

a) an der Spiegelachse s

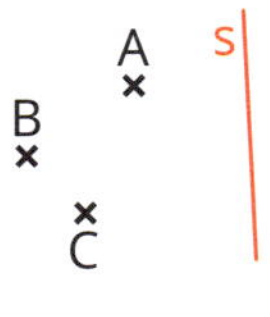

b) am Spiegelzentrum Z.

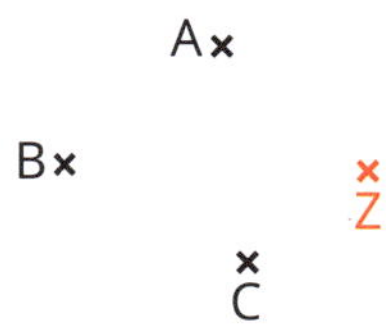

2 Spiegle an der Geraden g.

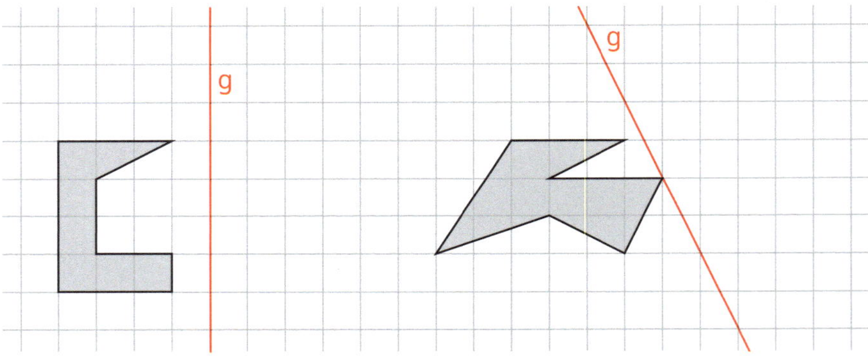

3 Trage in die Verkehrsschilder alle Symmetrieachsen ein.

4 Senkrechte und parallele Geraden

a) Zeichne zu beiden Geraden g und h jeweils eine senkrechte Gerade.

b) Zeichne die Gerade i durch P, die zu j parallel ist.

c) Miss den Abstand zwischen Punkt P und der Geraden j.

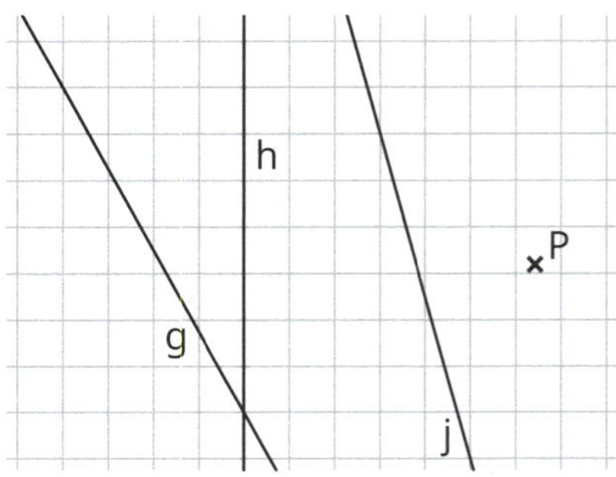

❺ Koordinatensystem.

a) Zeichne die Punkte A(1|0), B(4|1), C(3|3) und D(0|3) in ein Koordinatensystem in deinem Heft und verbinde sie. Wähle für die x-Achse 10 cm, für die y-Achse 7 cm. 1 cm = 1 Längeneinheit

b) Zeichne die Spiegelachse g, die durch die Punkte P(2|5) und Q(5|2) verläuft. Spiegle das Viereck an g und gib die Koordinaten der Spiegelpunkte A', B', C' und D' an.

c) Spiegle das Ausgangsviereck am Punkt Z(4,5|3,5).

3 KÖNNEN

TEST **1. Korrigiere die falsch gespiegelten Punkte.**

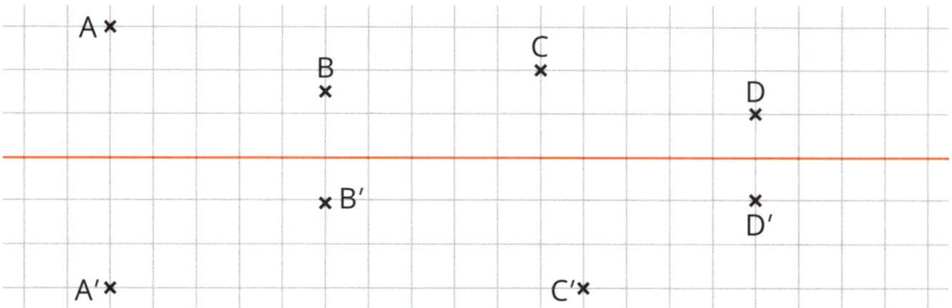

2. Punkte im Koordinatensystem.

a) Schreibe die Koordinaten der Punkte auf.

b) Verbinde die Strecken $\overline{AB}$, $\overline{BC}$, ..., $\overline{GA}$. Begründe, warum die entstandene Figur achsensymmetrisch ist und zeichne die Symmetrieachse ein.

c) Spiegle die Figur am Mittelpunkt der Strecke $\overline{BE}$.

d) Spiegle die Figur an der x-Achse.

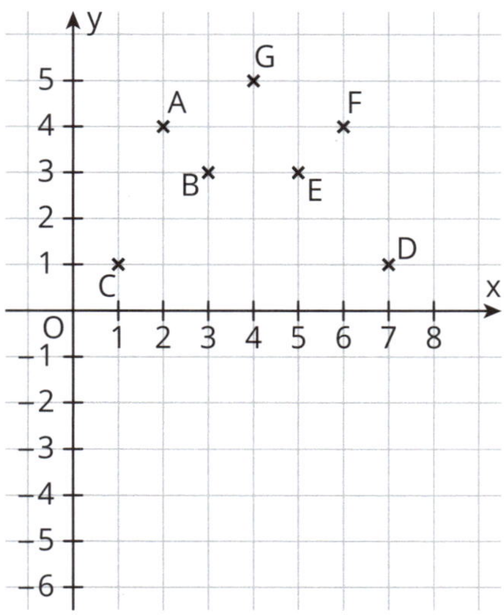

1 VERSTEHEN

Winkel und Winkelgesetze

Dreht man eine Halbgerade um ihren Anfangspunkt S in eine neue Lage, so überstreicht sie eine Fläche. Diese Fläche heißt **Winkel**. Der gemeinsame Punkt S heißt Scheitelpunkt oder einfach nur **Scheitel**. Die beiden Halbgeraden heißen **Schenkel**. Der **Drehsinn** eines Winkels ist üblicherweise **gegen den Uhrzeigersinn**.

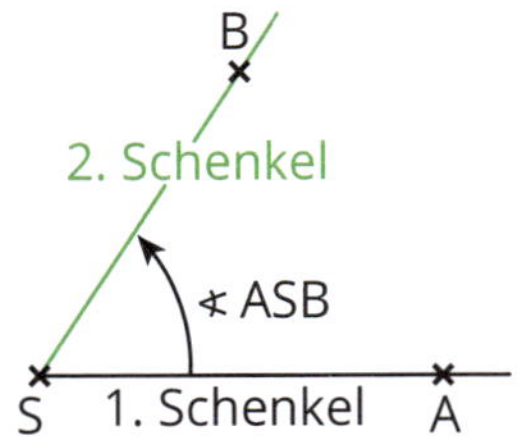

Winkel werden mit einem Kreisbogen und griechischen Kleinbuchstaben gekennzeichnet:
α (Alpha); β (Beta); γ (Gamma); δ (Delta); ε (Epsilon)

Je nach Größe unterscheidet man folgende **Winkelarten**:

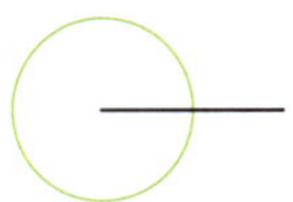

Nullwinkel: $\alpha = 0°$
Vollwinkel: $\alpha = 360°$

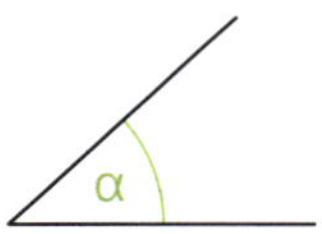

spitzer Winkel:
$0° < \alpha < 90°$

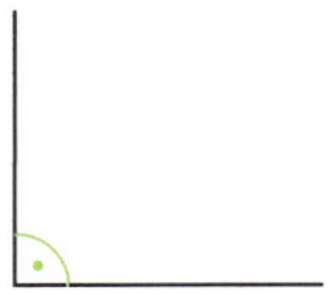

rechter Winkel:
$\alpha = 90°$

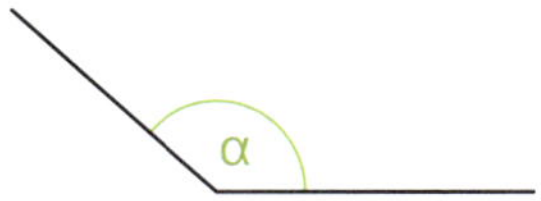

stumpfer Winkel:
$90° < \alpha < 180°$

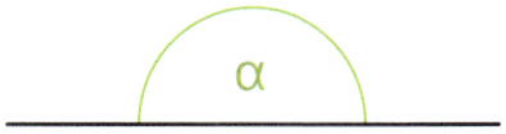

gestreckter Winkel:
$\alpha = 180°$

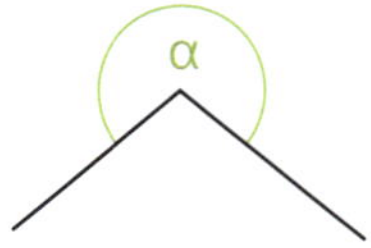

überstumpfer Winkel:
$180° < \alpha < 360°$

Das Messen von Winkeln

Man muss das Geodreieck mit seiner Grundkante so anlegen, dass diese genau auf einem der Schenkel liegt **und** die Nullmarke auf dem Scheitelpunkt des Winkels liegt.
Beachte, auf welcher Skala du ablesen musst.

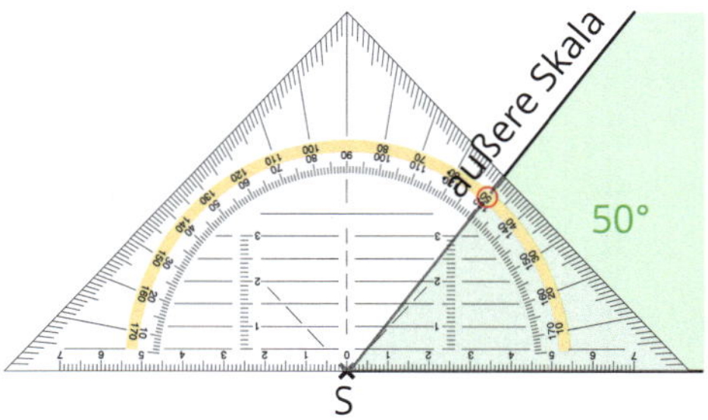

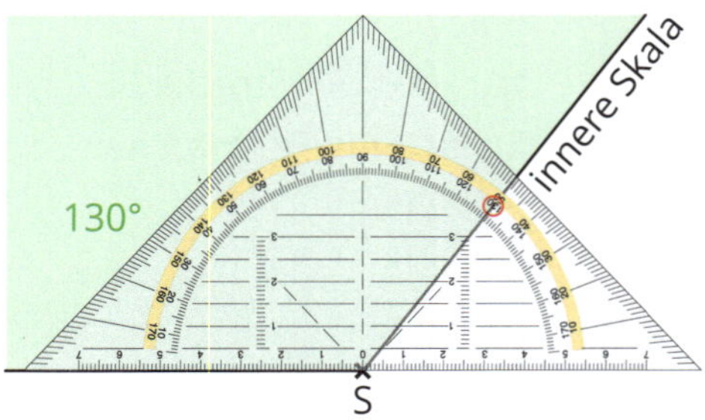

Das Zeichnen von Winkeln

Du nutzt die Techniken, die du vom Messen her schon kennst.
An zwei Beispielen zeigen wir Schritt für Schritt, wie es geht.

Zeichne einen Winkel von 50°.

Zeichne zuerst den Scheitelpunkt und einen Schenkel.
Dann lege das Geodreieck an.

Möglichkeit 1

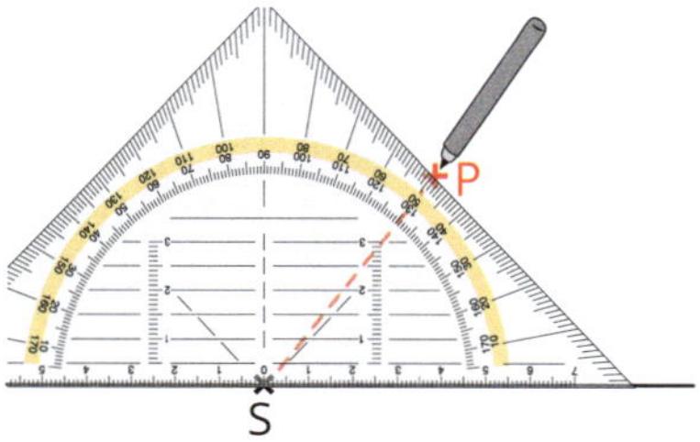

Bei Möglichkeit 1 kannst du mit der äußeren Skala die 50° markieren (Punkt P) und dann den 2. Schenkel zeichnen

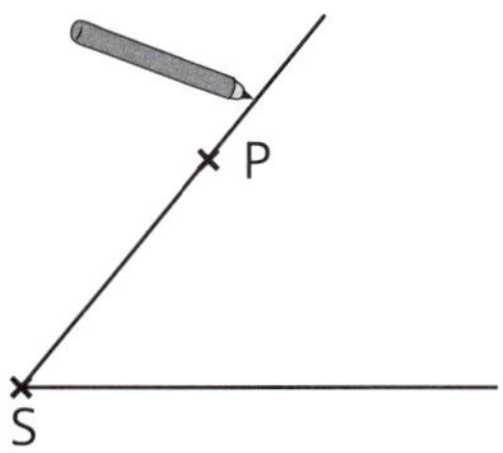

Möglichkeit 2

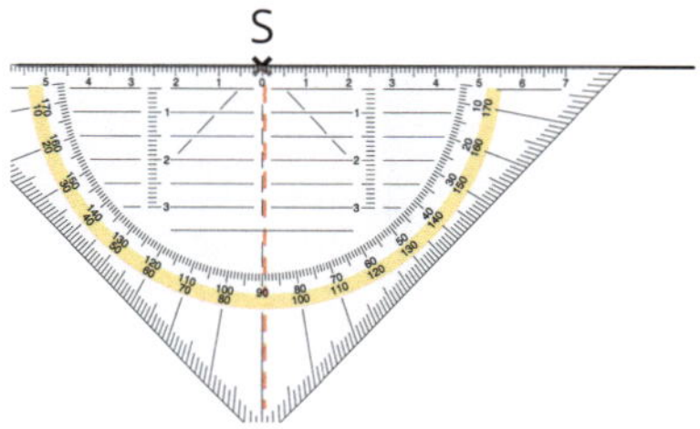

Bei Möglichkeit 2 musst du das Geodreieck drehen (Nullmarkierung muss auf Scheitelpunkt bleiben), bis die 50°-Markierung der inneren Skala den gezeichneten Schenkel berührt.

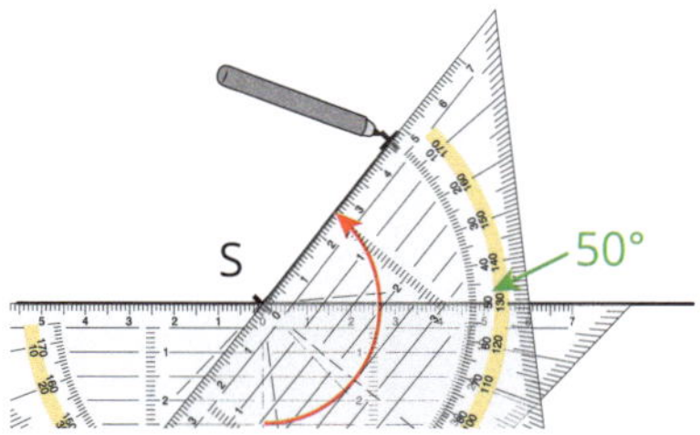

Nun kannst du entlang des Geodreiecks den zweiten Schenkel zeichnen.

Überstumpfe Winkel kann man messen oder zeichnen, indem man ausrechnet, wie viel man zu 180° addieren muss, bzw. wie viel man vom Vollwinkel (360°) subtrahieren muss, um auf den gewünschten Winkel zu kommen.

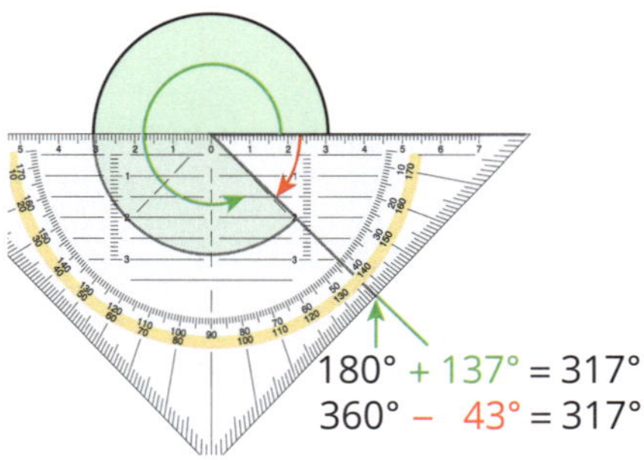

2 ÜBEN

1 Miss die Winkel und ordne sie der Größe nach.

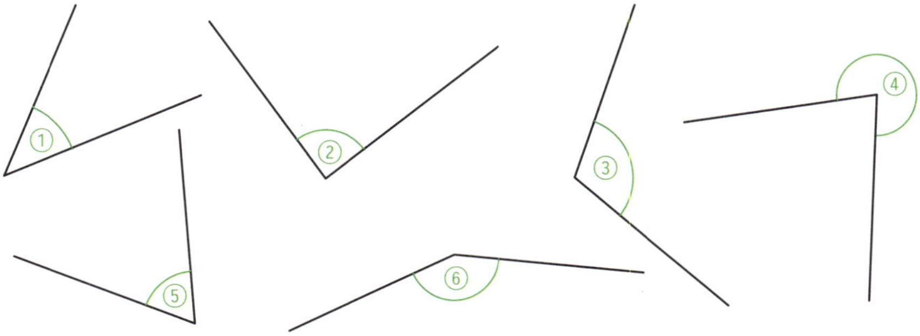

2 Zeichne die Winkel und gib an, um welche Winkelart es sich dabei handelt.

a) $\alpha = 35°$ $\beta = 68°$ $\gamma = 92°$ $\delta = 99°$

b) $\alpha = 112°$ $\beta = 180°$ $\gamma = 245°$ $\delta = 333°$

3 Winkel an der Uhr.

Wie groß ist der kleinere Winkel zwischen den beiden Zeigern einer Uhr?
Zeichne die Uhrzeiten ein.

a) 3:00 Uhr b) 7:00 Uhr c) 14:30 Uhr

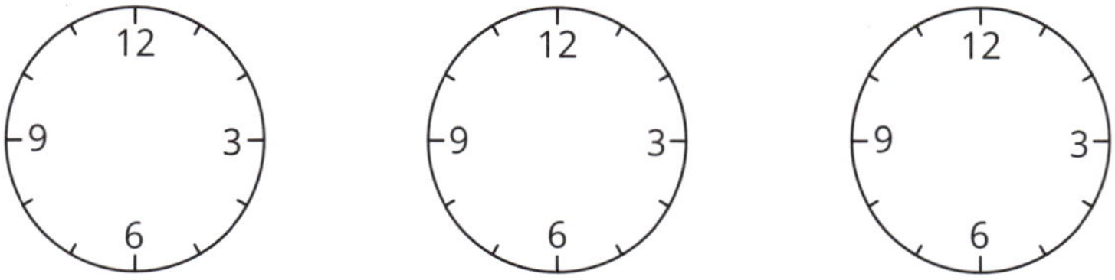

TEST 1. Zeichne die Winkel.

α = 78° β = 125° γ = 200° δ = 321°

2. Spitz? Stumpf? Überstumpf?

Male die Kästchen aus: für spitze Winkel grün, für stumpfe Winkel blau und für überstumpfe Winkel gelb.

330°	80°	45°	190°	290°	178°	355°
15°	49°	1°	125°	110°	236°	145°

3. Winkel zeichnen und teilen.

Zeichne einen Winkel α mit 125°. Zerlege diesen Winkel durch eine Halbgerade so, dass zwei Teilwinkel β und γ entstehen. Der Winkel β soll ein rechter Winkel sein. Berechne den Winkel γ.

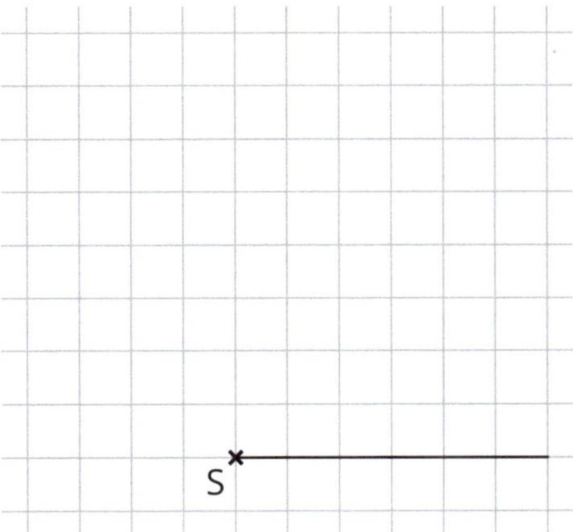

Winkel an Geradenkreuzungen, Dreiecksarten

1 VERSTEHEN

Wenn sich zwei Geraden g und h schneiden, entstehen vier Winkel, die zusammen den **Vollwinkel** ergeben. Es gilt also: $\alpha + \beta + \gamma + \delta = 360°$.

Nebeneinander liegende Winkel heißen **Nebenwinkel**. Sich gegenüberliegende heißen **Scheitelwinkel** oder **Gegenwinkel**.

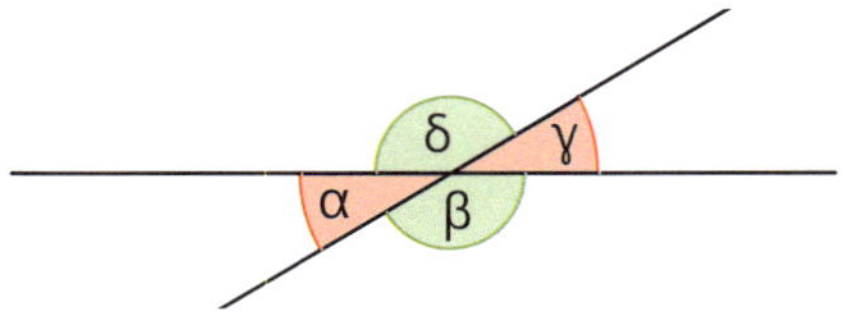

Es gelten folgende Beziehungen:

- Gegenwinkel sind immer gleich groß ($\alpha = \gamma$ und $\beta = \delta$).
- Nebenwinkel ergeben zusammen 180° ($\alpha + \beta = \beta + \gamma = \gamma + \delta = \delta + \alpha = 180°$).

Werden zwei parallele Geraden g und h von einer dritten Geraden i geschnitten, sind die Winkel zwischen g und i gleich groß wie die entsprechenden zwischen h und i. Es gelten folgende Beziehungen:

- Winkel die zueinander liegen, wie α_1 und α_2 heißen **Stufenwinkel**. Sie sind gleich groß.
- Winkel, die wie β_1 und δ_2 zueinander liegen, heißen **Wechselwinkel**. Auch sie sind gleich groß.

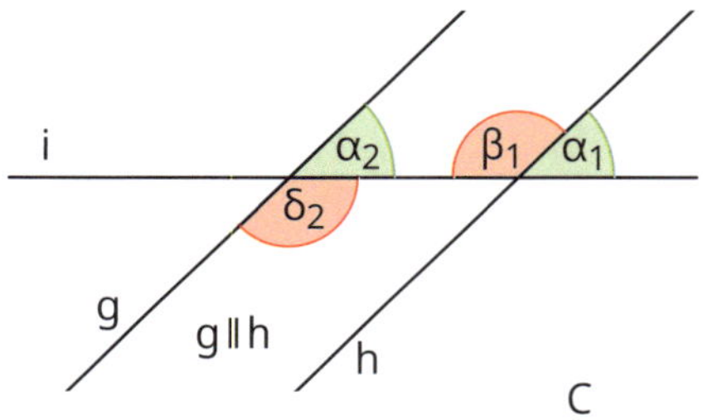

Der **Winkelsummensatz** für Dreiecke besagt, dass die Summe der drei **Innenwinkel** immer 180° ergibt. Es gilt: $\alpha + \beta + \gamma = 180°$.

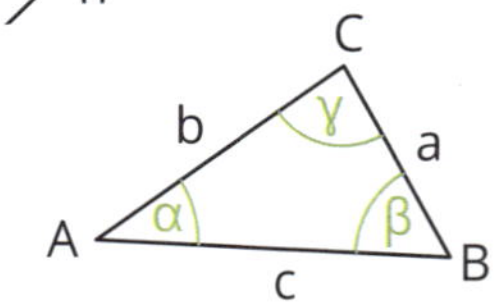

Dreiecke bezeichnet man je nach Größe ihrer Winkel als:

- **spitzwinklig**, wenn alle drei Innenwinkel spitze Winkel sind.
- **rechtwinklig**, wenn einer der drei Winkel 90° hat.
- **stumpfwinklig**, wenn einer der drei Winkel größer als 90° ist.

2 ÜBEN

1 Innenwinkel

Zeichne drei beliebige Dreiecke. Überprüfe die Gültigkeit des Winkelsummensatzes, indem du jeweils alle Innenwinkel bestimmst und addierst.

2 **Berechne die fehlenden Winkelgrößen und benenne sie.**

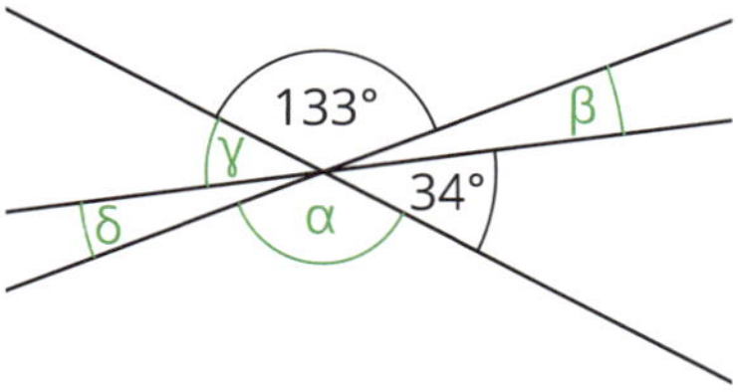

α = ...

β = ...

γ = ...

δ = ...

TEST **1. Bestimme alle fehlenden Winkel.**

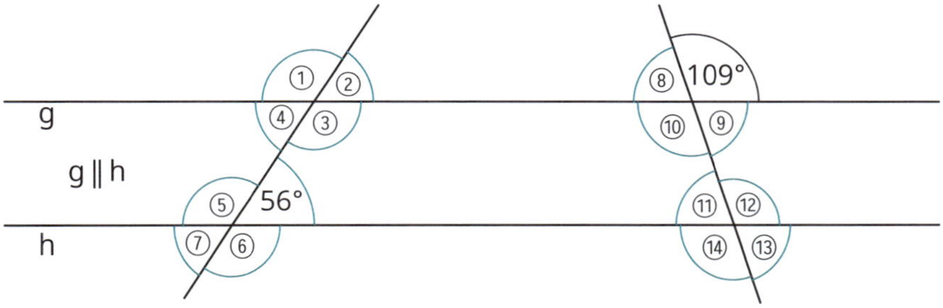

2. Berechne die fehlenden Winkel. Gib die Dreiecksart an.

a)

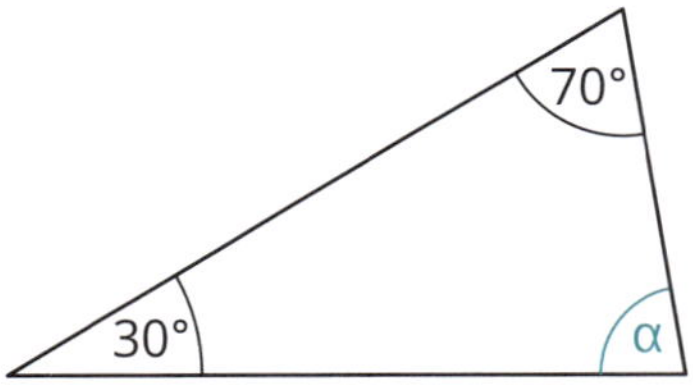

....

..........................winkliges Dreieck

b)

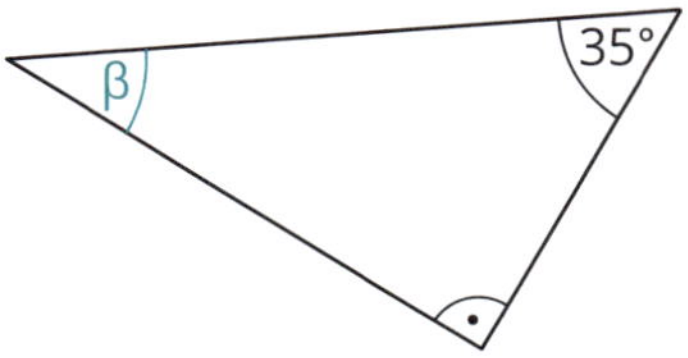

....

..........................winkliges Dreieck

c)

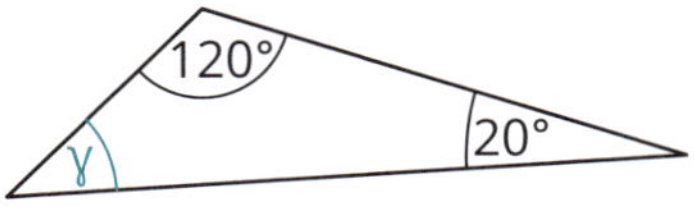

....

..........................winkliges Dreieck

Eigenschaften von Vierecken

1 VERSTEHEN

Eine geometrische Figur, die von vier Strecken begrenzt wird und damit auch vier Eckpunkte hat, heißt **Viereck**.
Die Winkelsumme der vier Innenwinkel beträgt in jedem Viereck 360°.
Man unterscheidet folgende Vierecke anhand ihrer Eigenschaften:

Name	Seiten	Winkel	Diagonalen	Symmetrie
Quadrat 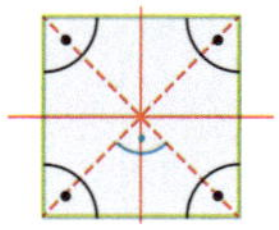	vier gleich lange Seiten	vier rechte Winkel	gleich lang und senkrecht zueinander	vier Symmetrieachsen; punktsymmetrisch
Rechteck 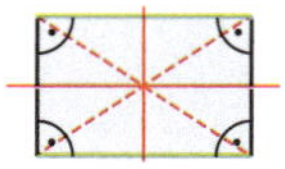	gegenüberliegende Seiten gleich lang	vier rechte Winkel	gleich lang und halbieren sich	zwei Symmetrieachsen; punktsymmetrisch
Raute 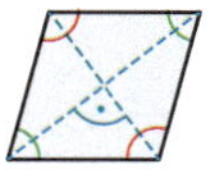	vier gleich lange Seiten	gegenüberliegende gleich groß	halbieren sich und senkrecht zueinander	zwei Symmetrieachsen; punktsymmetrisch
Parallelogramm 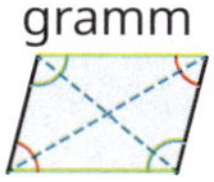	gegenüberliegende gleich lang und parallel zueinander	gegenüberliegende gleich groß	halbieren einander	punktsymmetrisch zum Diagonalenschnittpunkt
Drachen 	zwei Paar gleich langer Seiten	ein paar gegenüberliegender Winkel ist gleich groß	schneiden sich rechtwinklig	eine Symmetrieachse
allgemeines Trapez 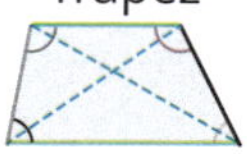	ein Paar paralleler Seiten	vier unterschiedliche Winkel	unterschiedlich lang	keine
allgemeines Viereck 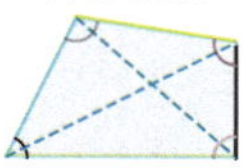	vier unterschiedlich lange Seiten	vier unterschiedliche Winkel	unterschiedlich lang	keine

2 ÜBEN

1 Zeichne die Figuren.

a) Quadrat mit Seitenlänge 4,5 cm.

b) Rechteck mit a = 25 mm und b = 5,5 cm

2 Zeichne folgende Vierecke: Quadrat, Rechteck, Raute, gleichschenkliges Trapez. Nimm dann eine andere Farbe und zeichne jeweils die Symmetrieachsen ein.

3 KÖNNEN

TEST Kreuze das Zutreffende an.

	Quadrat	Rechteck	Parallelogramm	Raute	Drachen	Trapez
4 gleich lange Seiten						
4 gleich große Winkel						
2 Paar parallele Seiten						
Diagonalen sind senkrecht zueinander						
Diagonalen halbieren sich						

Flächeneinheiten; Flächeninhalt und Umfang von Vierecken, Dreiecken und unregelmäßigen Vielecken

1 VERSTEHEN

Während der Umfang eines Vielecks mit **Längeneinheiten** (mm, cm, m, km ...) gemessen wird, verwendet man zum Messen von Flächen **Flächeneinheiten** (mm^2, cm^2, dm^2 etc). Die Umrechnung in die nächstgrößere oder nächstkleinere Einheit erfolgt mit der Umwandlungszahl 100 (zum Vergleich: bei Längeneinheiten ist die Umwandlungszahl 10). Folgende Maßeinheiten finden Verwendung:

nach oben	Einheit	nach unten
	Quadratkilometer (km^2)	
: 100		· 100
	Hektar (ha)	
: 100		· 100
	Ar (a)	
: 100		· 100
	Quadratmeter (m^2)	
: 100		· 100
	Quadratdezimeter (dm^2)	
: 100		· 100
	Quadratzentimeter (cm^2)	
: 100		· 100
	Quadratmillimeter (mm^2)	

$1\,km^2 \triangleq 100\,ha$
$1\,ha \triangleq 100\,a$
$1\,a \triangleq 100\,m^2$
$1\,m^2 \triangleq 100\,dm^2$
$1\,dm^2 \triangleq 100\,cm^2$
$1\,cm^2 \triangleq 100\,mm^2$

$2{,}5\,km^2 = (2{,}5 \cdot 100)\,ha = 250\,ha = (250 \cdot 100)\,a = 250\,000\,a$ etc.
$395\,000\,cm^2 = (395\,000 : 100)\,dm^2 = 3950\,dm^2 = (3950 : 100)\,m^2 = 39{,}5\,m^2$

Die nachfolgenden Formeln zur Berechnung von **Umfang und Flächeninhalt** musst du dir gut einprägen. Sie werden dich bis zum Ende deiner Schulzeit begleiten.

Für das **Quadrat** gilt:
Umfang $u = a + a + a + a = 4a$
Flächeninhalt $A = a \cdot a = a^2$

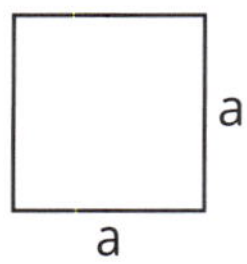

Für das **Rechteck** gilt:
Umfang $u = a + b + a + b = 2a + 2b$
Flächeninhalt $A = a \cdot b$

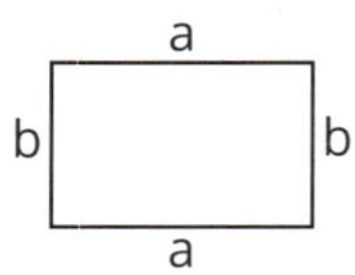

Für das **Parallelogramm** gilt:
Umfang: $u = a + b + a + b = 2a + 2b$
Flächeninhalt: $A = g \cdot h$

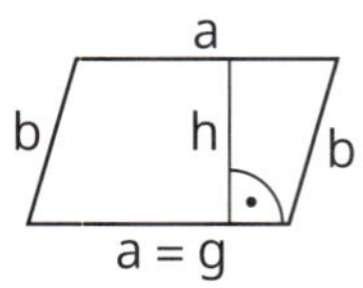

Für das **Trapez** gilt:
Umfang: $u = a + b + c + d$
Flächeninhalt: $A = \frac{a + c}{2} \cdot h$

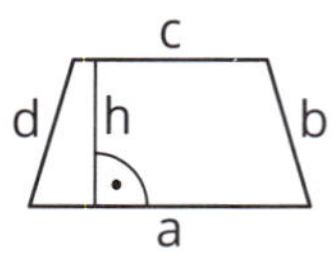

Für den **Drachen** gilt:
Umfang: $u = 2 \cdot a + 2 \cdot b$
Flächeninhalt: $A = \frac{e \cdot f}{2}$

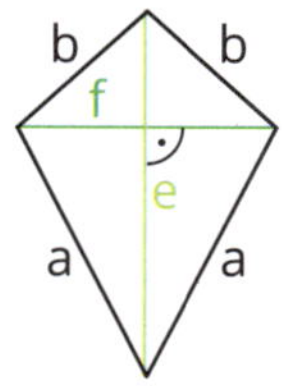

Für die **Raute** gilt:
Umfang: $u = 4 \cdot a$
Flächeninhalt: $A = \frac{e \cdot f}{2}$

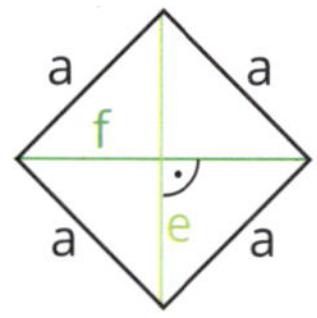

Für das **Dreieck** gilt:
Umfang: $u = a + b + c$
Flächeninhalt: $A = \frac{g \cdot h}{2} = \frac{1}{2} \cdot g \cdot h$

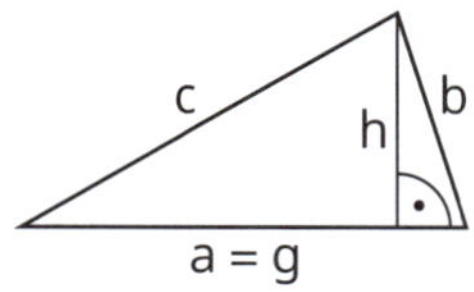

Nicht alle geometrischen Figuren sind Drei- oder Vierecke. Bei **Vielecken** muss man unterscheiden, ob es sich um regelmäßige Vielecke (siehe Seite 86) oder unregelmäßige Vielecke handelt.

Für das **unregelmäßige Vieleck** gilt:
Umfang: $u = a + b + c + \ldots$ (Summe aller Seitenlängen)
Flächeninhalt: Man unterteilt das Vieleck in Teilflächen mit bekannter Form (Dreiecke, Rechtecke, Trapeze) und addiert die einzelnen Teilfächen. Es gilt also: $A = A_1 + A_2 + A_3 + \ldots$ Das abgebildete Vieleck lässt sich in zwei Dreiecke und ein Trapez einteilen.

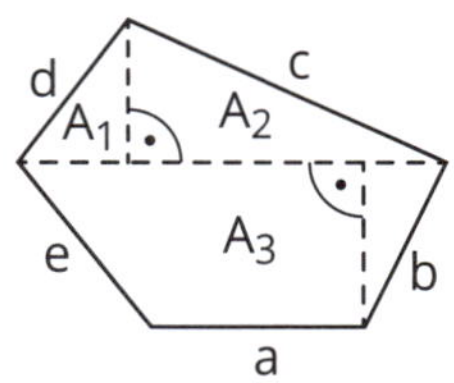

❶ Wandle die angegebene Flächeneinheit um.

Bei a) bis d) in die nächstkleinere, bei e) bis h) in die nächstgrößere.

a) $2{,}5\,m^2$	b) $0{,}31\,cm^2$	c) 12 a	d) 41 ha
e) $321\,dm^2$	f) $4562\,mm^2$	g) 19 a	h) $2\,m^2$

❷ Wandle in die angegebene Flächeneinheit um.

a) $26{,}5\,m^2$ = ... cm^2 b) $12\,476\,mm^2$ = ... dm^2

c) $0{,}2$ ha = ... m^2 d) $3\,200\,000\,cm^2$ = ... a

❸ Berechne Umfang und Flächeninhalt der Figuren.

a)

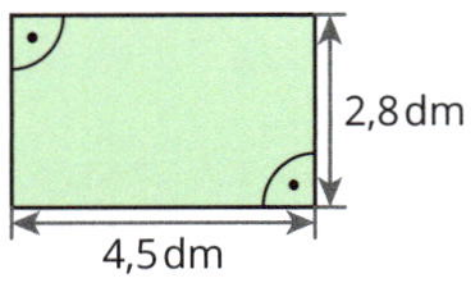

b)

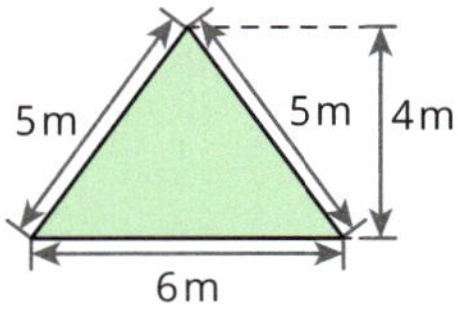

c)

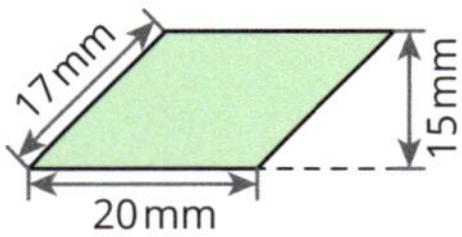

d)

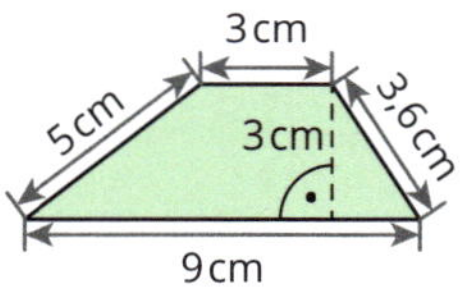

❹ Berechne den Umfang und Flächeninhalt der Figur.

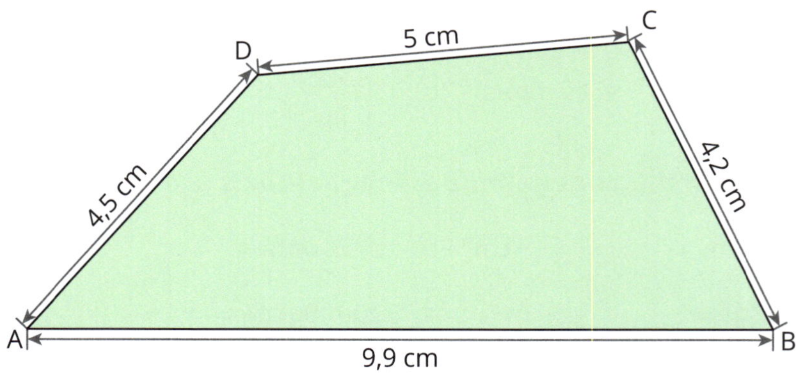

3 KÖNNEN

TEST **1. Wandle in die angegebene Einheit um.**

a) 3,5 ha = ... a

b) 21 dm² = ... cm²

c) 3400 dm² = ... a

d) 120 ha = ... m²

2. Stelle die Flächenformel um und berechne die fehlende Größe.

a)

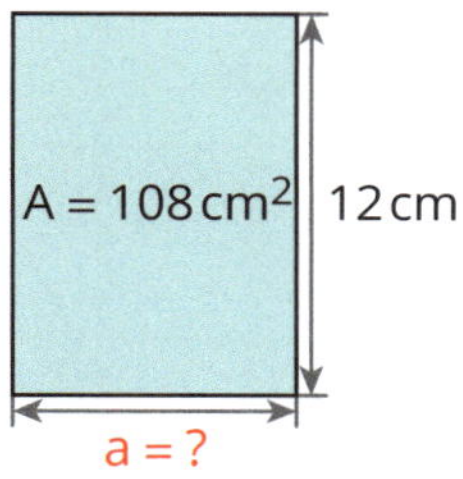

b)

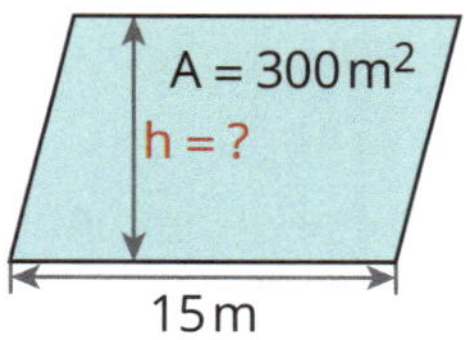

3. Berechne die Querschnittsfläche des Deiches.

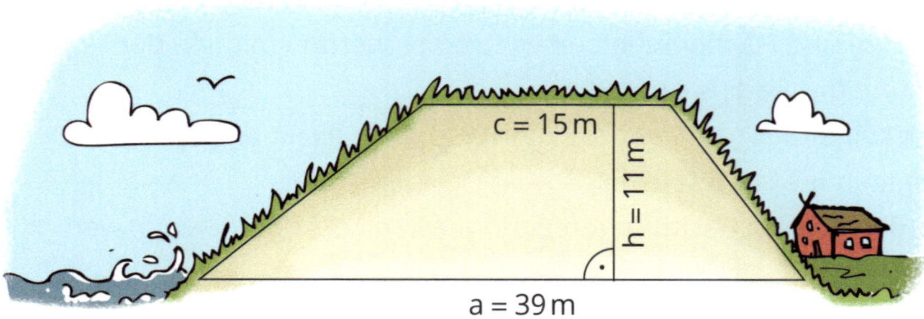

3. Familie Haug möchte ein Stück Land für ihre Hühner kaufen (s. Figur). Wie groß ist das Grundstück? Berechne.

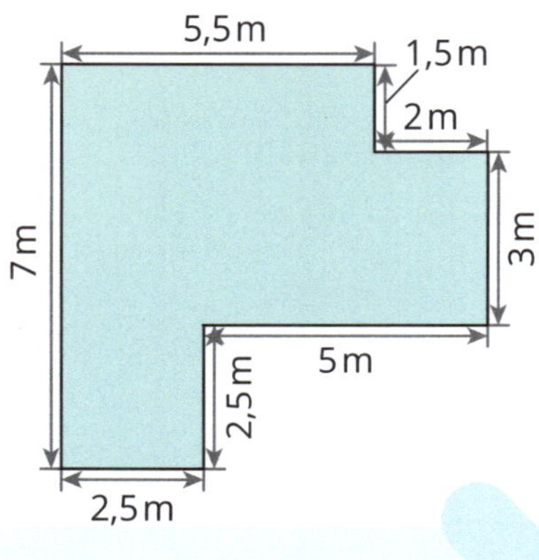

Fläche und Umfang von regelmäßigen Vielecken und Kreisen

1 VERSTEHEN

Regelmäßige Vielecke können in gleichschenklige, gleich große Dreiecke zerlegt werden.

Die Anzahl der Dreiecke entspricht der Anzahl Ecken des Vielecks.
Das regelmäßige Fünfeck besteht also aus fünf, das regelmäßige Sechseck aus sechs gleichen Dreiecken usw.

Für das **regelmäßige Vieleck** gilt:
Umfang: $u = n \cdot a$ (n = Anzahl Ecken; a = eine Seitenlänge)
Flächeninhalt: $A = n \cdot$ Flächeninhalt eines Dreiecks

Für das abgebildete regelmäßige Sechseck mit $a = 3\,cm$ und $h_a = 2{,}6\,cm$ gilt:

$u = 6 \cdot 3\,cm = 18\,cm$

$A = 6 \cdot \frac{3\,cm \cdot 2{,}6\,cm}{2} = 6 \cdot 3{,}9\,cm^2$
$= 23{,}4\,cm^2$

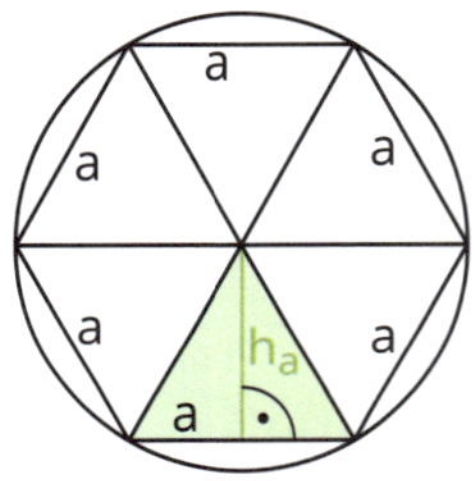

a = 3 cm

Umfang und Flächeninhalt eines **Kreises** werden mithilfe der **Kreiszahl π** (pi) und des Radius r berechnet.
π ist keine rationale Zahl, sie kann also nicht exakt angegeben werden.
Es gilt: $\pi = 3{,}141\,592\,654...$
Für die meisten Rechnungen genügt es, mit dem Näherungswert $\pi \approx 3{,}14$ zu rechnen.

Umfang u

$u = 2 \cdot \pi \cdot r$

$u = 2 \cdot \pi \cdot 4\,cm$
$u \approx 2 \cdot 3{,}14 \cdot 4\,cm$
$u = 25{,}12\,cm$

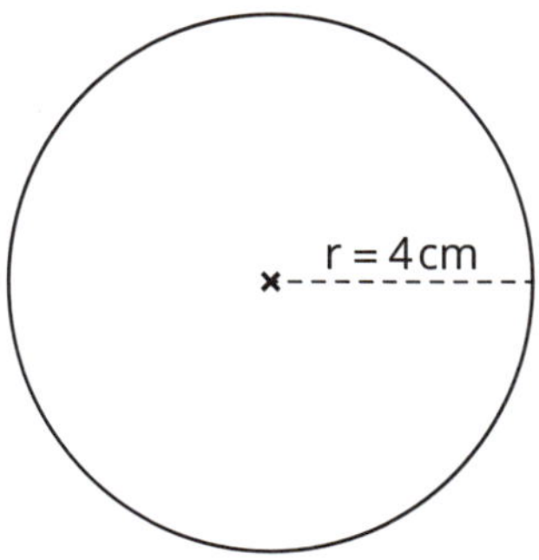

Flächeninhalt A

$A = \pi \cdot r^2$

$A = \pi \cdot (4\,cm)^2$
$A \approx 3{,}14 \cdot 16\,cm^2$
$A = 50{,}24\,cm^2$

2 ÜBEN

1 Berechne den Umfang u und den Flächeninhalt A.

a)

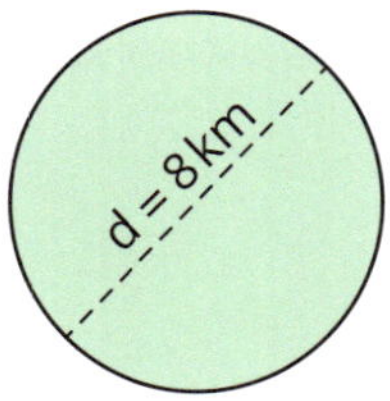

b)

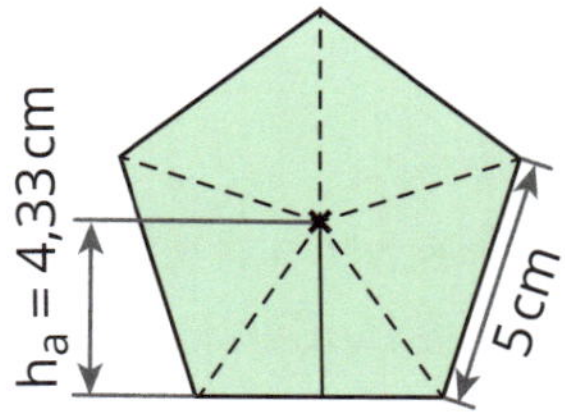

2 Berechne die fehlenden Größen beim Kreis.

	Radius r	Umfang u	Flächeninhalt A
Kreis 1	12 cm		
Kreis 2		62,8 dm	
Kreis 3			28,26 m^2

3 Berechne Flächeninhalt und Umfang der gefärbten Fläche.

a)

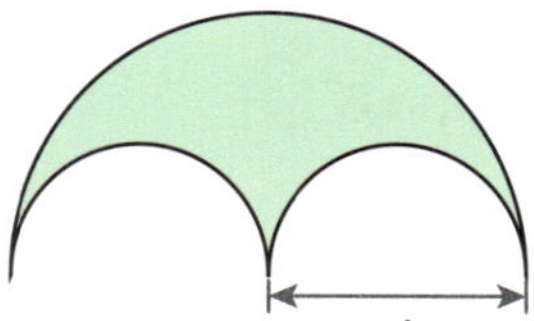

b)

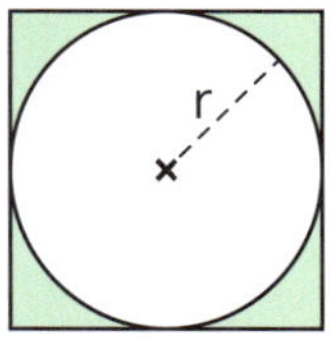

3 KÖNNEN

TEST

1. Berechne Umfang und Flächeninhalt der abgebildeten Figur.

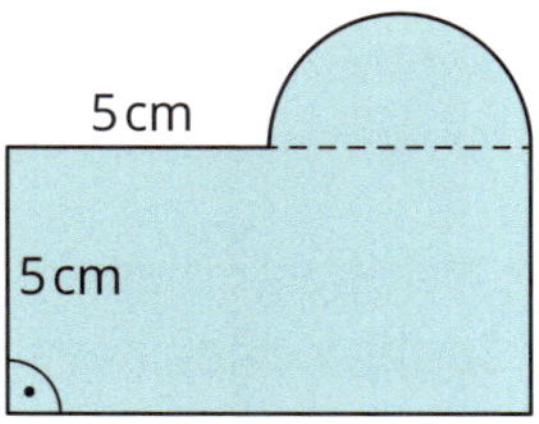

2. Berechne den Flächeninhalt der gefärbten Figur.

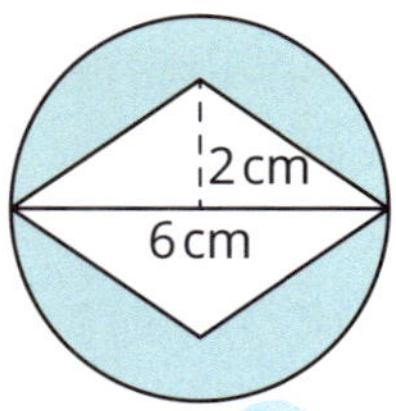

1 VERSTEHEN

Konstruktionen mit Zirkel und Lineal

Die folgenden grundlegenden Konstruktionen solltest du sicher beherrschen.

Die **Mittelsenkrechte** auf einer Strecke $\overline{AB}$.

① Zeichne um die beiden Punkte A und B Kreisbögen mit dem Radius r $\left(r > \frac{1}{2}\overline{AB}\right)$.

② Durch die Schnittpunkte P und Q verläuft die Mittelsenkrechte m, die die Strecke $\overline{AB}$ im Punkt M schneidet. Es gilt: $\overline{AM} = \overline{MB}$.

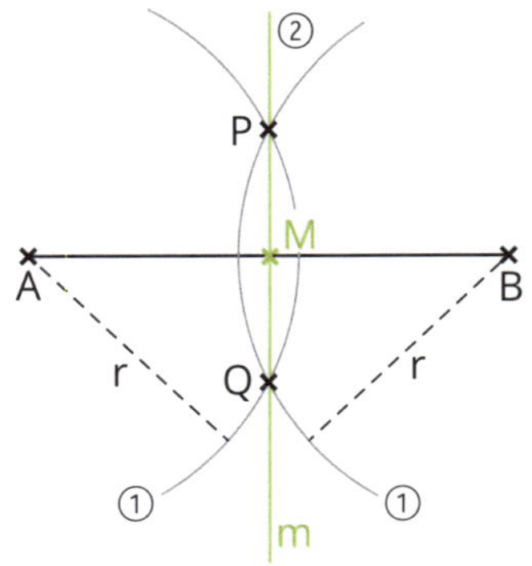

Die **Lotgerade** zu einer Geraden g durch einen Punkt P, der entweder auf der Geraden liegt, oder nicht.

① Zeichne um P einen Kreisbogen, der die Gerade in zwei Punkten A und B schneidet.

② Zeichne um die Punkte A und B Kreisbögen mit dem Radius r $\left(r > \frac{1}{2}\overline{AB}\right)$.

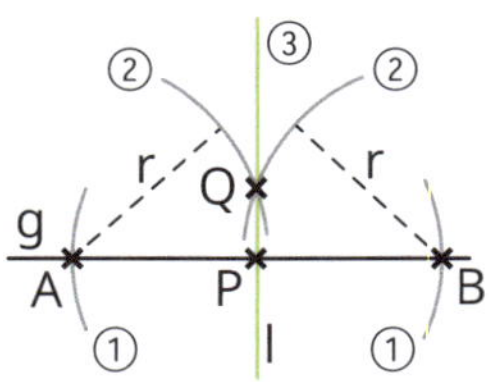

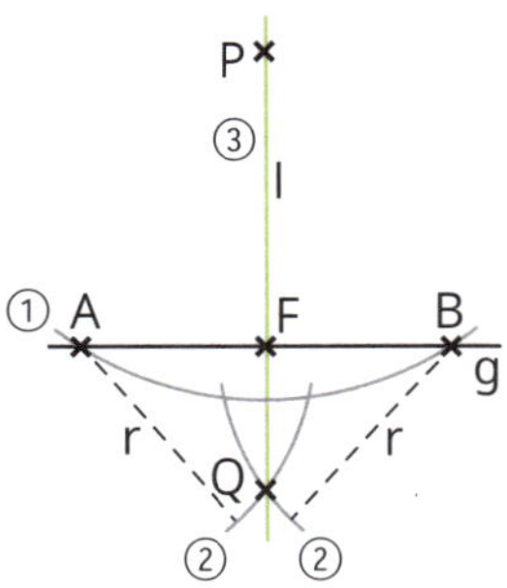

③ Durch den Schnittpunkt Q der beiden Kreisbögen und den Punkt P verläuft die Lotgerade l. Der Schnittpunkt zwischen Lotgerade l und Gerade g heißt **Lotfußpunkt**.

Die **Parallele** zu einer Geraden g durch einen Punkt P.

① Zeichne einen Kreisbogen um P. Schnittpunkt mit g ist Punkt A.

② Kreisbogen mit demselben Radius um A schneidet die Gerade g in Punkt B.

③ Kreisbogen mit demselben Radius um B schneidet den Kreisbogen aus ① in Punkt Q.

④ Gerade durch P und Q ist die Parallele zu g.

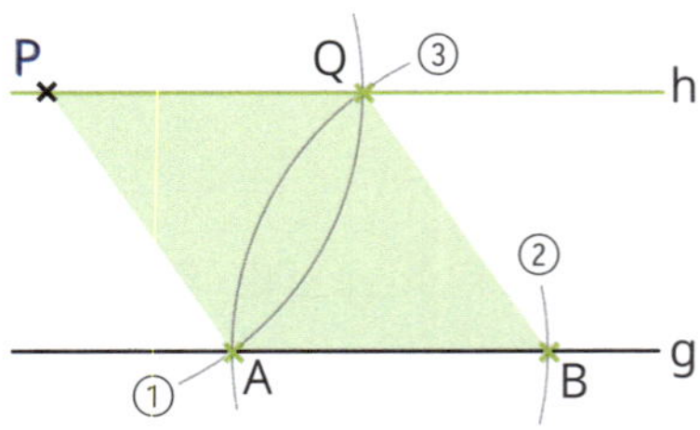

Die **Winkelhalbierende** eines Winkels α.

① Kreisbogen um S, der die beiden Schenkel in A und B schneidet.

② Kreisbögen um A und B mit $r > \frac{1}{2}\overline{AB}$.

③ Die Gerade durch den Schnittpunkt C und den Scheitel S halbiert den Winkel.

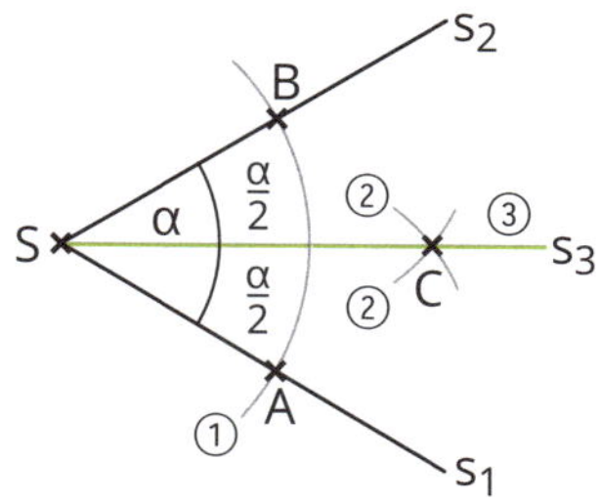

2 ÜBEN

1 **Konstruiere die Mittelsenkrechte auf einer Strecke $\overline{AB}$.**

2 **Drei in einem.**

a) Fälle das Lot von P auf die Gerade g.

b) Konstruiere die Parallele zu h durch P.

c) Halbiere den Winkel α.

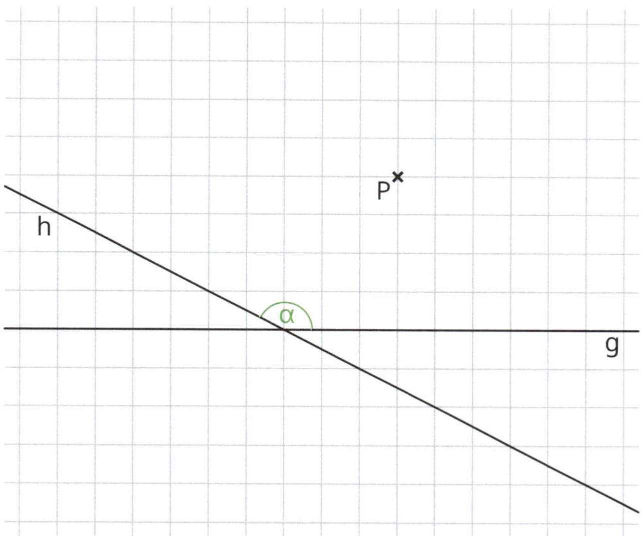

3 KÖNNEN

TEST **Gegeben ist ein Dreieck.**

a) Konstruiere die Höhe h_c (Lotgerade von C auf c).

b) Konstruiere die Mittelsenkrechte auf $\overline{AC}$ (Lotgerade auf der Mitte von $\overline{AC}$).

c) Halbiere den Winkel β.

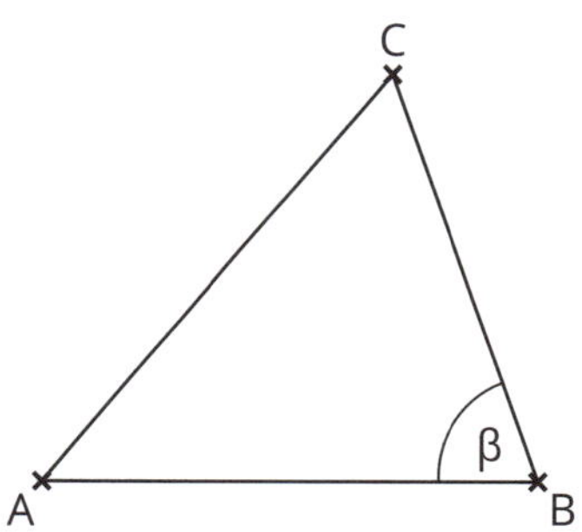

Besondere Linien und Punkte im Dreieck

1 VERSTEHEN

Die Verbindungslinien zwischen den Eckpunkten eines Dreiecks und den jeweils gegenüberliegenden Mittelpunkten M_a, M_b und M_c der Dreiecksseiten heißen **Seitenhalbierende** s_a, s_b und s_c des Dreiecks. Sie schneiden sich im **Schwerpunkt S**. S teilt die Seitenhalbierenden im Verhältnis 2 : 1.

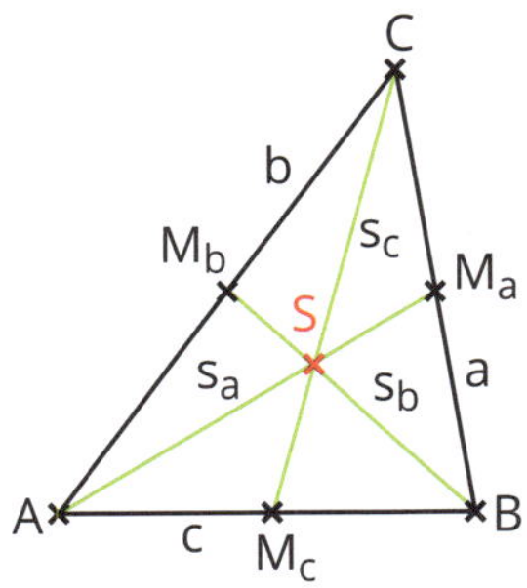

Die **Mittelsenkrechten** m_a, m_b und m_c auf den drei Dreiecksseiten schneiden sich im Punkt M. Es gilt $\overline{AM} = \overline{BM} = \overline{CM}$. M ist der Mittelpunkt des **Umkreises** durch die Punkte A, B und C mit dem Radius $r = \overline{AM}$.

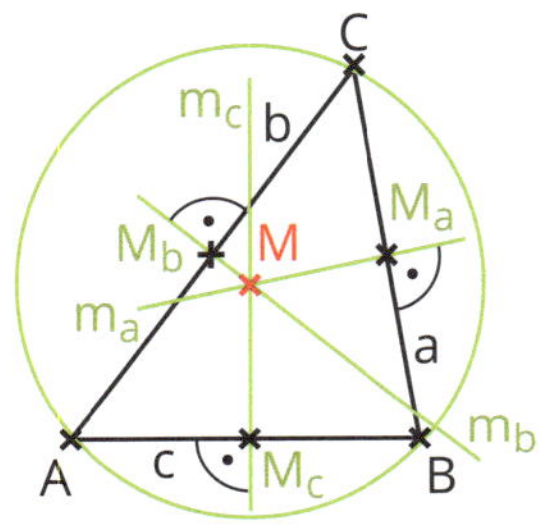

Die drei **Winkelhalbierenden** w_α, w_β und w_γ eines Dreiecks schneiden sich im Punkt W. W ist der Mittelpunkt des **Inkreises**. Der Radius des Inkreises ist der Abstand von W zu den Dreieckseiten.

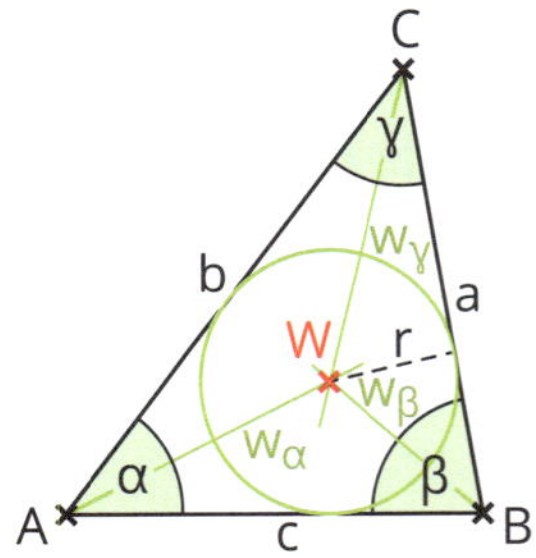

Die drei **Höhen** h_a, h_b und h_c eines Dreiecks schneiden sich im Höhenschnittpunkt H. Die Punkte F_a, F_b und F_c heißen Höhenfußpunkte.

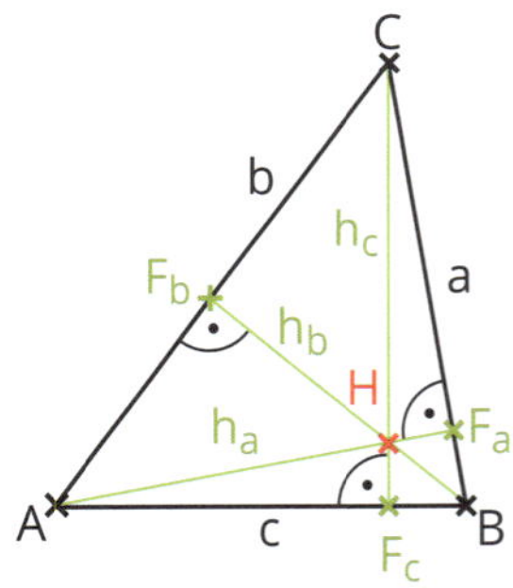

TIPP Die Konstruktion von Seitenmitten, Mittelsenkrechten, Winkelhalbierenden und Höhen findest du auf Seite 88 f.

2 ÜBEN

1 Konstruiere in den gegebenen Dreiecken ...

a) Schwerpunkt und Inkreis. b) den Umkreis.

Nutze in a) verschiedene Farben!

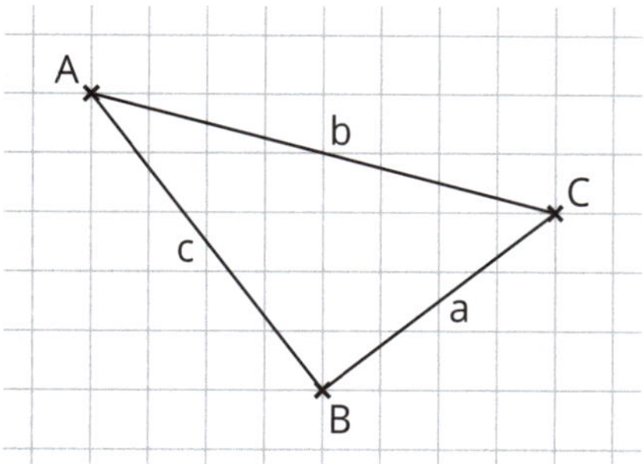

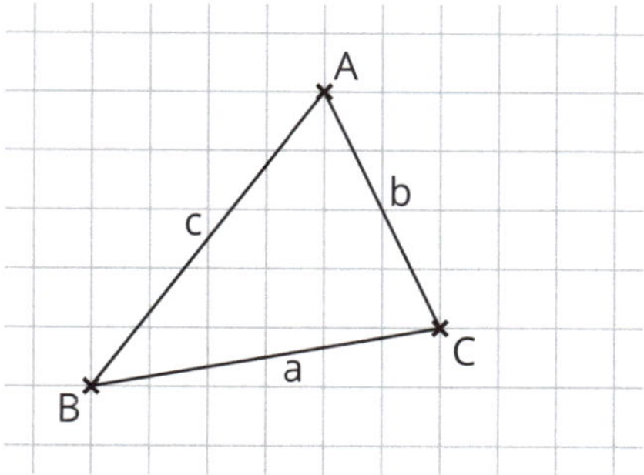

3 KÖNNEN

TEST 1. Zeichne und konstruiere.

Zeichne das Dreieck ABC mit A(1|3), B(6|2) und C(2|7) in ein Koordinatensystem in deinem Heft.
Konstruiere anschließend den Inkreismittelpunkt.

2. Konstruiere und beschrifte die Linien.

a) w_α b) h_c c) s_b d) m_a

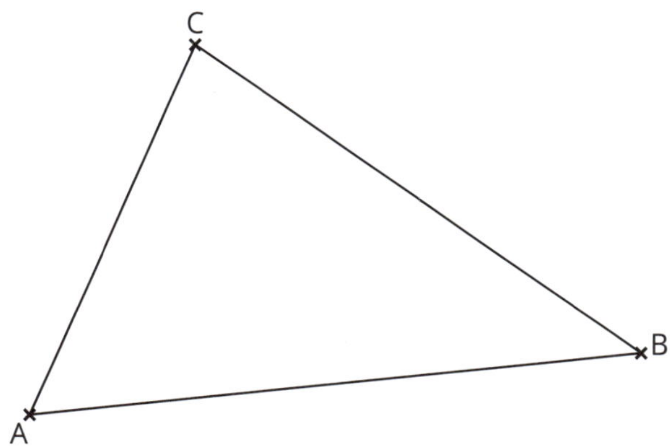

Kongruenz, Konstruktion von Dreiecken

Sind zwei Figuren deckungsgleich, also passen sie genau aufeinander, wenn man sie ausschneidet und übereinander legt, dann nennt man sie **kongruent**. Sie stimmen in diesem Fall also in der Form und den Maßen überein.

Für Dreiecke gibt es die Kongruenzsätze, die aussagen, unter welchen Voraussetzungen Dreiecke kongruent sind. Darüber hinaus geben sie vor, wie man Dreiecke konstruieren kann.

TIPP

1. Bevor du eine Konstruktion anfängst, solltest du eine Planskizze (Planfigur) erstellen, die alle wesentlichen Angaben enthält.
2. Achte auf den richtigen mathematischen Drehsinn. Figuren werden entgegen dem Uhrzeigersinn beschriftet.
3. Dreiecke lassen sich nur dann konstruieren, wenn die Summe aus zwei Seiten stets größer ist als die dritte Seite.

Der Kongruenzsatz sss

Zwei Dreiecke sind kongruent, wenn sie in den **Längen ihrer Seiten** übereinstimmen. Man kann ein Dreieck also **eindeutig** konstruieren, wenn man drei Seiten angegeben hat.

Konstruiere ein Dreieck mit den Seitenlängen $c = 5\,\text{cm}$, $a = 4{,}5\,\text{cm}$ und $b = 2\,\text{cm}$.

Planfigur:

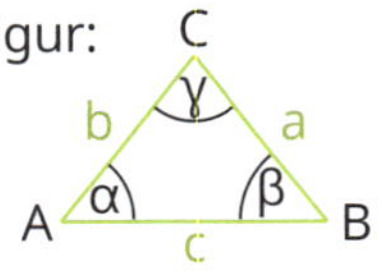

Konstruktionsschritte:

① Zeichne die Grundseite $\overline{AB} = c = 5\,\text{cm}$.

② Zeichne um A einen Kreisbogen mit $r = b = 2\,\text{cm}$.

③ Zeichne um B einen Kreisbogen mit $r = a = 4{,}5\,\text{cm}$.

④ Der Schnittpunkt der beiden Kreisbögen ist Punkt C.

Konstruktion:

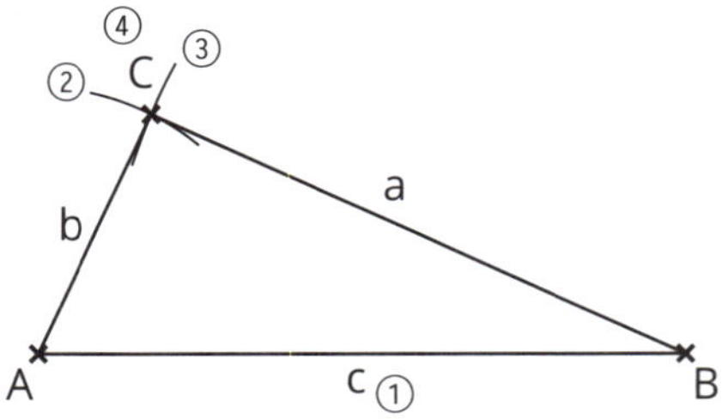

Der Kongruenzsatz sws

Zwei Dreiecke sind kongruent, wenn sie in **zwei Seiten und dem von diesen Seiten eingeschlossenen Winkel** übereinstimmen. Man kann ein Dreieck also eindeutig konstruieren, wenn man zwei Seiten und den eingeschlossenen Winkel kennt.

Konstruiere ein Dreieck mit $c = 4\,\text{cm}$, $b = 3\,\text{cm}$ und $\alpha = 37°$.

Konstruktionsschritte:

① Zeichne die Grundseite $c = 4\,\text{cm}$.

② Trage in A den Winkel α mit 37° ab.

③ Zeichne einen Kreisbogen um A mit $r = b = 3\,\text{cm}$. Der Schnittpunkt mit dem freien Schenkel ist Punkt C.

Planfigur:

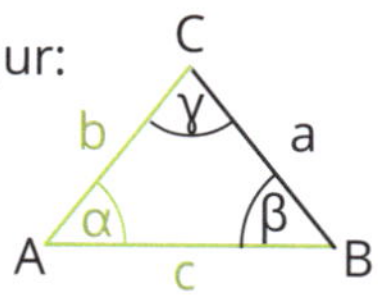

Konstruktion:

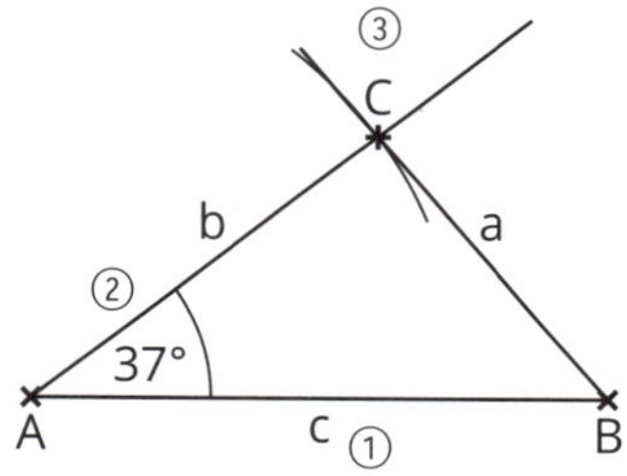

Der Kongruenzsatz Ssw

Zwei Dreiecke sind kongruent, wenn sie in **zwei Seiten und dem Winkel gegenüber der größeren Seite** übereinstimmen. Ein Dreieck lässt sich also eindeutig konstruieren, wenn man zwei Seiten und den Winkel gegenüber der größeren Seite kennt.

Konstruiere ein Dreieck mit $c = 5\,\text{cm}$, $a = 2{,}8\,\text{cm}$ und $\gamma = 65°$.

Konstruktionsschritte:

① Zeichne die Seite $a = 2{,}8\,\text{cm}$.

② Trage im Punkt C den Winkel $\gamma = 65°$ ab.

③ Zeichne einen Kreisbogen um B mit dem Radius $r = c = 5\,\text{cm}$. Der Schnittpunkt mit dem freien Schenkel ist Punkt A.

Planfigur:

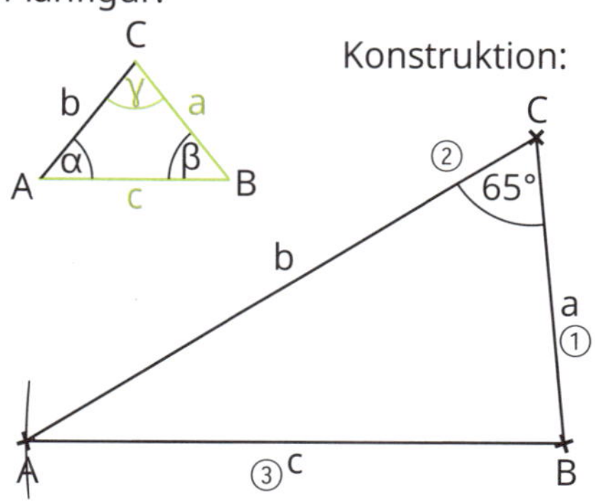

Die Kongruenzsätze wsw und sww

Zwei Dreiecke sind kongruent, wenn sie in **einer Seite und den beiden an diese Seite anliegenden Winkeln (wsw) übereinstimmen**. Sie sind auch kongruent, wenn sie in einer Seite, **einem anliegenden und dem gegenüberliegendem Winkel (sww) übereinstimmen**. In beiden Fällen lässt sich mit den entsprechenden Angaben eine eindeutige Konstruktion erstellen.

Konstruiere ein Dreieck mit $c = 6\,cm$, $\alpha = 40°$ und $\beta = 55°$.

Planfigur:

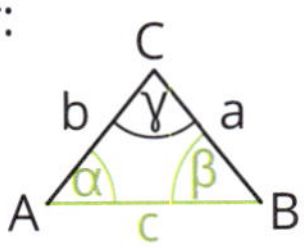

Konstruktionsschritte:

① Zeichne die Seite $c = 6\,cm$.

② Trage in Punkt A einen Winkel von 40° und in Punkt B einen Winkel von 55° ab.

③ Der Schnittpunkt der freien Schenkel ist Punkt C.

Konstruktion:

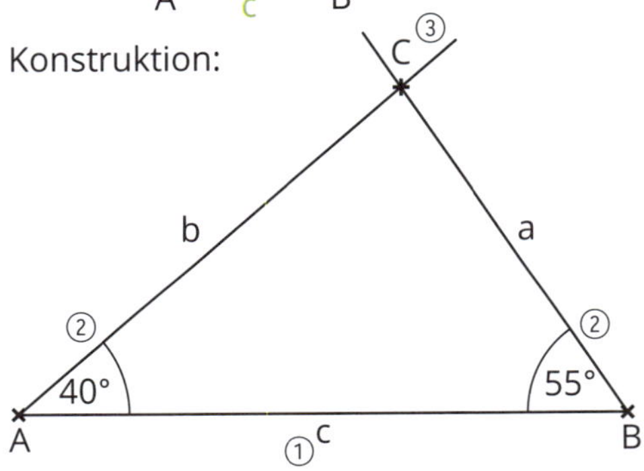

2 ÜBEN

❶ Gib an, um welchen Kongruenzsatz es sich handelt und konstruiere das Dreieck.

a) $c = 4{,}5\,cm$; $\beta = 58°$; $a = 3{,}2\,cm$ Kongruenzsatz: ....

b) $a = 3\,cm$; $\beta = 23°$; $\gamma = 70°$ Kongruenzsatz: ....

c) $b = 4{,}2\,cm$; $c = 5{,}6\,cm$; $\gamma = 50°$ Kongruenzsatz: ....

❷ Konstruiere das Dreieck ABC und beschreibe die Konstruktion. Miss alle fehlenden Größen.

a) $a = 3{,}4\,cm$; $b = 4{,}6\,cm$; $c = 7{,}2\,cm$

b) $c = 8{,}2\,cm$; $b = 6{,}4\,cm$; $\gamma = 78°$

c) $b = 6\,cm$; $\alpha = 40°$; $\gamma = 67°$

3 Prüfe ohne zu zeichnen, ob sich aus den Angaben ein Dreieck konstruieren lässt.

a) $a = 3\,cm$, $b = 3\,cm$; $c = 8\,cm$ ....

b) $a = 13\,cm$; $b = 6\,cm$; $c = 8\,cm$ ....

c) $a = 2{,}4\,cm$; $b = 5{,}6\,cm$; $c = 2{,}4\,cm$ ....

4 Ein Dreieck soll nach Kongruenzsatz wsw konstruiert werden.

a) Warum gibt es für $\alpha = 64°$, $c = 7{,}5\,cm$ und $\beta = 116°$ keine Lösung?

....

b) Welche Beziehung muss zwischen α und β gelten, damit ein Dreieck konstruierbar ist? ....

3 KÖNNEN

TEST **1. Konstruiere das Dreieck ABC.**

a) $a = 4{,}5\,cm$; $b = 3{,}9\,cm$; $\alpha = 60°$
b) $a = 6\,cm$; $b = 5{,}5\,cm$; $c = 7{,}8\,cm$
c) $c = 6{,}8\,cm$; $a = 4{,}7\,cm$; $\beta = 85°$
d) $\alpha = 25°$; $\beta = 120°$; $c = 5{,}0\,cm$
Um welchen Kongruenzsatz handelt es sich jeweils?

2. Löse die Textaufgabe.

An der Küste stehen im Abstand von 2,5 km die beiden Leuchttürme L_1 und L_2, von denen aus das Schiff C unter den Winkeln $\alpha = 37°$ und $\beta = 52°$, jeweils gegen die Verbindungsstrecke $\overline{AB}$ gemessen, beobachtet wird. Bestimme mithilfe einer maßstabsgetreuen Konstruktion in deinem Heft, ...

a) wie weit das Schiff von den Leuchttürmen entfernt ist.
b) wie weit das Schiff von der Küste entfernt ist.

Geometrische Körper, Schrägbild, Netz, Oberfläche

1 VERSTEHEN

Viele Verpackungen im Alltag haben annähernd die Form von geometrischen Körpern. Zu den geometrischen Körpern gehören Prisma, Zylinder, Pyramide, Kegel und Kugel.

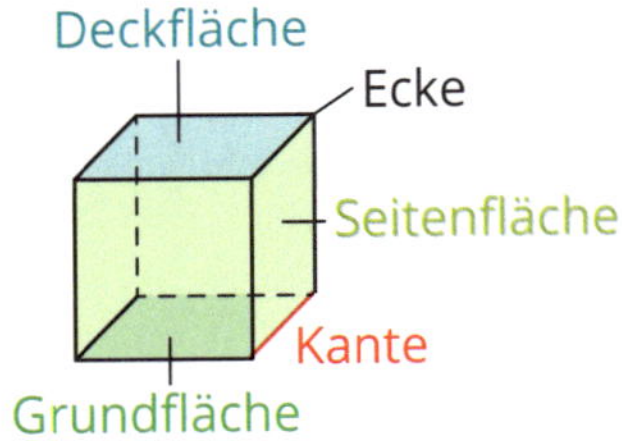

Diese dreidimensionalen Objekte werden von Flächen wie Rechtecken, Quadraten, Dreiecken oder Kreisen begrenzt. Dabei wird zwischen **Grundfläche**, **Deckfläche** und **Seitenfläche** unterschieden. Jeder Körper hat eine bestimmte Anzahl solcher Flächen, gleiches gilt für die **Ecken** und **Kanten**. Eine Ausnahme stellt die Kugel dar, da sie nicht von einzelnen Flächen begrenzt wird. Bei einem Würfel sind alle Flächen gleich groß, alle Kanten sind gleich lang.

Körper werden meist als **Schrägbild** dargestellt. Um einen perspektivischen Eindruck zu erwecken, werden die nach hinten verlaufenden Kanten verkürzt[2] und schräg gezeichnet. Verdeckte Kanten werden gestrichelt gezeichnet. Wenn man einen Körper an den Kanten aufschneidet und flach ausbreitet, entsteht eine ebene Figur, das **Netz**.

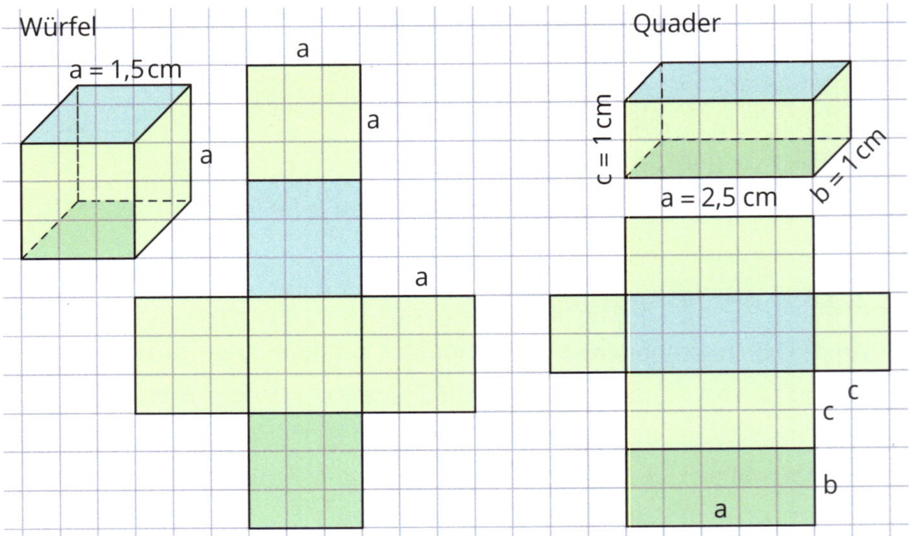

2 Verkürzung und Winkel können unterschiedlich sein. Wir zeichnen hier für 1 cm eine Kästchendiagonale. Auf der nächsten Seite (ohne Karo) verkürzen wir auf die Hälfte. Zeichne immer so, wie ihr das im Unterricht gelernt habt.

Prismen sind geometrische Körper, deren Grund- und Deckflächen deckungsgleiche/kongruente Vielecke sind. Diese liegen parallel zueinander. Die Seitenflächen bestehen aus lauter Rechtecken. Würfel und Quader können daher auch als Rechtecksprismen aufgefasst werden.

Dreiecksprisma

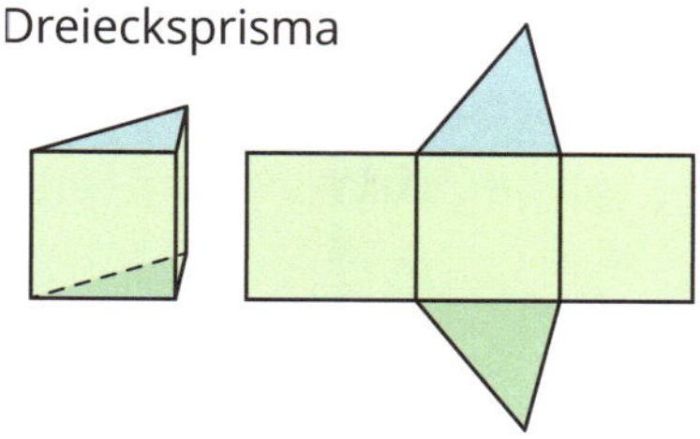

Pyramiden können jedes Vieleck als Grundfläche haben. Die Seitenflächen sind stets Dreiecke.

quadratische Pramide

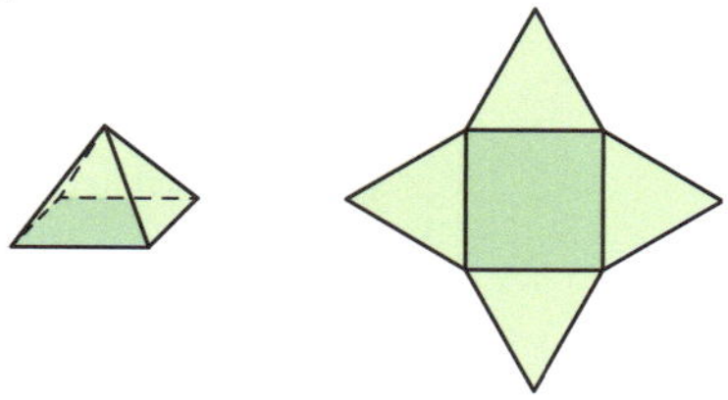

Die folgende Übersicht zeigt weitere geometrische Körper:

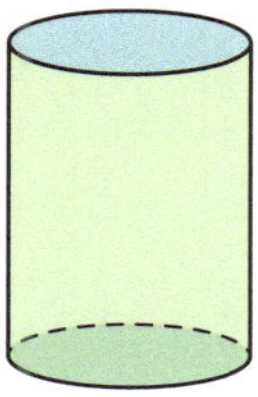

Zylinder

Kugel

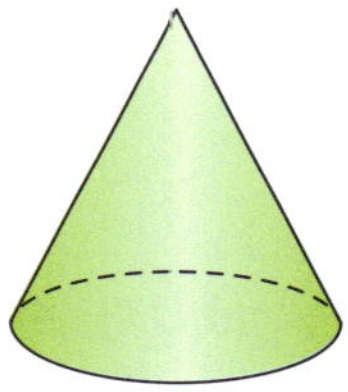

Kegel

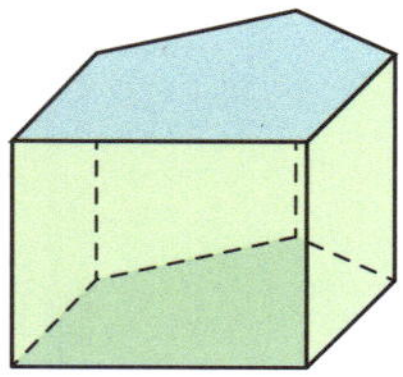

Fünfecksprisma

Der **Oberflächeninhalt O** eines Körpers ist die Summe der Flächeninhalte der einzelnen Begrenzungsflächen.

Bei einem **Würfel** besteht die Oberfläche aus sechs gleichgroßen quadratischen Flächen: $O = 6 \cdot a \cdot a$ oder kürzer

$$O = 6 \cdot a^2$$

$$O = 6 \cdot 5\,\text{cm} \cdot 5 \cdot \text{cm} = 150 \cdot \text{cm}^2$$

oder $O = 6 \cdot (5\,\text{cm})^2 = 150\,\text{cm}^2$

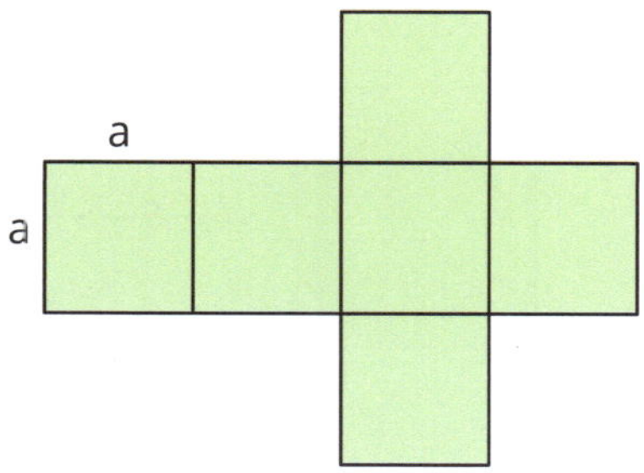

Bei einem **Quader** besteht die Oberfläche aus drei verscheidenen Rechtecken, die jeweils zweimal vorkommen.

$O = 2 \cdot a \cdot b + 2 \cdot a \cdot c + 2 \cdot b \cdot c$ oder kürzer

$O = 2 \cdot (a\,b + a\,c + b\,c)$

$$O = 2 \cdot (6\,\text{cm} \cdot 2{,}5\,\text{cm} + 6\,\text{cm} \cdot 3\,\text{cm} + 2{,}5\,\text{cm} \cdot 3\,\text{cm})$$

$$= 2 \cdot (18\,\text{cm}^2 + 15\,\text{cm}^2 + 7{,}5\,\text{cm}^2)$$

$$= 81\,\text{cm}^2$$

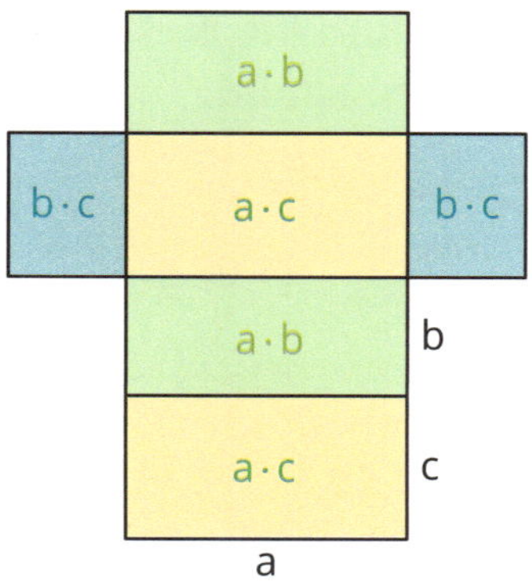

2 ÜBEN

1 **Zeichne das Schrägbild eines Quaders mit den angegebenen Kantenlängen.**

a) a = 3 cm, b = 2 cm, c = 4 cm

b) a = 3,5 cm, b = 3 cm, c = 2 cm

2 **Zeichne zu den abgebildeten Körpern ein Netz.**

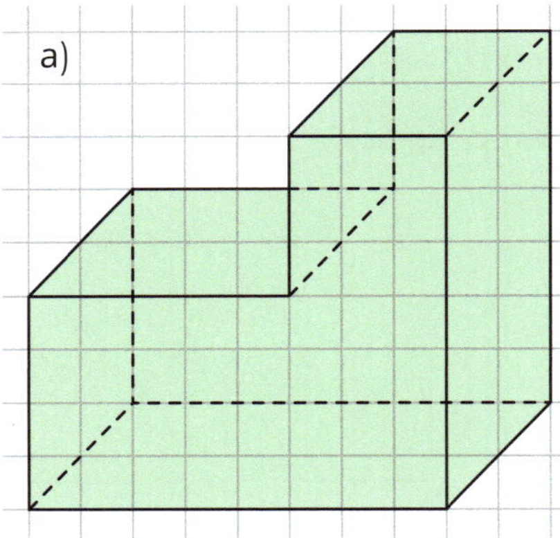

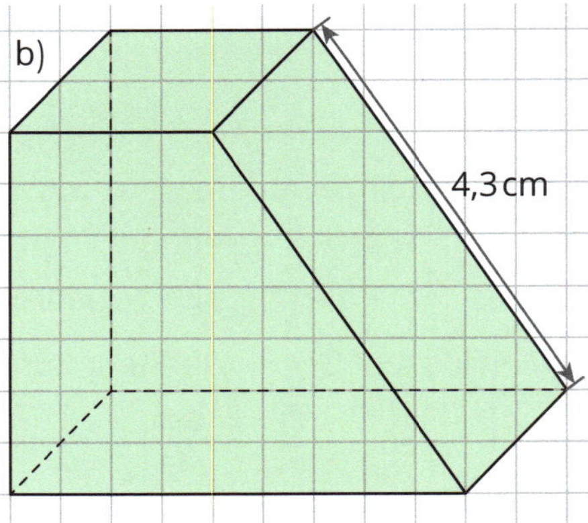

3 **Ordne die Netze dem jeweiligen Körper zu und skizziere ein Schrägbild.**

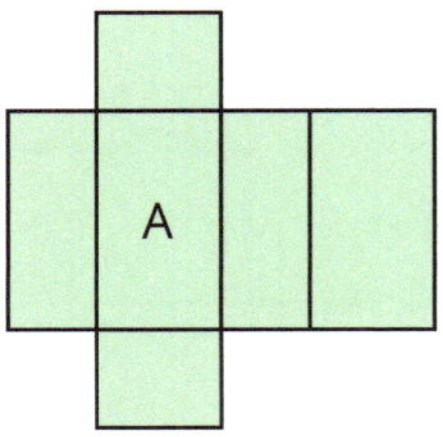

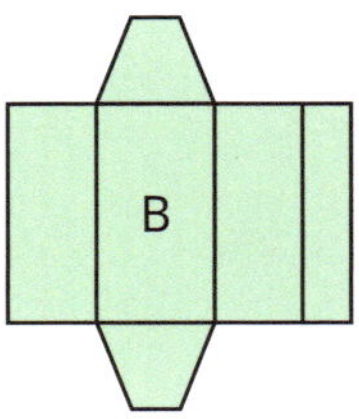

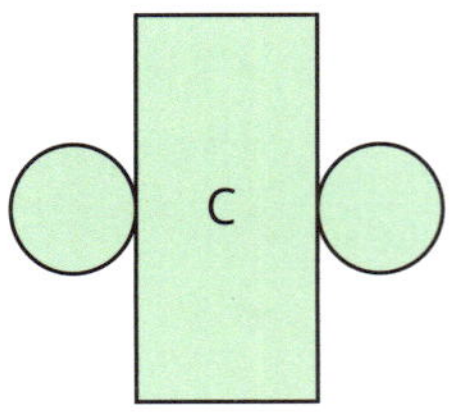

Quader | Prisma | Zylinder | Pyramide | Kegel | Kugel

4 Bestimme die Oberfläche.

a) des Quaders

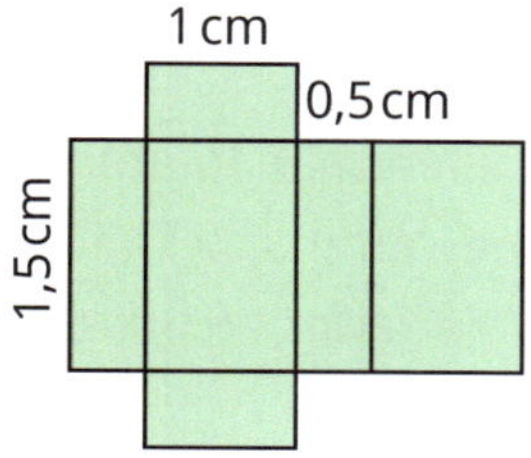

b) des Würfels

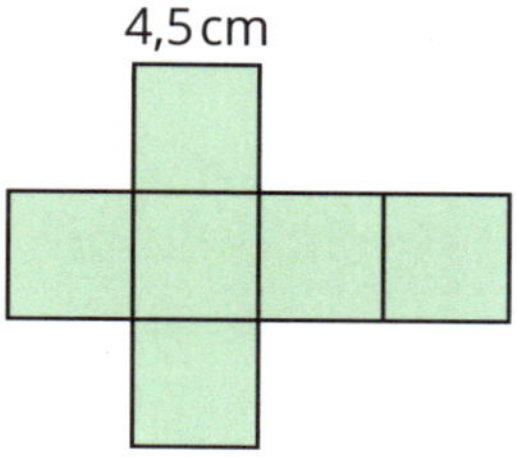

5 Berechne Oberfläche eines Quaders mit den angegebenen Seitenlängen.

a) a = 9 cm; b = 15 cm; c = 8 cm

b) a = 23 mm; b = 4 cm; c = 0,3 dm

c) a = 42 cm; b = $\frac{1}{2}$a; c = $\frac{1}{3}$a

3 KÖNNEN

TEST

1. Welcher der beiden Körper hat die größere Oberfläche? Berechne.

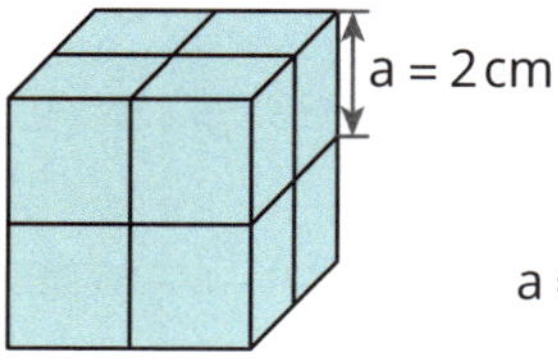

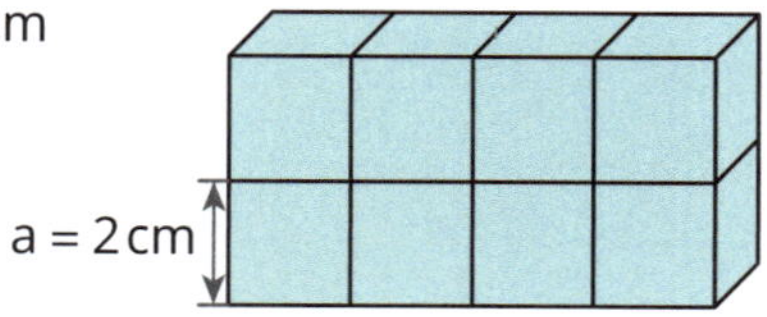

2. Bestimme die Oberfläche und zeichne bei b) ein Netz.

a)

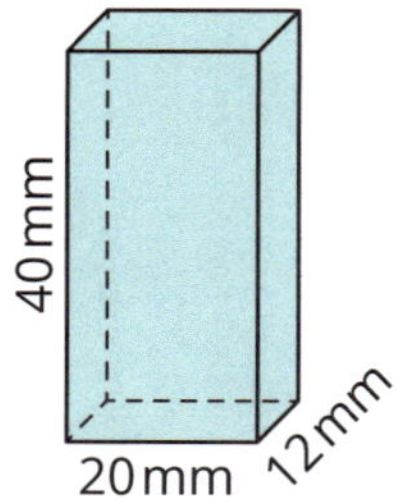

b)

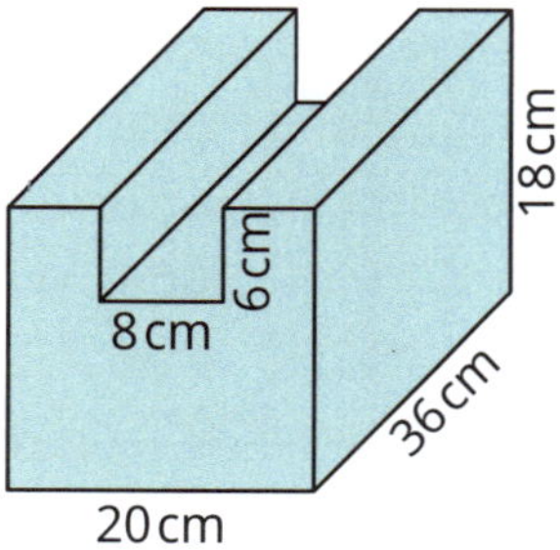

Nimm ein Kästchen für 2 cm.

Rauminhalte messen, Volumeneinheiten umrechnen

1 VERSTEHEN

Gefäße wie Tassen, Flaschen, Fässer, Eimer usw. kann man mit Flüssigkeit füllen. Die Größe des dabei ausgefüllten Raumes nennt man Rauminhalt oder **Volumen** (Symbol: **V**). Auch **Vollkörper** (Steine, Äpfel usw.) haben ein Volumen, nämlich die Größe des Raumes, den sie selbst ausfüllen.

Ein **Würfel** mit der Kantenlänge 1 cm hat ein Volumen von $V = 1\,cm^3$ (lies: „1 Kubikzentimeter oder 1 Zentimeter hoch drei"). Würfel mit einem Volumen von $1\,cm^3$ werden häufig verwendet, um Rauminhalte von Körpern zu messen oder zu vergleichen. Der rechts abgebildete Körper lässt sich in vier solcher Würfel zerlegen, er hat also ein Volumen von $4\,cm^3$.

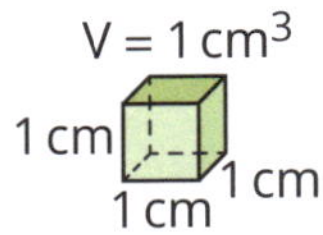

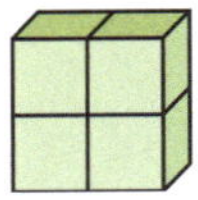

Bei größeren oder kleineren Körpern bietet es sich an, mit anderen Volumeneinheiten als Kubikzentimetern zu rechnen. Daher finden neben cm^3 die Maßeinheiten mm^3, dm^3 und m^3 Verwendung. Es gilt:

	Kubikmeter (m^3)	
$:1000$ ↑		↓ $\cdot 1000$
	Kubikdezimeter (dm^3)	
$:1000$ ↑		↓ $\cdot 1000$
	Kubikzentimeter (cm^3)	
$:1000$ ↑		↓ $\cdot 1000$
	Kubikmillimeter (mm^3)	

$1\,m^3 \triangleq 1000\,dm^3$
$1\,dm^3 \triangleq 1000\,cm^3$
$1\,cm^3 \triangleq 1000\,mm^3$

oberer Körper:
$V = 5\,dm^3 = (5 \cdot 1000)\,cm^3$
$= 5000\,cm^3$

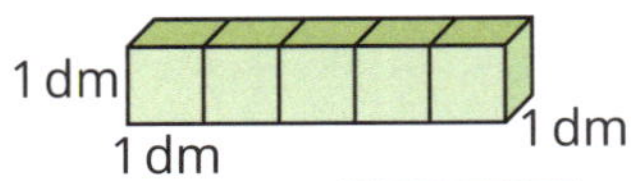

unterer Körper:
$V = 9\,m^3 = (9 \cdot 1000 \cdot 1000)\,cm^3$
$= 9\,000\,000\,cm^3$

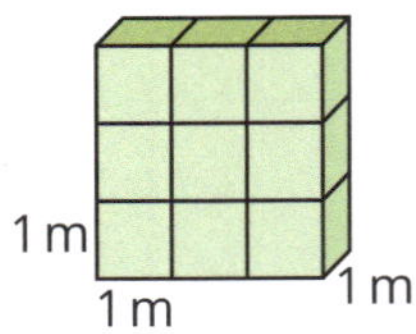

Auf Gefäßen die **Flüssigkeiten** enthalten, ist das Volumen meist in Liter (ℓ), oder Milliliter (mℓ) angegeben.
Es gelten folgende Zusammenhänge:
$1\,dm^3 = 1\,\ell = 1000\,m\ell$ und $1\,cm^3 = 1\,m\ell$.

$V = 500\,m\ell = 500\,cm^3 = 0{,}5\,dm^3$
$V = 0{,}75\,\ell = 750\,m\ell = 750\,cm^3$

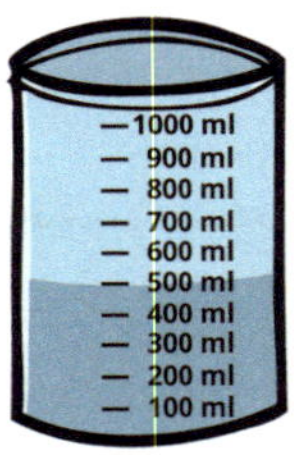

TIPP Bei der Kommaschreibweise von Volumeneinheiten musst du bedenken, dass aufgrund der Umrechnungszahl von 1000 jede Maßeinheit drei Stellen hat. 2,4 m³ sind also nicht 2 m³ und 4 dm³, sondern 2 m³ und 400 dm³.

2 ÜBEN

1 Jeder der Würfel hat eine Kantenlänge von 1 cm. Gib das Volumen des abgebildeten Körpers in cm³ an.

a) 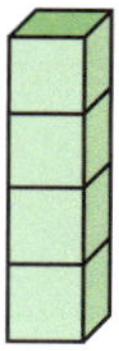
b) 
c) 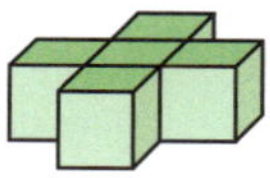
d) 
e) 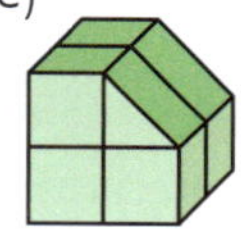

2 Rechne in die angegebene Volumeneinheit um.

a) 24 000 cm³ = ... dm³ b) 3 cm³ = ... mm³

c) 40 m³ = ... dm³ d) 512 dm³ = ... cm³

e) 4500 cm³ = ... ℓ f) 3650 ℓ = ... m³

3 KÖNNEN

TEST **1. Gib das Volumen der abgebildeten Körper an.**

a) 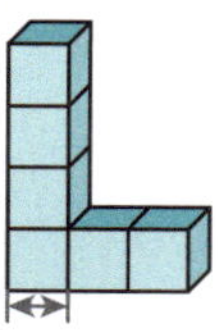
1 cm

b) 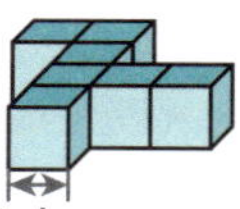
1 dm

c) 
1 m

d) 
1 cm

e) 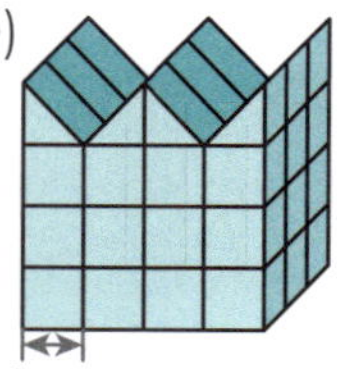
1 cm

2. Rechne in die angegebene Einheit um.

a) 8 dm³ = ... cm³ b) 12 000 mm³ = ... cm³

c) 5 ℓ = ... mℓ d) 35 000 cm³ = ... ℓ

Volumen von Quadern und zusammengesetzten Körpern

1 VERSTEHEN

Für das **Volumen eines Quaders** mit den Kantenlängen a, b und c gilt: $V = a \cdot b \cdot c$ („Länge mal Breite mal Höhe"), z. B.: $V = 2\,cm \cdot 4\,cm \cdot 5\,cm = 40\,cm^3$

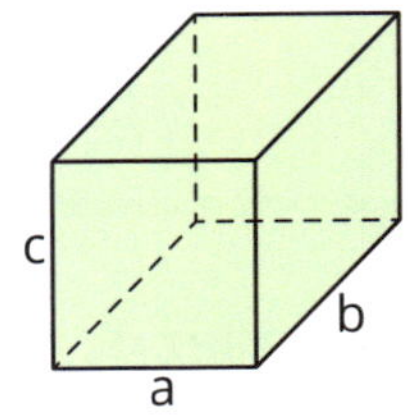

Für das **Volumen eines Würfels** mit der Kantenlänge a gilt: $V = a \cdot a \cdot a = a^3$, z. B.:

$V = 5\,cm \cdot 5\,cm \cdot 5\,cm = (5\,cm)^3 = 125\,cm^3$

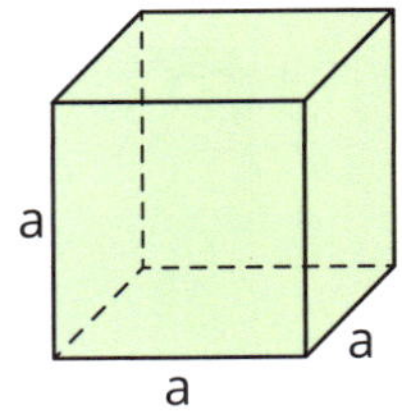

Kennt man das Volumen eines Quaders und zwei der drei Seitenlängen, lässt sich daraus die dritte Seitenlänge berechnen, indem man das Volumen durch den Flächeninhalt dividiert, der sich aus den beiden bekannten Seiten ergibt.

Gegeben: $V = 200\,m^3$; $a = 5\,m$; $b = 10\,m$; gesucht: Seite c

$200\,m^3 = 5\,m \cdot 10\,m \cdot c$	**1. Schritt:** alles in die Volumenformel einsetzen
$200\,m^3 = 50\,m^2 \cdot c$	**2. Schritt:** Fläche ausrechnen
$200\,m^3 : 50\,m^2 = c$	**3. Schritt:** Durch die Fläche dividieren[3]
$4\,m = c$	

Zur Berechnung des **Volumens zusammengesetzter Körper** gibt es zwei Strategien:

1. Zusammengesetzten Körper zerlegen, einzelne Volumina ausrechnen und addieren.
   $V_1 = 8\,cm \cdot 6\,cm \cdot 2\,cm = 96\,cm^3$
   $V_2 = 2\,cm \cdot 6\,cm \cdot 7\,cm = 84\,cm^3$
   $V = 96\,cm^3 + 84\,cm^3 = 180\,cm^3$

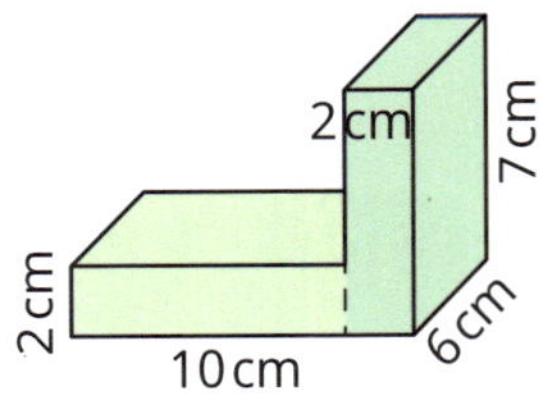

2. Körper zu einem großen Quader ergänzen und Volumen berechnen. Anschließend Volumen der Ergänzung subtrahieren.
   $V_1 = 10\,m \cdot 12\,m \cdot 8\,m = 960\,m^3$
   $V_2 = 5\,m \cdot 6\,m \cdot 3\,m = 90\,m^3$
   $V = 960\,m^3 - 90\,m^3 = 870\,m^3$

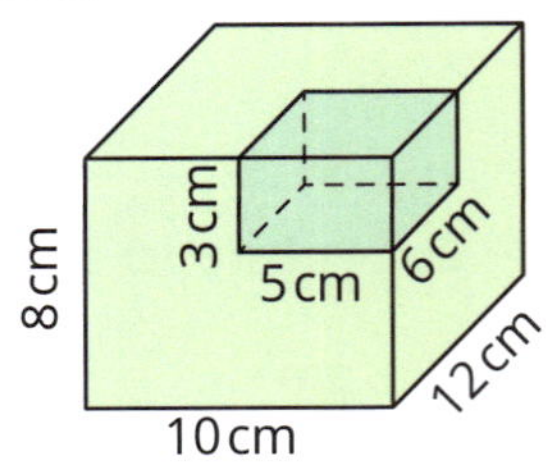

---

3 $1\,m^3 : 1\,m^2 = 1\,\frac{m^3}{m^2} = 1\,\frac{\cancel{m}\cdot\cancel{m}\cdot m}{\cancel{m}\cdot\cancel{m}} = 1\,\frac{m}{1} = 1\,m$

2 ÜBEN

1 **Berechne das Volumen des Quaders.**

a)

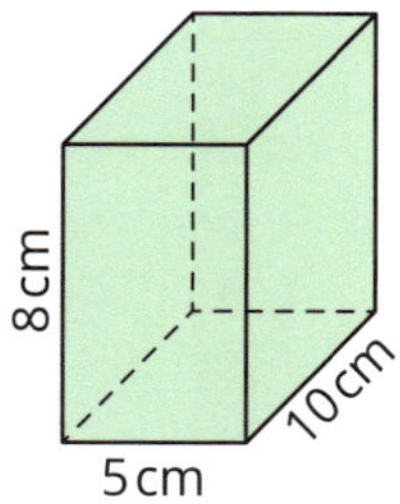

b)

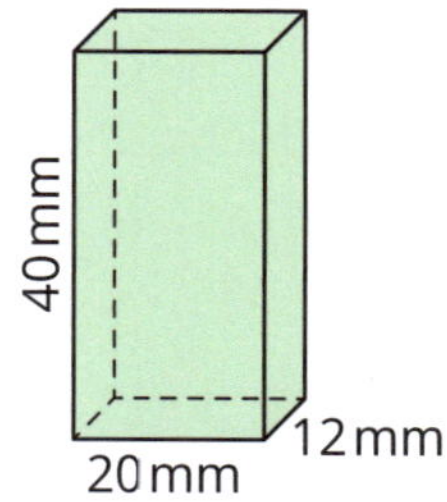

2 **Von einem Quader sind das Volumen und zwei Seiten bekannt. Berechne die fehlende Seite.**

a) $V = 3600\,cm^3$; $a = ?$; $b = 15\,cm$; $c = 12\,cm$

b) $V = 3276\,m^3$; $a = 18\,m$; $b = 14\,m$; $c = ?$

3 **Berechne das Volumen.**

a)

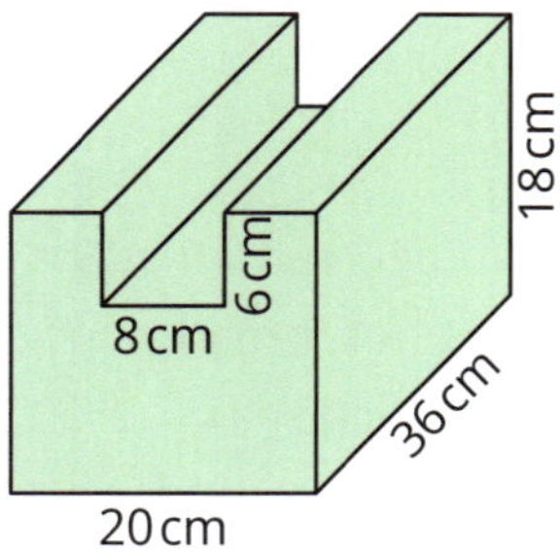

b)

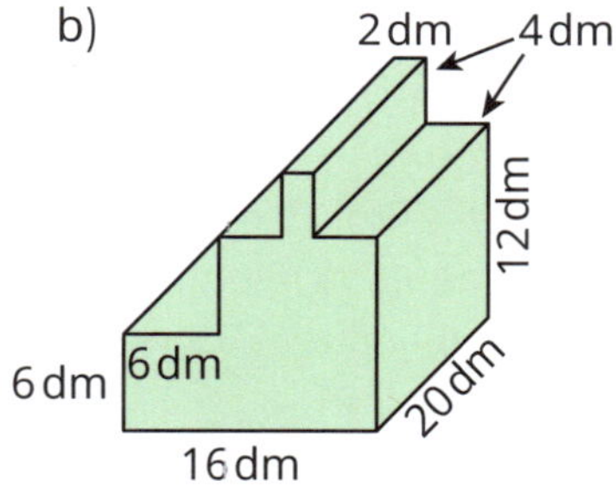

3 KÖNNEN

TEST **1. Berechne das Volumen.**

a)

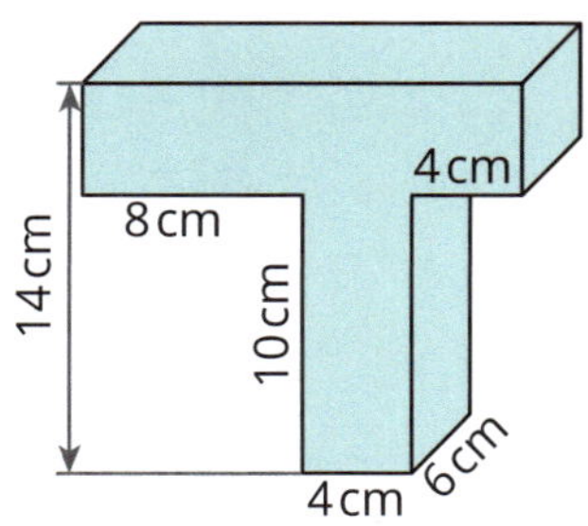

b)

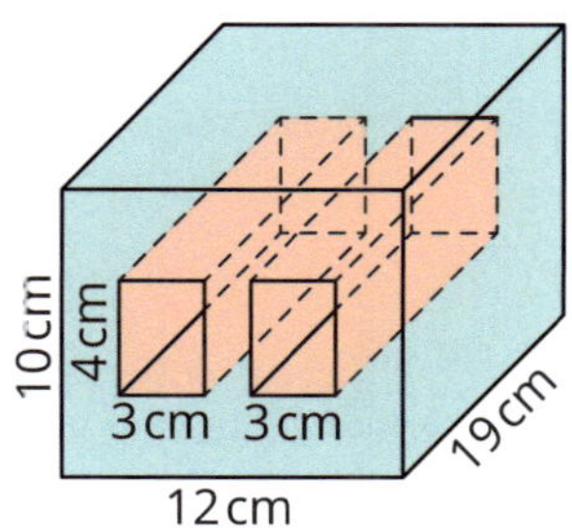

5. Terme und Gleichungen

Terme, Werte von Termen berechnen, Terme aufstellen

1 VERSTEHEN

Symbole, Zeichen oder Buchstaben, die in Rechenausdrücken Zahlen ersetzen, nennt man **Variablen**. Meist werden (Klein-)Buchstaben verwendet.

Ein **Term** ist ein Rechenausdruck, der Zahlen, Variablen und Rechenzeichen enthalten kann.

$4 + x$; $3 \cdot a - b$; $5 \cdot x + 3 \cdot y - 18$; $\frac{12 - 9 \cdot c}{4}$

Steht zwischen einer Zahl und einer Variablen ein Multiplikationszeichen, kann dieses weggelassen werden.

Statt $5 \cdot x + 3 \cdot y - 18$ schreibt man dann $5x + 3y - 18$.

Wenn man für die Variablen Zahlen einsetzt, entsteht ein Rechenausdruck, dessen Wert man berechnen kann.

$4 \cdot a^2 - 3 \cdot b$; für $a = 5$ und $b = 6$ gilt:

$4 \cdot 5^2 - 3 \cdot 6 = 4 \cdot 25 - 18 = 100 - 18 = 82$

In der Mathematik kommt man immer wieder in die Situation, dass man bestimmte Zusammenhänge mithilfe eines Terms beschreiben möchte. Beim **Aufstellen eines Terms** kann folgendes hilfreich sein:

- Mach dir klar, welche Größe du mit dem Term beschreiben willst.
- Überlege, von was diese Größe abhängt.
- Rechne ggf. mit einfachen Zahlen einige Beispiele aus und versuche so, Gesetzmäßigkeiten zu erkennen.
- Führe, wenn nicht schon vorgegeben, eine Variable ein.
- Stelle einen Term auf und überlege, ob du ihn noch vereinfachen (zusammenfassen) kannst.

a) Stelle einen Term für den Umfang der Figur auf.

Lösung: Die Variable ist hier schon vorgegeben, sie steht für die Länge der unbekannten Seite.

$u = x + 1{,}3 + 2 + 1 + 2{,}5 + x = 2x + 6{,}8$

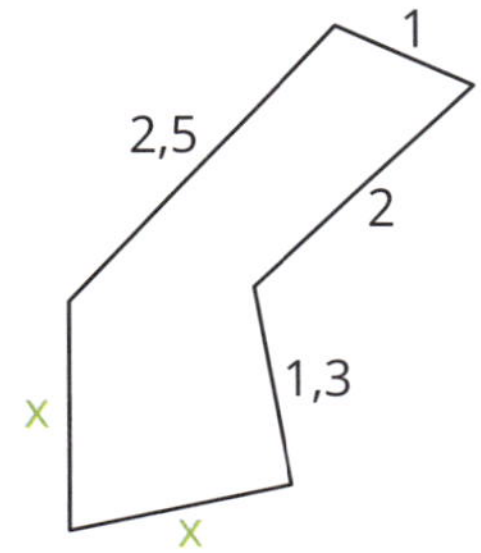

b) Marko bekommt zu seinem Geburtstag 100 €. Er beschließt, zusätzlich wöchentlich von seinem Taschengeld 2,50 € zu sparen. Beschreibe Markos Sparbetrag mithilfe eines geeigneten Terms.
Lösung: Gesucht ist ein Term für den angesparten Betrag:
1. Woche: 100 € + 2,50 € = 102,50 €,
2. Woche: 100 € + 2 · 2,50 € = 105 €,
3. Woche: 100 € + 3 · 2,50 € = 107,50 € usw.
Für den Betrag nach x Wochen gilt: 100 € + x · 2,50 €.

4 Welcher Term steht für welche Flächen oder welche Körper? Ordne richtig zu.

4 · a

2a + 2b

2 · a · b + 2 · a · c + 2 · b · c

a · a · a

Oberfläche eines Quaders

Umfang eines Quadrates

Umfang eines Rechtecks

Volumen eines Würfels

5 Übersetze die Rechenvorschrift in einen Term.

a) Addiere 5 zum Dreifachen einer beliebigen Zahl.

....

b) Subtrahiere 12 vom Fünffachen einer gedachten Zahl.

....

c) Addiere zum Doppelten einer Zahl ein Drittel der Zahl.

....

6 Ergänze die Tabelle.

x	4x + 3	5x − 2	3 − x + 2x	7 − 9x + 7
4	4 · 4 + 3 = 19			
9				
25				

7 Stelle einen Term auf.

Sven hat eine kleine Schwester bekommen. Er erfährt, dass die kleine Sybille bei der Geburt 4200 g gewogen hat, und im ersten halben Jahr pro Woche 150 g an Gewicht zunehmen sollte.
Berechne Sybilles Gewicht nach 3 Wochen (zwei Monaten).
Wie lautet der Term für das Gewicht nach x Wochen?

3 KÖNNEN

TEST **1. Terme aufstellen.**

Wandle die Rechenvorschrift in einen Term um.
Berechne anschließend den Wert des Terms, indem du für die unbekannte Zahl 5 einsetzt.

a) Addiere zum Siebenfachen einer Zahl 9.

b) Subtrahiere die Hälfte einer Zahl von 23.

c) Bilde die Summe aus dem Vierfachen einer Zahl und 3. Subtrahiere anschließend ein Fünftel der Zahl.

2. Textaufgabe

Familie Fischer kauft ein neues Auto. Sie macht eine Anzahlung von 6000 € und bezahlen ab dem 2. Monat 150 € monatlich.

a) Berechne, was Familie Fischer nach 3 Monaten und nach 5 Monaten bezahlt hat.

b) Stelle einen Term für den bezahlten Betrag nach x Monaten auf.

Rechenregeln für Terme

Terme lassen sich durch Umformungen oft wesentlich vereinfachen. Werden die nachfolgenden Rechenregeln berücksichtigt, entsteht nach der Vereinfachung ein wertgleicher oder **äquivalenter** Term.

Man **addiert** oder **subtrahiert** Terme mit **gleichen Variablen** (oder Gruppen von Variablen), indem man die **Koeffizienten** (Vorfaktoren) addiert oder subtrahiert.

$6x + 9x = (6 + 9)x = 15x$.
Setzt man für x beispielsweise 3 ein, sieht man, dass
$6 \cdot 3 + 9 \cdot 3 = 18 + 27 = 45$ und $15 \cdot 3 = 45$ wertgleich sind.
$12ab - 7ab = (12 - 7)ab = 5ab$

Produktterme (z. B. $12ab$) werden mit einer Zahl multipliziert (durch eine Zahl dividiert), indem man die Koeffizienten mit der Zahl multipliziert (durch die Zahl dividiert).

$6xy \cdot 3 = (6 \cdot 3)xy = 18xy$
$45k : 9 = (45 : 9)k = 5k$

Beachte: $a \cdot a = a^2$; $a \cdot a^2 = a^3$; $a^2 : a = a$; $a^4 : a^2 = a^2$

Bei der Multiplikation von **Summentermen** (und Differenztermen) mit Zahlen oder Produkttermen müssen die Distributivgesetze (Seite 25) und die Regeln zu den Vorzeichen (Seite 66 f.) eingehalten werden.
Das gleiche gilt für die entsprechende Division.

$2a \cdot (4b + 3c) = 2a \cdot 4b + 2a \cdot 3c = 8ab + 6ac$

$(24x - 8y) : (-4) = 24x : (-4) - 8y : (-4) = -6x + 2y$

> **TIPP** Merke dir folgende „Regel": Jeder Teil in der Klammer wird mit dem Teil vor (oder hinter) der Klammer multipliziert, bzw. durch ihn dividiert.

Zur **Multiplikation** von Summen- bzw. Differenztermen siehe Kapitel „Binomische Formeln" auf Seite 112.

2 ÜBEN

① Gegeben sind ein Drei- und ein Vieleck.

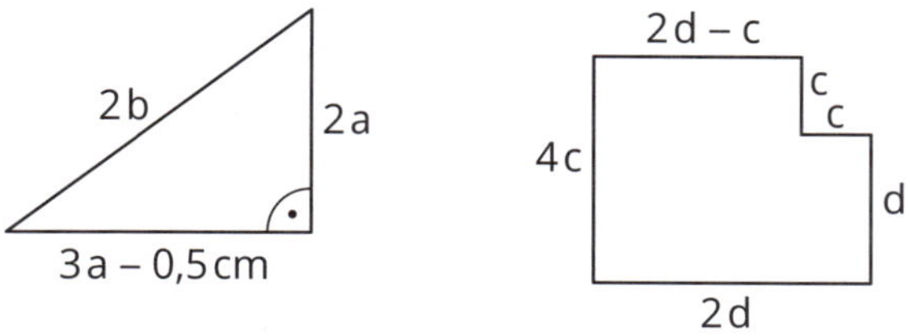

a) Stelle Terme für den Umfang und den Flächeninhalt der abgebildeten Figuren auf und vereinfache sie.

b) Berechne jeweils den Umfang und den Flächeninhalt für $a = 1{,}5\,\text{cm}$; $b = 2{,}5\,\text{cm}$; $c = 5\,\text{m}$ und $d = 15\,\text{m}$.

② Vereinfache.

a) $5x + 3x$

b) $23d - 11d + 5d$

c) $13a + 4b - 9a$

d) $2{,}5y^2 - 3y + 5{,}5y^2 - 7y$

e) $12b^2 - 5a^2 + 4b + 11b^2 - 16a^2 - 4b + 6{,}3a$

❸ Löse die Klammer auf.

a) $4 \cdot (6x - 2{,}5y^2)$
b) $-3 \cdot (2 - 12ab)$
c) $(14x - 21y) : 7$
d) $(65t - 30t^2) : (-5)$

❹ Vereinfache soweit wie möglich. Achte auf alle Regeln.

a) $3 \cdot (2x + 4) - 3x + 5$

b) $(2{,}5y - 6{,}2) \cdot 4 - 2 \cdot 3y + 4{,}1$

c) $(-2x^2y) \cdot (xy^2 - 2y) + 3xy^2 \cdot (-4x^2y + 5x)$

TEST **1. Vereinfache.**

a) $x + x + 3 + x + x + 2$

b) $7ab - 21ab + 15ab$

c) $3x^2 - 4y - 0{,}5x^2 + 2{,}5y$

2. Terme aufstellen.

Stelle einen Term für den Umfang und den Flächeninhalt auf und vereinfache ihn, wenn möglich.
Berechne anschließend den Umfang für

a) $a = 3{,}5\,\text{cm}$; $b = 4{,}6\,\text{cm}$

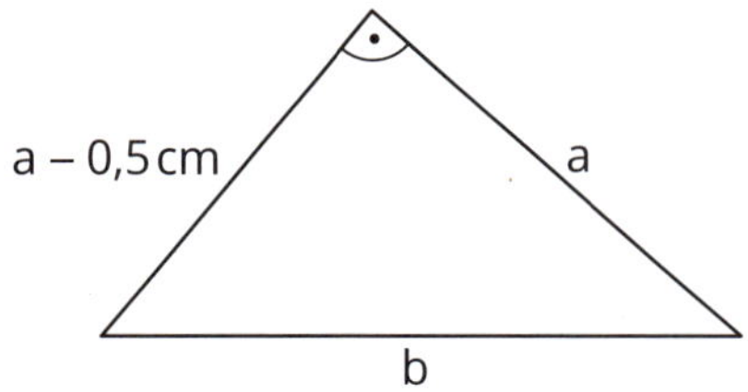

b) $a = 5\,\text{dm}$; $b = 0{,}15\,\text{m}$

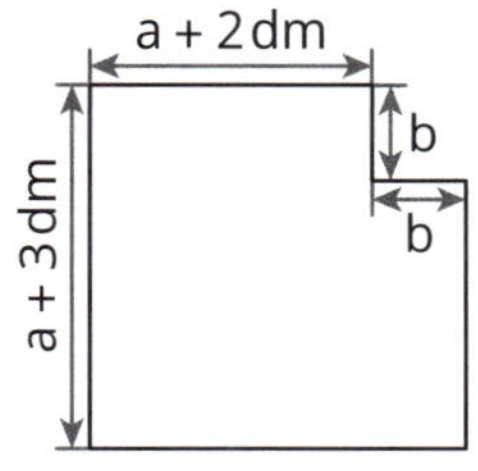

3. Vereinfache $3x \cdot (4 - 6x) - 8 + x^2$ soweit wie möglich.

Binomische Formeln

1 VERSTEHEN

Summen-, bzw. **Differenzterme** werden miteinander multipliziert, indem man jeden Summanden der ersten Klammer mit jedem Summanden der zweiten Klammer unter Beachtung der Vorzeichenregeln (Seite 66 f.) multipliziert. Anschließend sortiert man die einzelnen Produkte und fasst sie ggf. zusammen:

$$(x + 3) \cdot (4 - y) = x \cdot 4 - x \cdot y + 3 \cdot 4 - 3 \cdot y = 4x - xy + 12 - 3y$$

In diesem Beispiel bestehen beide Summen- bzw. Differenzterme aus je zwei „Teilen", man nennt sie daher auch **Binome**.

Bestimmte Sonderfälle der Produkte aus Binomen sind als **binomische Formeln** bekannt. Sie erleichtern das Ausmultiplizieren dieser Produkte, bzw. erlauben das Faktorisieren von Termen („Rückwärtsrechnen" von Produkttermen). Es gibt drei binomische Formeln:

$(a + b)^2 = a^2 + 2ab + b^2$ 1. binomische Formel
$(a - b)^2 = a^2 - 2ab + b^2$ 2. binomische Formel
$(a + b)(a + b) = a^2 - b^2$ 3. binomische Formel

$$(3x + 2y)^2 = (3x)^2 + 2 \cdot 3x \cdot 2y + (2y)^2 = 9x^2 + 12xy + 4y^2$$
$$(4y - 5)^2 = (4y)^2 - 2 \cdot (4y)(5) + (-5)^2 = 16y^2 - 40y + 25$$
$$(3x + 6)(3x - 6) = (3x)^2 - (6)^2 = 9x^2 - 36$$

Beim **Faktorisieren** eines Summenterms geht man vom Prinzip her in umgekehrter Reihenfolge vor:

$$4b^2 + 12b + 9 = (2b)^2 + 2 \cdot 2b \cdot 3 + 3^2 = (2b + 3)^2$$

TIPP

Mithilfe der binomischen Formeln lassen sich schwierige Quadratzahlen einfach im Kopf berechnen:

$$27^2 = (20 + 7)^2 = 400 + 280 + 49 = 729$$
$$69^2 = (70 - 1)^2 = 4900 - 140 + 1 = 4761$$

2 ÜBEN

1 Berechne mithilfe der zutreffenden binomischen Formel.

a) $(5x + 10)^2$ b) $(2b - 3)^2$
c) $(6a - 11b)^2$ d) $(4a - 5b)(4a + 5b)$

2 Faktorisiere den gegebenen Term.

a) $b^2 + 8b + 16$
b) $9y^2 - 48y + 64$
c) $a^2 - 24ab + 144b^2$
d) $25k^2 - 1$

3 Ergänze mithilfe der binomischen Formeln.

a) $x^2 + 4x + \ldots\ldots = (x + \ldots\ldots)^2$

b) $(\ldots\ldots + \ldots\ldots)^2 = 4a^2 + \ldots\ldots + 9b^2$

c) $(\ldots\ldots - \ldots\ldots)^2 = 121a^2 - 44ab + \ldots\ldots$

d) $(\ldots\ldots + y)(\ldots\ldots - \ldots\ldots) = x^4 - \ldots\ldots$

4 Beschrifte die folgenden Figuren so, dass bei a) die 1. und bei b) die 3. binomische Formel veranschaulicht wird.

a)
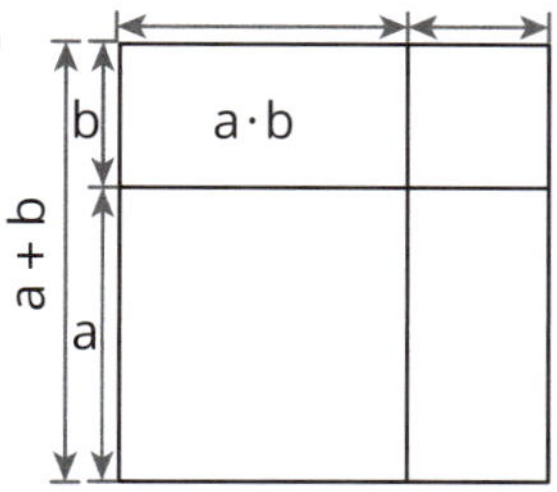

b)
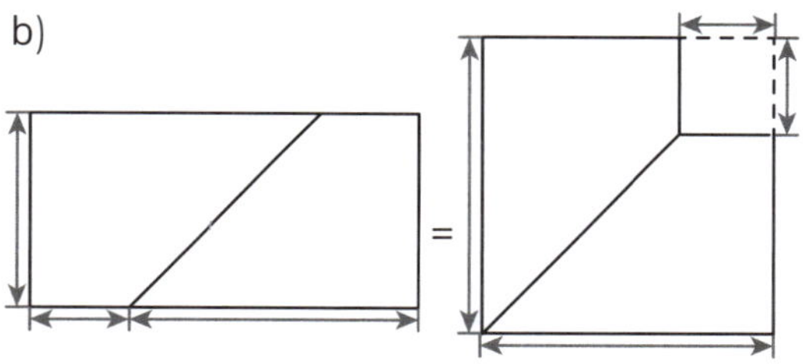

TEST

1. Vereinfache $(xy^2 - 4x) \cdot (3x - 5xy^2)$ soweit wie möglich.

2. Löse die binomischen Formeln im Kopf.

a) $(x + 7)^2$
b) $(9 - 2x)^2$
c) $(8a - 3)^2$
d) $(z - 3y)(z + 3y)$

3. Faktorisiere die Summenterme.

a) $36 - 84b + 49b^2$
b) $225x^2 - 480x + 256$
c) $169x^2 - 16y^2$

Gleichungen richtig lösen

1 VERSTEHEN

Soll ein Term mit einer Variablen einen bestimmten Wert annehmen, schreibt man das als **Gleichung** auf.

Die Zahl, die in den Term eingesetzt den gewünschten Wert liefert, heißt **Lösung** der Gleichung.

Der Term $4x + 5$ soll den Wert 33 annehmen.
Die entsprechende Gleichung lautet: $\mathbf{4x + 5 = 33}$.
Setzt man für x die Zahl 7 ein, erhält man $4 \cdot 7 + 5 = 28 + 5 = 33$.
$x = 7$ ist also die Lösung der Gleichung.

Lösungen werden oft in **Lösungsmengen** angegeben.
Man schreibt dann z. B. $L = \{7\}$.

Die Lösung einer Gleichung kann man mithilfe von Umformungen finden. Man verwendet dazu **Äquivalenzumformungen**. Das sind Umformungen, bei denen weder Lösungen wegfallen, noch neue hinzukommen können. Die wichtigsten Äquivalenzumformungen sind:

- Addition oder Subtraktion von Zahlen und Termen auf beiden Seiten der Gleichung.
- Multiplikation oder Division beider Seiten mit einer Zahl ungleich Null.

$$
\begin{aligned}
2 \cdot (-6x - 3) &= 46 + 4 \cdot (-6x - 7) && |\text{Klammern auflösen}\\
-12x - 6 &= 46 - 24x - 28 && |\text{vereinfachen}\\
-12x - 6 &= 18 - 24x && |+24x\\
12x - 6 &= 18 && |+6\\
12x &= 24 && |:12\\
x &= 2 \Rightarrow L = \{2\}
\end{aligned}
$$

Hat man eine Lösung gefunden, kann man sie mithilfe der **Probe** überprüfen. Dazu setzt man die Lösung in die Gleichung ein und prüft, ob eine wahre Aussage herauskommt.

$x = 3$ ist keine Lösung der Gleichung $7x + 11 = 34$, da die Probe $7 \cdot 3 + 11 = 32$ ergibt und $32 = 34$ eine falsche Aussage ist.

TIPP Bei Äquivalenzumformungen hilft es, sich die Gleichung als Waage im Gleichgewicht vorzustellen. Alles was du in der einen Waagschale veränderst, musst du exakt so auch in der anderen Waagschale verändern.

$$2 \cdot x + 3 = 9 \quad |-3$$
$$2 \cdot x = 6 \quad |:2$$
$$x = 3 \Rightarrow L = \{3\}$$

1 Löse die Gleichung im Kopf.

a) $2x = 14$ $x =$ ....
b) $x + 5 = 9$ $x =$ ....
c) $12 - x = 7$ $x =$ ....
d) $3x + 2 = 17$ $x =$ ....

2 Prüfe, ob die angegebene Zahl eine Lösung ist.

a) $2x + 21 = 33$; $x = 6$
b) $x \cdot 2{,}5 - 8 = 10$; $x = 8$
c) $-3 \cdot x + 17 = 38$; $x = 7$
d) $7 \cdot (x - 4) + 12 = 47$; $x = 9$

3 Löse die Gleichung in deinem Heft mithilfe von Äquivalenzumformungen. Mache die Probe.

a) $x - 12 = -8$
b) $x - 3 = -2$
c) $5x - 13 = 22$
d) $1{,}2x + 4{,}8 = 10{,}8$
e) $3x + 8 = 2x + 5$
f) $12x - 8 = -4x - 6 + 15x$
g) $4 \cdot (10 - 3x) = 8x$
h) $17 + 5 \cdot (-x + 3) - (5x + 8) = 12$

❹ Jede Waage stellt eine Gleichung dar. Notiere und löse sie.

a)

b)

❺ Löse die Aufgaben.

Gleichungen können auch in Textaufgaben „verborgen“ sein. Übersetze den Text in eine Gleichung und löse sie. Gehe vor wie beim Aufstellen von Termen (siehe Seite 104).

a) Addiert man zum Dreifachen einer Zahl 6, so erhält man 8.

b) Subtrahiert man von 12 das Doppelte einer Zahl, so erhält man 18.

c) Subtrahiert man von einer Zahl 6 und multipliziert das Ergebnis mit 5, so erhält man das Dreifache der gesuchten Zahl.

d) Ein Vater und sein Sohn sind zusammen 45 Jahre alt. Der Vater ist ein Jahr älter als dreimal so alt wie sein Sohn. Wie alt sind die beiden?

3 KÖNNEN

TEST **1. Führe die Probe durch und ordne die angegebenen Lösungen durch Verbinden der richtigen Gleichung zu.**

a) $2 \cdot (x - 3) = 0$	$x = 8$
b) $3x - (2x + 4) = 3$	$x = 1$
c) $(6 + 4x) : 2 = 5$	$x = 3$
d) $3x + (x - 5) = 3$	$x = 7$
e) $4x + 3 \cdot (1 - x) = 11$	$x = 2$

2. Löse die Gleichungen durch geeignete Äquivalenzumformungen. Die Lösungen ergeben ein Lösungswort.

a) $4x + 2{,}5 = 5x$

b) $2x + 8 = 18 + x$

c) $18 + 5x + 17 = 2x + 3 + 4x$

d) $3 + 4 \cdot (2x - 5) = 7$

e) $-3x-(-5x + 6) = 8$

f) $4 \cdot (2{,}5 - 2x) = (3x - 5) \cdot (-2)$

Ungleichungen lösen

1 VERSTEHEN

Sind die beiden Seiten einer „Gleichung" nicht gleich groß, sondern ist die eine **größer (>)** oder **kleiner (<)** als die andere, spricht man von einer **Ungleichung**.

$2x < 8;\ 2 - 5x > 4 + x$

Ungleichungen löst man mit denselben Äquivalenzumformungen wie normale Gleichungen, allerdings mit einer wichtigen Ausnahme: Multipliziert man eine Ungleichung **mit einer negativen Zahl** oder dividiert durch eine solche, **dreht sich das Relationszeichen um!**

a) $5 > 0 \quad | \cdot (-2)$

$-10 < 0$

b) $2 - 5x < 4 + x \quad | -x$

$2 - 6x < 4 \quad | -2$

$-6x < 2 \quad | : (-6)$

$x > -\frac{1}{3}$

Am Beispiel a) sieht man deutlich, warum sich das Relationszeichen umdrehen muss. Bliebe es gleich, ergäbe sich die falsche Aussage $-10 > 0$.

Die **Lösungsmenge** einer Ungleichung enthält in der Regel viele, oft sogar beliebig viele Lösungen. Beispielsweise sind für die Gleichung $x > 3$ alle Zahlen Lösungen, die größer sind als 3, also 4; 5; 6; ...

Man gibt die Lösungsmenge daher in **aufzählender** oder **beschreibender Form** an.

$x > 2$: $L = \{3; 4; 5; ...\}$ (aufzählende Form) oder

$L = \{x \in \mathbb{Z} \mid x > 2\}$ (beschreibende Form)

Achtung: Es macht einen wesentlichen Unterschied, welche **Grundmenge** vorgegeben ist! Die Grundmenge sind alle Zahlen, aus denen die Lösungen stammen dürfen. Merke dir dazu folgende Symbole:

- $\mathbb{N}$ steht für die natürlichen Zahlen (0; 1; 2; 3; ...)
- $\mathbb{Z}$ steht für die ganzen Zahlen (... −3; −2,−1; 0; 1; 2; 3; ...)
- $\mathbb{Q}$ steht für die rationalen Zahlen $\left(\frac{p}{q} \middle| p \in \mathbb{Z};\ q \in \mathbb{N}\right)$

  In $\mathbb{Q}$ sind auch alle ganzen Zahlen enthalten.

TIPP Wenn nicht anders angegeben, ist die Grundmenge $\mathbb{Q}$.

Oft ist es hilfreich, sich die Lösungsmenge einer Ungleichung auf einem **Zahlenstrahl** zu verdeutlichen. Dabei muss man unterscheiden, welches Relationszeichen verwendet wird: größer (>), kleiner (<), größer-gleich (≥) oder kleiner-gleich (≤):

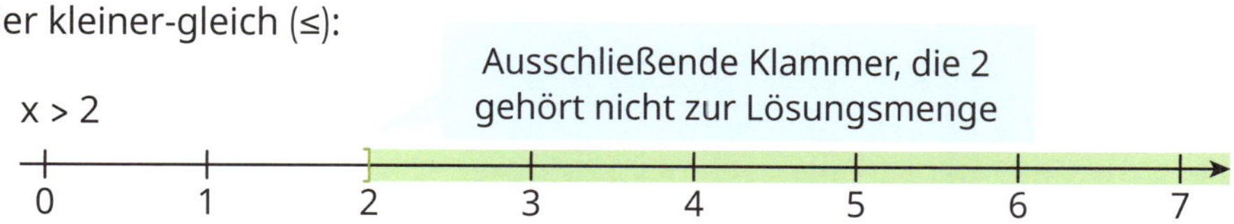

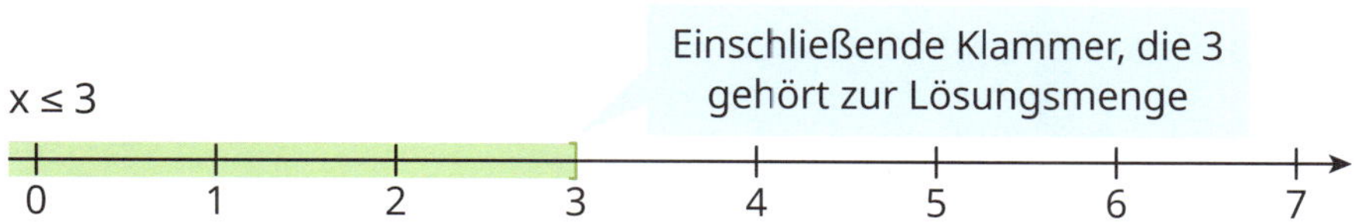

1 Gib die Lösungsmenge der Ungleichung in aufzählender und beschreibender Form an.

Die Grundmenge ist jeweils $\mathbb{N}$.

a) $x > 5$ L = {........................}; L = {........................}

b) $3x \leq 15$ L = {........................}; L = {........................}

c) $x - 7 > -4$ L = {........................}; L = {........................}

d) $3x - 5 < -14$ L = {........................}; L = {........................}

2 Stelle die Lösungsmenge auf dem Zahlenstrahl dar.

a) $x < 3$

b) $x \geq 6$

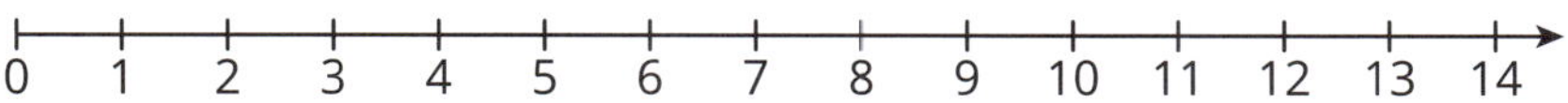

c) $x \leq 1{,}5$

d) $x > -0{,}3$

3 Löse die Ungleichung mithilfe geeigneter Äquivalenzumformungen. Die Grundmenge ist $\mathbb{Z}$.

a) $3x + 7 < 13$

b) $12 + 2x \geq 10$

c) $-\frac{3}{4}x - \frac{9}{4} < \frac{15}{4}$

d) $5 \cdot (-3x - 8) + 9x \geq -28$

4 Kontrolliere Simons Hausaufgaben. Findest du Fehler? Streiche sie an und korrigiere sie.

a)

Grundmenge ist $\mathbb{Q}$

$3x + 6 \leq 0 \quad | -6$

$3x \geq -6 \quad | :3$

$x \geq -2$

$L = \{\geq -2\}$

b)

Grundmenge ist $\mathbb{Z}$

$2 - x < 4 \quad | -2$

$-x < 2 \quad | \cdot (-1)$

$x < -2$

$L = \{\ldots -5; -4; -3\}$

3 KÖNNEN

TEST **1. Löse und stelle die Lösungen auf einem Zahlenstrahl dar.**

a) $3x - 2 \leq 7$

b) $-x + 5 > 4$

c) $-\frac{1}{2}x + 5 \leq \frac{23}{4}$

d) $-0{,}5 \cdot (6 - 3x) \geq -4{,}5$

2. Gib die Lösungsmenge an.
Achte auf die Grundmenge G.

a) $2 \cdot (7 - x) < 18$; $G = \mathbb{Z}$

b) $-3 \cdot \left(1 - \frac{2}{3}x\right) < -8$; $G = \mathbb{N}$

Lineare Gleichungssysteme grafisch lösen

1 VERSTEHEN

Gleichungen der Form $a \cdot x + b \cdot y = c$ nennt man **lineare Gleichungen mit zwei Unbekannten (x; y)**. Die Lösungen gibt man als Wertepaare $(x|y)$ an. Jede Gleichung hat beliebig viele solcher Lösungspaare.

$4x - 2y = -8$ hat unter anderem die Lösungspaare $(-4|-4)$; $(0|4)$ …

Alle Lösungspaare einer solchen Gleichung kann man als Punkte im Koordinatensystem verstehen. Sie liegen alle auf einer **Geraden**. Löst man die Gleichung nach y auf, erhält man die bekannte Form der **Geradengleichung** (vgl. Kapitel 6, Seite 144).

$4x - 2y = -8 \;|-4x \;\Rightarrow\; -2y = -4x - 8 \;|:(-2) \;\Rightarrow\; \mathbf{y = 2x + 4}$

Sind zwei Gleichungen mit zwei Unbekannten gegeben, die beide erfüllt sein müssen, spricht man von einem **linearen Gleichungssystem (kurz LGS)**. Das Wertepaar, das beide Gleichungen erfüllt, nennt man die **Lösungsmenge** (oder kurz **Lösung**) des linearen Gleichungssystems.

Das lineare Gleichungssystem

$\text{I}\quad x + 2y = 6$

$\text{II}\quad 2x + y = -2$

oft auch so dargestellt: $\left|\begin{matrix} x + 2y = 6 \\ 2x + y = -2 \end{matrix}\right|$

hat das Wertepaar $(2|2)$ als Lösung $L = \{(2|2)\}$, da beide Gleichungen dafür erfüllt sind.

Es gibt verschiedene Verfahren, mit denen die Lösung eines solchen Gleichungssystems bestimmt werden kann.

Bei der **zeichnerischen Lösung** macht man sich die Tatsache zunutze, dass die Lösungsmenge $L = \{(x|y)\}$ eines linearen Gleichungssystems dem Schnittpunkt $S(x|y)$ der beiden Geraden entspricht, die durch die Gleichungen beschrieben werden. Man kann die beiden Geraden zeichnen (vgl. Kapitel 6, Seite 144) und dann ihren Schnittpunkt ablesen.

$\text{I}\quad x + 2y = 6 \quad |\text{umformen}$

$\text{II}\quad 2y - 2 = x$

$\text{I}\quad y = -\frac{1}{2}x + 3 \quad |\text{umformen}$

$\text{II}\quad y = \frac{1}{2}x + 1$

$L = \{(2|2)\}$

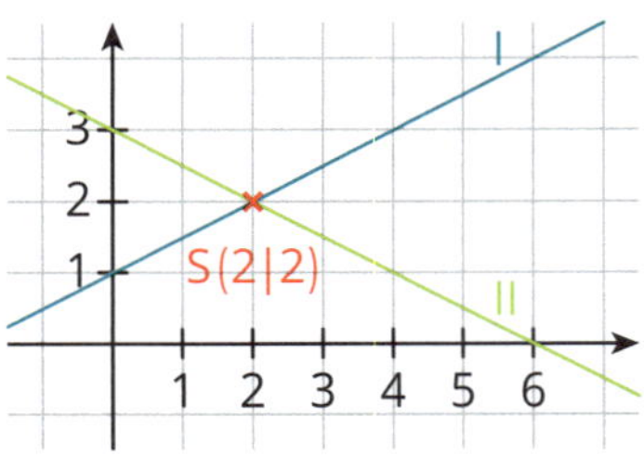

2 ÜBEN

1 Markiere die Lösungspaare, die die lineare Gleichung erfüllen.

a) $x + 2 = y$	$P_1(3\|5)$	$P_2(-2\|1)$	$P_3(-2\|0)$	$P_4(4\|7)$
b) $2x + y = 3$	$P_1(0\|2)$	$P_2(1\|1)$	$P_3(2\|1)$	$P_4(-1\|5)$
c) $10y + 5x = 30$	$P_1(2\|2)$	$P_2(-2\|5)$	$P_3(6\|0)$	$P_4(0\|3)$

2 Löse das lineare Gleichungssystem grafisch.

a) I $2y = x - 4$
II $4y = -x + 4$

b) I $3y - 2x = 12$
II $-3y + 12 = x$

c) I $10y - 60 = -4x$
II $5 - y - \frac{2}{5}x = 0$

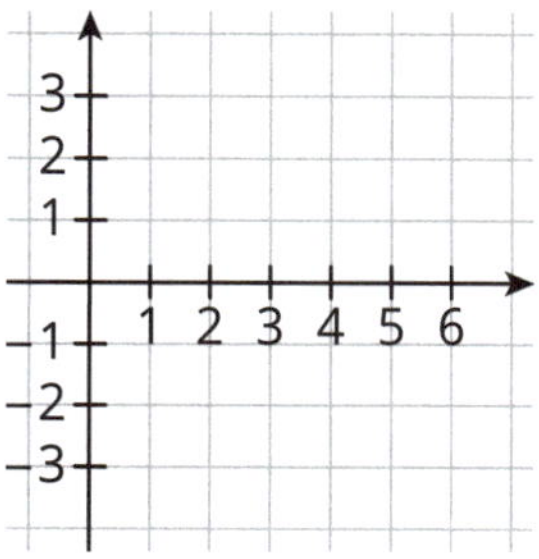

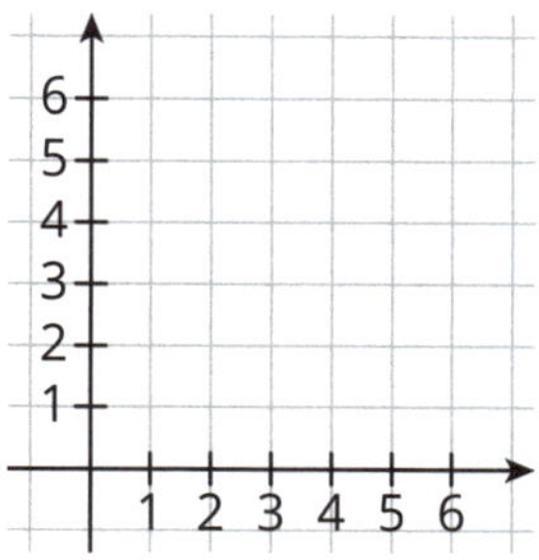

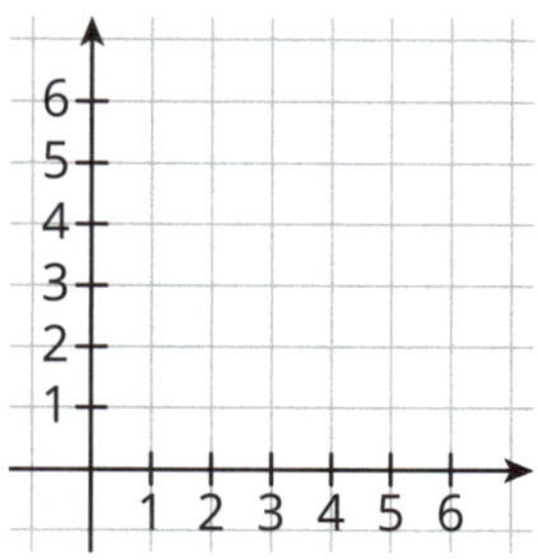

3 KÖNNEN

TEST 1. Löse das Gleichungssystem grafisch.

a) I $3x + 2y = 10$
II $2x + 4y = 8$

b) I $4 + 8y = 12x$
II $4x + 4y = 28$

2. Ergänze die Punkte $P_1(0|■)$, $P_2(■|0)$, $P_3(1|■)$ und $P_4(-0{,}5|■)$ so, dass sie die lineare Gleichung erfüllen.

a) $y + 2x = 3$ b) $2y + 4x = 9$ c) $\frac{1}{2}y - \frac{1}{4}x = 6$

Einsetzungs-, Gleichsetzungs- und Additionsverfahren

1 VERSTEHEN

Neben der zeichnerischen Lösung gibt es noch drei algebraische Verfahren, mit denen man die Lösung eines LGS bestimmen kann. Alle Verfahren beruhen auf der Grundidee, aus zwei Gleichung mit zwei Unbekannten zunächst eine Gleichung mit einer Unbekannten zu machen, die man dann mit den bekannten Schritten löst. Die so errechnete eine Unbekannte wird genutzt, um die zweite Unbekannte zu bestimmen.

Beim **Gleichsetzungsverfahren** werden beide Gleichungen nach der gleichen Unbekannten aufgelöst ① und die beiden „Lösungsterme" werden gleichgesetzt ②. Die dabei entstehende Gleichung mit einer Unbekannten wird gelöst ③. Anschließend setzt man den erhaltenen Wert anstelle der entsprechenden Unbekannten in eine der beiden Gleichungen ein und berechnet die zweite Unbekannte ④. Es ist sinnvoll, anschließend eine Probe durchzuführen ⑤.

① I $10x + 2y = 62 \quad |-10x \quad |:2$
II $6x + y = 37 \quad |-6x$

② I $y = 31 - 5x$
II $y = 37 - 6x \quad$ | I und II gleichsetzen:

③ $31 - 5x = 37 - 6x \quad |-31 + 6x$
$x = 6 \quad$ einsetzen in zum Beispiel I:

④ $y = 31 - 5 \cdot 6 = 31 - 30 = 1$

⑤ Probe:
I $10 \cdot 6 + 2 \cdot 1 = 62$ ✓
II $6 \cdot 6 + 1 = 37$ ✓; also $L = \{(6|1)\}$

Beim **Einsetzungsverfahren** wird nur eine der beiden Gleichungen nach einer der beiden Unbekannten aufgelöst und der entsprechende „Lösungsterm" anschließend für die entsprechende Unbekannte **in die andere Gleichung** eingesetzt. Wieder entsteht eine Gleichung mit einer Unbekannten, die gelöst werden kann. Die weiteren Schritte sind die gleichen wie beim Gleichsetzungsverfahren.

TIPP Achte darauf, den „Lösungsterm", den du einsetzt, immer in Klammern zu setzen. Damit vermeidest du einen der häufigsten Fehler bei diesem Verfahren.

I $\quad 9x + y = 71 \quad | -9x$
II $\quad -5x - 4y = -36$

I $\quad y = 71 - 9x \quad$ | einsetzen in II
II $\quad -5x - 4y = -36$

$-5x - 4 \cdot (71 - 9x) = -36$
Gleichung lösen ergibt: $x = 8$
Einsetzen in I: $y = 71 - 9 \cdot 8 = -1$
Lösungsmenge $L = \{(8|-1)\}$; Probe nicht vergessen!

Beim **Additionsverfahren** sorgt man mit geeigneten Äquivalenzumformungen dafür, dass vor einer der Unbekannten in beiden Gleichungen der gleiche Koeffizient steht – jedoch mit unterschiedlichen Vorzeichen. Anschließend addiert man die beiden Gleichungen und erhält eine Gleichung mit einer Unbekannten. Die weiteren Schritte sind wie bei den beiden anderen Verfahren.

I $\quad -3x + 4y = -25 \quad | \cdot 4$
II $\quad 4x + 3y = -25 \quad | \cdot 3$

I $\quad -12x + 16y = -100$
II $\quad 12x + 9y = -75$

I + II $\quad -12x + 12x + 16y + 9y = -100 + (-75)$

$$25y = -175 \quad |:25$$
$$y = -7 \quad | \text{ in I}$$
$$-3x + 4 \cdot (-7) = -25 \Rightarrow x = -1.$$

Lösungsmenge $L = \{(-1|-7)\}$ Probe nicht vergessen!

Für alle rechnerischen Verfahren gilt: erhält man beim Lösen des LGS einen **mathematischen Widerspruch**, dann gibt es **keine Lösung** (parallele Geraden). Fällt beim Lösen die Unbekannte weg und es entsteht eine wahre Aussage, ist die **Lösung allgemeingültig** (identische Geraden).

a) I $\quad 2y + x = 4$
II $\quad y = -\frac{1}{2}x + 3$

Einsetzen in I

$$2 \cdot \left(-\frac{1}{2}x + 3\right) + x = 4$$
$$-x + 6 + x = 4$$
$$6 = 4$$

Widerspruch, keine Lösung
$L = \{\ \}$

b) I $\quad 2y + x = 4 \quad | \cdot (-2)$
II $\quad 4y = -2x + 8 \quad | + 2x$

I $\quad -4y - 2x = -8$
II $\quad 4y + 2x = 8$

I + II $\quad 0 = 0$, wahre Aussage

$L = \left\{(x|y) \,|\, y = -\frac{1}{2}x + 2\right\}$

1 Löse mit dem Gleichsetzungsverfahren. Mache die Probe.

a) I $y = -2x - 1$
II $y = 5x - 8$

b) I $7x + y = 44$
II $2x + y = 14$

c) I $y = 8x + 41$
II $-2y = -6x - 22$

d) I $4x + 4y = 12$
II $-6x + 3y = -9$

2 Löse mit dem Additionsverfahren.

a) I $x - 5y = -1$
II $-x + 2y = -5$

b) I $3x - 9y = -57$
II $-3x + 5y = 21$

3 Löse mit dem Einsetzungsverfahren.

a) I $y = 5x - 6$
II $7x + 7y = 42$

b) I $y = 3x - 4$
II $4x + 8y = 80$

c) I $3x + y = 12$
II $3x + 9y = 36$

d) I $0{,}5x - 3y = 0{,}1$
II $3y = 0{,}3x - 0{,}9$

4 **Sorge für passende Koeffizienten, ehe du addierst.**

a) I $5x - 4y = 21$
II $3x - 8y = 35$

b) I $x + y + 6 = 7$
II $8x + 14y - 11 = x$

3 KÖNNEN

TEST **1. Löse das Gleichungssystem mit**

a) dem Gleichsetzungsverfahren.
I $4x + y = 28$
II $6x + y = 40$

b) dem Einsetzungsverfahren.
I $x + y = 5$
II $3x + 9y = 33$

2. Löse mit dem Additionsverfahren.

a) I $x + 2y = 6$
II $x - y = 3$

b) I $4x - 6y = 2$
II $3x - 7y = -4$

6. Zuordnungen und Funktionen

Zuordnungen, Tabellen und Schaubilder

1 VERSTEHEN

Oft hängt eine Größe von einer anderen Größe ab, z. B. die Parkgebühr von der Parkdauer. Eine solche Abhängigkeit nennt man eine **Zuordnung**. Dabei wird der einen Größe x (auch **Ausgangsgröße** oder Eingabegröße) eine andere Größe y (auch **zugeordnete Größe** oder Ausgabegröße) zugeordnet. Man verwendet das Symbol ↦. Also kurz: $x \mapsto y$ oder zum Beispiel *Parkdauer (in h)* ↦ *Parkgebühr (in €)*; *Länge der Rechteckseiten (in cm)* ↦ *Umfang des Rechtecks (in cm)* usw.
Die Zuordnung gibt an, wie sich die zugeordnete Größe y in Abhängigkeit von der Ausgangsgröße x verändert. Zuordnungen können durch Tabellen, Schaubilder und Rechenvorschriften angegeben werden.

Tabellen (auch **Wertetabellen** genannt) von Zuordnungen haben in der Regel zwei Spalten (oder zwei Zeilen). Dabei wird der Größe in der ersten Spalte (Zeile) die Größe in der zweiten Spalte (Zeile) zugeordnet.

Schaubilder von Zuordnungen (auch **Graphen** genannt) werden in Koordinatensystemen dargestellt. Auf der Rechtsachse (x-Achse) wird die Ausgangsgröße, auf der Hochachse (y-Achse) die zugeordnete Größe dargestellt.

Die Darstellung als **Rechenvorschrift** erfolgt in Form eines Terms.

Beispiel: Hr. Maier möchte sich einen Surfstick besorgen, mit dem er auch unterwegs im Internet surfen kann. Dafür muss er einmalig 29,95 € und pro Nutzungstag 2,50 € bezahlen.

Tabelle:

Anzahl Tage	Surfkosten (in €)
0	29,95
1	32,45
2	34,95
3	37,45
4	39,95
5	42,45

Schaubild:

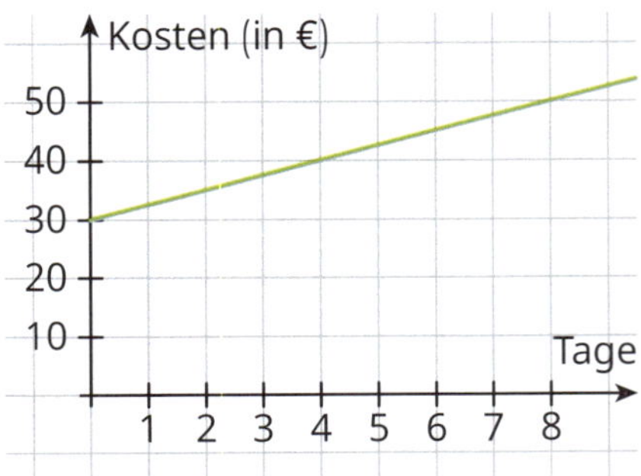

Rechenvorschrift: Surfkosten (in €) = 29,95 + x · 2,50 €
(x: Anzahl Tage)

2 ÜBEN

1 In der Postfiliale kann man Paketsets in verschiedenen Größen kaufen.

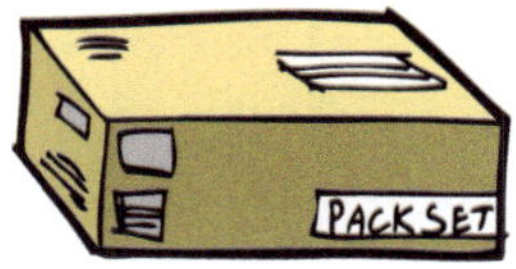

Paketsets	
Paketset XS	1,49 €
Paketset S	1,69 €
Paketset M	1,99 €
Paketset L	2,49 €

a) Gib an, welche Zuordnung in der Tabelle dargestellt ist.

....

b) Hr. Maier möchte ein Paketset der Größe XS und zwei der Größe M kaufen. Wie viel muss er bezahlen?

....

c) Fr. Yilmaz hat für ihre Paketsets 3,68 € bezahlt. Welche Größen hat sie gekauft?

....

2 Familie Maurer bezieht ihr Erdgas zu folgenden Konditionen: jährlicher Grundpreis 145 €; 0,06 € pro Kilowattstunde (kWh).

a) Familie Maurer hatte im vergangenen Jahr einen Erdgasverbrauch von 16 000 kWh. Wie hoch war ihre Gasrechnung?

....

b) Ergänze die Tabelle so, dass sie die Zuordnung *Gasverbrauch (in kWh)* ↦ *Gaspreis (in €)* darstellt.

Verbrauch (in kWh)	7500	10 000	12 500	15 000	17 500	20 000
Preis (in €)						

3 Gegeben ist ein Schaubild.

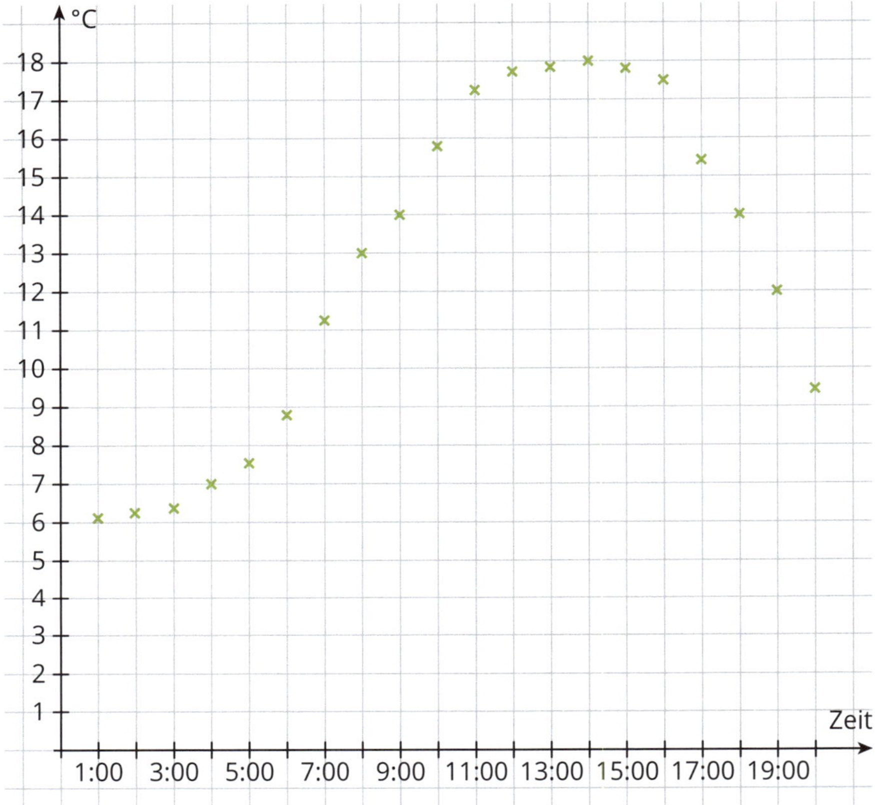

a) Welche Zuordnung wird dargestellt?

....

b) Welche Temperaturangaben hat man um 4 Uhr, 8 Uhr, 9 Uhr, 19 Uhr?

....

c) Wann war die Temperatur am höchsten? Wie hoch war sie?

....

d) Wann betrug die Temperatur 14 °C?

....

e) In welchem Zeitraum lag die Temperatur über 14 °C?

....

3 KÖNNEN

TEST **Die Abbildung zeigt das Höhenprofil einer Wandertour.**

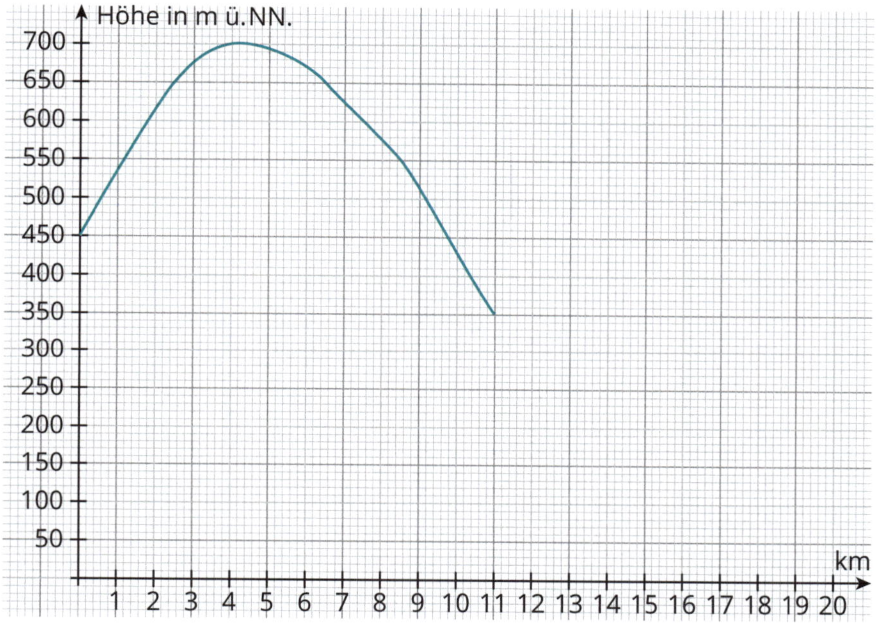

a) Welche Zuordnung ist dargestellt?

....

b) Nach welcher Wanderstrecke erreicht man den höchsten Punkt der Tour?

....

c) Welche Höhe hat man nach 2,5 km, 4 km, 6,5 km?

....

d) Ist man am Ende der Tour in der Summe mehr Höhenmeter bergauf oder bergab gewandert?

....

e) Stelle eine Zuordnungstabelle für die Zuordnung mit 0 km, 2 km, 4 km, 6 km, 8 km, 10 km, 11 km auf.

Proportionale Zuordnungen

1 VERSTEHEN

Eine direkt proportionale Zuordnung oder kurz **proportionale Zuordnung** liegt vor, wenn die folgenden Regeln erfüllt sind:

- Eine Verdopplung, Verdreifachung, Vervierfachung ... der **Ausgangsgröße x** führt stets zu einer Verdopplung, Verdreifachung, Vervierfachung ... der **zugeordneten Größe y**.
- Ein Halbierung, Drittelung, Viertelung ... der **Ausgangsgröße x** führt stets zu einer Halbierung, Drittelung, Viertelung ... der **zugeordneten Größe y**.
- Proportionale Zuordnungen sind **quotientengleich**. Teilt man die y-Werte durch die x-Werte, ergibt sich immer der gleiche Wert.

TIPP

Bei einer proportionalen Zuordnung gilt: „Je mehr du von der einen Größe hast, desto mehr hast du auch von der anderen Größe.“ Aber: „**je mehr – desto mehr**“ bedeutet nicht automatisch proportional!

Um eine Zuordnung grafisch darzustellen, trägt man zusammengehörende x- und y-Werte – meistens in der Wertetabelle vorgegeben – in einem Koordinatensystem ab. Alle Punkte des Graphen einer proportionalen Zuordnung liegen auf einer **Halbgeraden**, die durch den Ursprung geht.

Auf dem Jahrmarkt kosten 100 g gebrannte Mandeln 2,50 €.
In der nachfolgenden Tabelle erkennt man, warum es sich um eine proportionale Zuordnung handelt.

$\cdot 2$ $\quad$ $\cdot 2$ $\quad$ $\cdot 1{,}5$

Gewicht (in g)	100	200	400	600
Preis (in €)	2,50	5,00	10,00	15,00

Die sind immer gleich:

$\frac{2{,}5}{100} = 0{,}025$; $\frac{5}{200} = 0{,}025$;

$\frac{10}{400} = 0{,}025$; $\frac{15}{600} = 0{,}025$

Im Koordinatensystem ergibt sich eine Halbgerade:

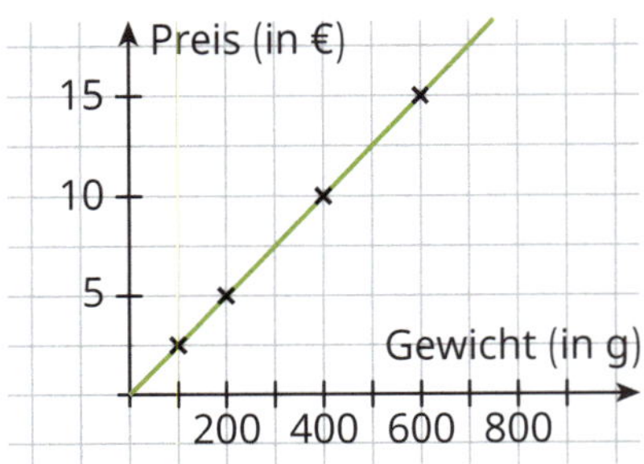

Handelt es sich bei einer Zuordnung um eine (direkt) proportionale, kann man aus einem gegebenen Wertepaar mithilfe des Dreisatzes jedes beliebige Wertepaar der Zuordnung ausrechnen. Die Bezeichnung „**Dreisatz**" kommt daher, dass er aus insgesamt drei Schritten besteht, die anhand des folgenden Beispiels erklärt werden.

Eine Betriebskantine benötigt 77 kg Kartoffeln, um 220 Personen zu versorgen. Während der Urlaubszeit essen dort jedoch nur 180 Personen. Wie viele Kilogramm Kartoffeln werden dann benötigt?

1. Schritt: Das gegebene Wertepaar wird so in der ersten Zeile einer Tabelle notiert, dass die gesuchte Größe (hier: kg Kartoffeln) rechts steht ①. Die dritte bekannte Größe wird in die dritte Zeile der linken Spalte geschrieben ②.

	Anzahl Essen	Menge Kartoffeln	
	220	77 kg ①	
: 11	③ **20**	**7 kg**	: 11
· 9	180 ②	**63 kg** ④	· 9

2. Schritt: Zurückrechnen auf einen geeigneten Zwischenwert ③. (Hier: 20 Essen, dazu beide Seiten durch 11 dividieren.)

3. Schritt: Hochrechnen auf die gesuchte Größe. (Hier: beide Seiten mit 9 multiplizieren.) In der dritten Zeile der rechten Spalte steht die gesuchte Größe ④ (hier: 63 kg).

Antwortsatz: In der Urlaubszeit werden nur 63 kg Kartoffeln benötigt.

TIPP Es funktioniert immer, als Zwischengröße auf die Einheit „1" zurückzurechnen. Oft ist es aber geschickter, wie im Beispiel, auf einen anderen gemeinsamen Teiler der beiden bekannten Größen zurückzurechnen.

2 ÜBEN

1 Die Tabelle gehört zu einer proportionalen Zuordnung. Ergänze sie.

Gewicht (in kg)	2	4	1		
Preis (in €)	6			24	1,5

2 **Stelle die proportionale Zuordnung grafisch dar. Lies die Preise für 3 ℓ, 5 ℓ und 7 ℓ aus der Grafik ab.**

Benzin (in ℓ)	1	2	6	8
Preis (in €)	1,5	3	9	12

3 **Prüfe, ob es sich bei der Zuordnung um eine proportionale handelt.**

a)

x	3	4,5	9
y	8	12	27

b)

4 **Stelle die Zuordnung *Gewicht ↦ Preis* für die drei Käsesorten grafisch dar. Wie viel kosten 450 g von jeder Sorte?**

Emmentaler
100 g 1,20 €

Parmesan
100 g 1,90 €

Gouda
100 g 0,90 €

450 g Gouda kosten ……………………

……………………………………………

……………………………………………

5 **Vervollständige die Dreisatzrechnungen bei proportionalen Zuordnungen.**

a)

	x	y	
:4	4	28	☐
☐			·9

b)

	x	y	
☐			:7,5
☐	1	6	·5,5
	5,5		

6 **Löse durch Dreisatzrechnung.**

a) In einem Blumengeschäft kosten 12 Rosen 14,40 €. Mark will einen Strauß von 18 Rosen kaufen. Was kostet der Strauß?

b) Aaron kauft 450 g Käse für 9,00 €.
Wie viel müsste er für 750 g bezahlen?

TEST **1. Das Zahlenpaar (3|8) gehört zu einer proportionalen Zuordnung. Ergänze die folgenden, ebenfalls zu dieser Zuordnung gehörenden Zahlenpaare.**

a) (6|..........) b) (15|..........) c) (..........|24) d) (..........|20)

2. Ergänze die nachfolgende Tabelle so, dass es sich um eine proportionale Zuordnung handelt.

x		6	8		64
y	12		24	36	

3. Ein Geschäft bietet zwei Sorten Apfelschorle an.

a) Gib die entsprechende Zuordnung an und begründe, warum es sich jeweils um eine proportionale Zuordnung handelt.

b) Zeichne den Graphen der Zuordnung *Menge (in ℓ)* ↦ *Preis (in €)* in ein Koordinatensystem. Nimm zwei Kästchen für einen Liter und einen Euro.

c) Lies aus dem Koordinatensystem ab, wie viel jeweils 4,5 ℓ kosten.

Indirekte oder antiproportionale Zuordnungen

1 VERSTEHEN

Eine indirekt proportionale oder **antiproportionale Zuordnung** liegt vor, wenn die folgenden Regeln erfüllt sind:

- Eine Verdopplung, Verdreifachung, Vervierfachung ... der **Ausgangsgröße x** führt stets zu einer Halbierung, Drittelung, Viertelung ... der **zugeordneten Größe y**.
- Ein Halbierung, Drittelung, Viertelung ... der **Ausgangsgröße x** führt stets zu einer Verdopplung, Verdreifachung, Vervierfachung ... der **zugeordneten Größe y**.
- Antiproportionale Zuordnungen sind **produktgleich**. Multipliziert man die x-Werte mit den ihnen zugeordneten y-Werten, ergibt sich immer das gleiche Produkt.

TIPP Bei einer antiproportionalen Zuordnung gilt: „Je mehr du von der einen Größe hast, desto weniger hast du von der anderen Größe." Aber: „**je mehr – desto weniger**" bedeutet nicht automatisch antiproportional!

Als Graph einer antiproportionalen Zuordnung ergibt sich eine Kurve, die man **Hyperbel** nennt.
Man kann an dieser Kurve gut erkennen: Je größer der eine Wert wird, desto kleiner wird der andere.

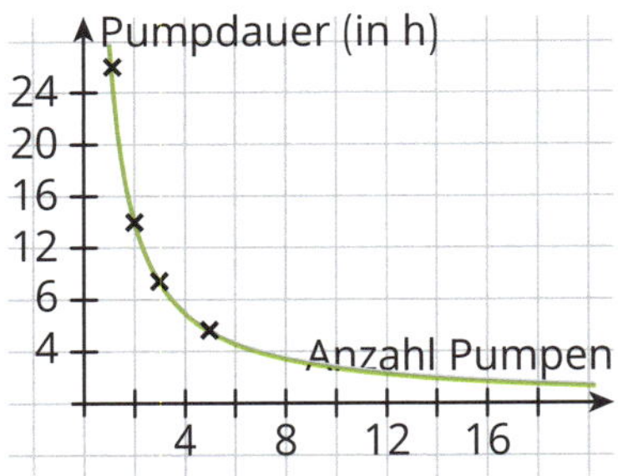

Zwei Pumpen brauchen zum Auspumpen eines Pools 14 Stunden.
Wie lange bräuchte eine Pumpe, wie lange bräuchten drei, bzw. fünf?

Anzahl Pumpen	1	2	3	5
Pumpdauer (in h)	28	14	$9\frac{1}{3}$ h = 9 h 20 min	5,6 h = 5 h 36 min

:2 :3 :5

Das Produkt ist immer gleich:

$1 \cdot 28 = 28$; $2 \cdot 14 = 28$; $3 \cdot 9\frac{1}{3} = 28$; $5 \cdot 5{,}6 = 28$.

Auch bei antiproportionalen Zuordnungen kann man mit einem bekannten Wertepaar jedes beliebige Wertepaar der Zuordnung über den Dreisatz berechnen. Die Vorgehensweise ist grundsätzlich die gleiche wie beim Dreisatz bei proportionalen Zuordnungen, allerdings mit dem Unterschied, dass man die Werte in den beiden Spalten der Tabelle mit **entgegengesetzten Rechenoperationen** berechnet.

Acht Pflücker benötigen 15 Tage, um eine Apfelplantage vollständig abzuernten. Wie lange würde es dauern, wenn zwei zusätzliche Arbeiter eingestellt werden würden?

1. Schritt: Das gegebene Wertepaar wird so in der ersten Zeile einer Tabelle notiert, dass die gesuchte Größe (hier: benötigte Tage) rechts steht ①. Die dritte bekannte Größe wird in die dritte Zeile der linken Spalte geschrieben ②.

	Anzahl Arbeiter	benötigte Tage	
:4 ↓	8	15 ①	↓ ·4
·5 ↓	③ **2**	**60**	↓ :5
	10 ②	**12** ④	

2. Schritt: Zurückrechnen auf einen geeigneten Zwischenwert ③. (Hier: 2 Arbeiter; dazu die linke Größe durch 4 dividieren, die rechte mit 4 multiplizieren.)

3. Schritt: Hochrechnen auf die gesuchte Größe. (Hier: den linken Zwischenwert mit 5 multiplizieren, den rechten durch 5 dividieren.) In der dritten Zeile der rechten Spalte steht die gesuchte Größe ④.

Antwortsatz: 10 Pflücker würden 12 Tage benötigen, um die Plantage abzuernten.

TIPP Auch hier musst du nicht unbedingt auf den Zwischenwert „1“ zurückrechnen. Suche einen Zwischenwert, für den beide Rechenschritte möglichst einfach sind.

2 ÜBEN

1 **Vervollständige die Tabelle zur antiproportionalen Zuordnung.**

x		6	8		64
y	12		24	36	

2 Prüfe, ob die Zuordnung antiproportional ist.

x	2	3	5	8	9
y	15	10	6	4	2

3 Für den Flächeninhalt eines Rechtecks gilt $a \cdot b = 12\,cm^2$.

a) Begründe, warum es sich um eine antiproportionale Zuordnung handelt.

b) Erstelle eine Zuordnungstabelle mit vier verschiedenen Längen der Seite a (für $a = 2, 3, 4$ und 6).

c) Stelle die Zuordnung grafisch dar.

4 Entscheide, ob die folgenden Zuordnungen proportional *(p)*, antiproportional *(ap)* oder keines von beidem *(k)* sind.

a) *Jahreszeit ↦ Wassertemperatur des Bodensees*
☐ p ☐ ap ☐ k

b) *Anzahl Arbeiter ↦ Benötigte Zeit zum Spargelstechen*
☐ p ☐ ap ☐ k

c) *Anzahl Käufer ↦ Anzahl verkaufter Exemplare dieses Buches*
☐ p ☐ ap ☐ k

5 Vervollständige die Dreisatzrechnung bei antiproportionaler Zuordnung.

a)

	x	y	
:6	6	8	☐
☐			:16
	16		

b)

	x	y	
:18		4	☐
☐			:24
	24		

6 Berechne mithilfe des Dreisatzes.

Vier Bagger brauchen zum Ausheben einer großen Grube 18 Stunden.
Wie lange bräuchten a) 3 Bagger b) 6 Bagger?

a)

☐			☐
☐			☐

b)

☐			☐
☐			☐

TEST

1. Das Zahlenpaar (6 | 15) gehört zu einer antiproportionalen Zuordnung. Ergänze die anderen, ebenfalls zu dieser Zuordnung gehörenden Zahlenpaare.

a) (2 | ....) b) (.......... | 45) c) (9 | ....) d) (0,5 | ....)

2. Ergänze die Tabelle zur antiproportionalen Zuordnung und mache die Probe auf Produktgleichheit.

x	3	1		9	
y	12		2		4,5
x · y	3 · 12 = 36				

3. Tim hilft Oma und Opa beim Apfelsaft pressen. Sie füllen 200 Flaschen ab. Dafür brauchen sie zu dritt 7 Stunden.

a) Wie lange hätten sie gebraucht, wenn Tims Schwester Lea auch geholfen hätte?

b) Für die gleiche Menge Apfelsaft werden 4 h 12 min gebraucht. Wie viele Personen sind beim Apfelpressen mitbeteiligt?

Proportionale und antiproportionale Funktionen

Handelt es sich bei einer Zuordnung $x \mapsto y$ um eine **eindeutige Zuordnung**, nennt man die Zuordnung auch eine **Funktion**.
Eine eindeutige Zuordnung liegt dann vor, wenn jedem Element x der Ausgangsgröße **genau ein** Element y der zugeordneten Größe zugeordnet wird.
Die Werte der Ausgangsgröße bilden zusammen die **Definitionsmenge D** der Funktion, die zugeordneten Werte die **Wertemenge W**.

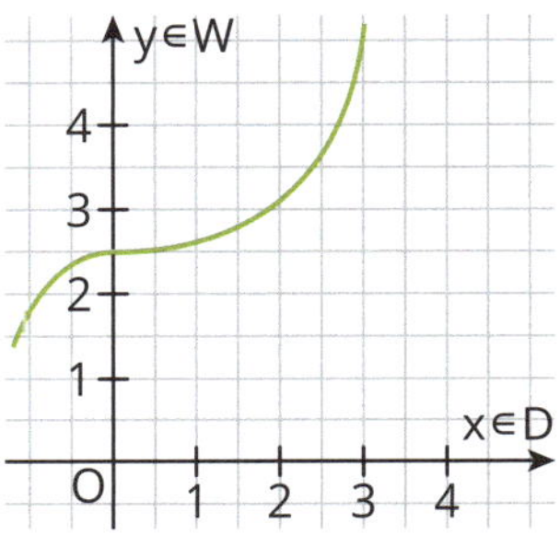

Funktion, da Zuordnung eindeutig

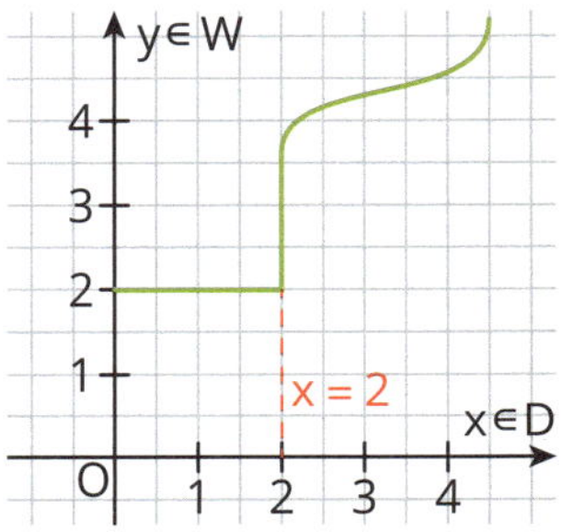

keine Funktion, da für $x = 2$ nicht eindeutig

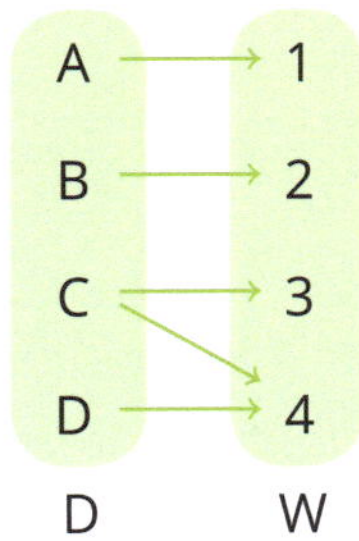

keine Funktion, da für C nicht eindeutig

Neben der typischen Darstellung in Tabellenform oder als Graph in einem Koordinatensystem gibt es bei Funktionen in der Regel noch eine dritte Darstellungsform. Die Zuordnung erfolgt bei Funktionen meist nach bestimmten Gesetzmäßigkeiten, nach denen sich die y-Werte aus den x-Werten berechnen lassen. Man beschreibt diese Gesetzmäßigkeit mithilfe der **Funktionsvorschrift** oder **Funktionsgleichung**.

Wenn der y-Wert immer das Dreifache vom x-Wert ist, lautet die Funktionsgleichung $y = 3 \cdot x$ oder $y = 3x$.[1]

Von den proportionalen Zuordnungen wissen wir, dass sie quotientengleich sind. Der Quotient $\frac{y}{x}$ ist bei allen Wertepaaren gleich und wird Proportionalitätsfaktor oder **Steigungsfaktor m** (kurz: **Steigung**)[2] genannt. Aus dem Ansatz $\frac{y}{x} = m$ ergibt sich durch Umformen die Funktionsgleichung für proportionale Zuordnungen: $\mathbf{y = m \cdot x}$.

1 Auch in Funktionsgleichungen darf man, wie in Termen, den Malpunkt weglassen.
2 Der Steigungsfaktor wird manchmal auch mit einem anderen Buchstaben bezeichnet. Mach es so, wie du es in der Schule gelernt hast.

1 kg Äpfel kostet 2,45€. Die Zuordnungstabelle ergibt:

x: Gewicht (in kg)	1	2	5
y: Preis (in €)	2,45	4,90	12,25

Als Steigungsfaktor m erhält man:
$m = \frac{2{,}45}{1} = \frac{4{,}9}{2} = \frac{12{,}25}{5} = 2{,}45.$
Die zugehörige Funktionsgleichung lautet in diesem Fall: **$y = 2{,}45 \cdot x$.**

Der Vorteil der Funktionsgleichung liegt darin, dass man mit ihrer Hilfe jedes beliebige Wertepaar ohne den Dreisatz berechnen kann.

Möchte man für das vorherige Beispiel wissen, wie viel 7 kg Äpfel kosten, rechnet man einfach $y = 2{,}45 \cdot 7 = 17{,}15$.
Antwort: 7 kg kosten 17,15€.
Auch x-Werte lassen sich berechnen:
Wie viele kg kosten 13,23€?
$13{,}23 = 2{,}45x \quad |:2{,}45$
$\Rightarrow 5{,}4 = x.$
Antwort: 5,4 kg kosten 13,23€.

Für antiproportionale Zuordnungen gilt bekanntlich die Produktgleichheit. Das Produkt $x \cdot y = c$ ist für alle Wertepaare einer Zuordnung gleich. c nennt man den **Antiproportionalitätsfaktor**. Aus der Gleichung $x \cdot y = c$ ergibt sich durch Umformen die Funktionsgleichung für antiproportionale Zuordnungen **$y = \frac{c}{x}$**.

Für das Putzen des Klassenraums benötigen 4 Schülerinnen und Schüler 90 min. Die Zuordnungstabelle ergibt:

x: Anzahl Schüler	4	8	2
y: Putzdauer (in min)	90	45	180

Als Antiproportionalitätsfaktor erhält man
$4 \cdot 90 = 8 \cdot 45 = 2 \cdot 180 = 360.$
Daraus ergibt sich die Funktionsgleichung $y = \frac{360}{x}$.
Auch hier lassen sich beliebig x- und y-Werte berechnen.

TIPP

Bei der Funktionsgleichung der antiproportionalen Zuordnung, darf der x-Wert nie Null sein, da man nicht durch Null teilen kann.

1 Entscheide, ob es sich bei der gegebenen Zuordnung um eine Funktion handelt, oder nicht.

a)

Name	Max	Anna	Felix	Hanna
Note	2	1	3	2

☐ Funktion
☐ keine Funktion

b) *Radius eines Kreises ↦ Flächeninhalt des Kreises*

☐ Funktion
☐ keine Funktion

c)

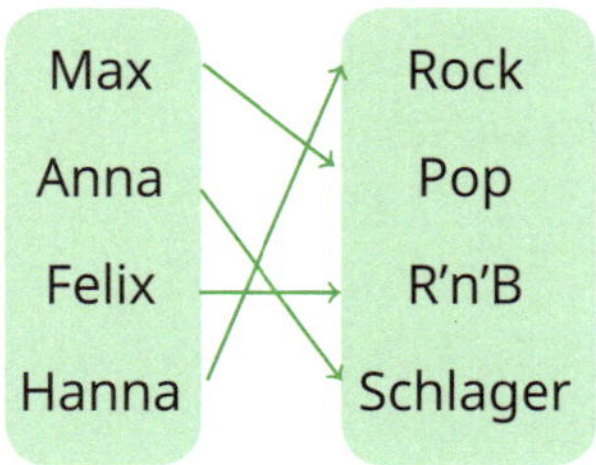

☐ Funktion
☐ keine Funktion

d)

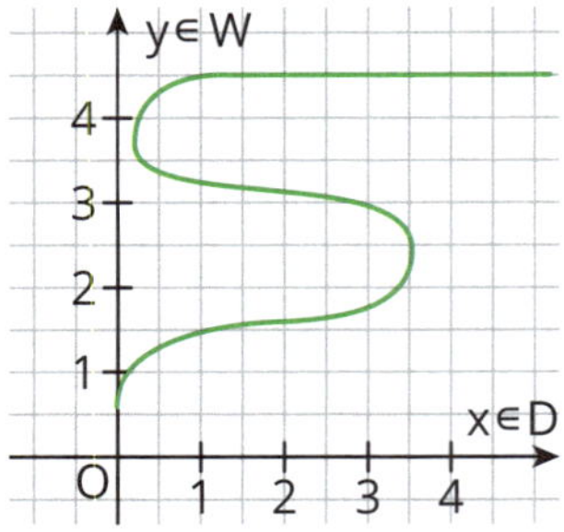

☐ Funktion
☐ keine Funktion

2 Bestimme die Funktionsgleichungen der Zuordnungen.

a) Für eine proportionale Zuordnung gilt das Wertepaar (3|21).

....

b) Von einer proportionalen Zuordnung ist der Steigungsfaktor $m = 2{,}3$ bekannt.

....

c) Der Antiproportionalitätsfaktor einer antiproportionalen Zuordnung ist $c = 25$.

....

d) Das Wertepaar (12|10) gehört zu einer antiproportionalen Zuordnung.

....

3 Berechne mithilfe der Funktionsgleichung die fehlenden Koordinaten.

a) $y = 5{,}4x$ P(6|..........)

b) $y = 0{,}75x$ P(..........|3)

c) $y = \frac{210}{x}$ P(30|..........)

d) $y = \frac{46}{x}$ $P\left(..........\middle|\frac{23}{4}\right)$

3 KÖNNEN

TEST **1. Entscheide, bei welchen der folgenden Zuordnungen es sich um Funktionen handelt.**

a) *Parkdauer ↦ Parkgebühr* ☐ Funktion ☐ keine Funktion

b) *Noten im Test ↦ Schüler* ☐ Funktion ☐ keine Funktion

c) *Stromverbrauch ↦ Strompreis* ☐ Funktion ☐ keine Funktion

2. Vervollständige die Wertepaare und zeichne den Graphen der Zuordnung.

a) $y = 2{,}5x$ (3|..........) (..........|5)

b) $y = \frac{8}{x}$ (4|..........) (..........|1)

Berechne weitere Wertepaare: (..........|..........) (..........|..........)

3. Bestimme die Funktionsgleichung und zeichne den Graphen der Funktion in ein geeignetes Koordinatensystem.

a) Eine proportionale Zuordnung enthält das Wertepaar W(2,5|7,5).

b) Eine antiproportionale Zuordnung enthält das Wertepaar W(8|2).

Lineare Funktionen

1 VERSTEHEN

Wird die Funktionsgleichung einer proportionalen Funktion um b ergänzt **$y = m \cdot x + b$**, heißt sie **lineare Funktion**.
Ihr Graph ist eine Gerade und schneidet die y-Achse im Punkt P (0 | b).

- **b** gibt den Schnitt auf der y-Achse an (**y-Achsenabschnitt**)[3].
- Der **Faktor m** gibt die **Steigung** der Geraden an. Ist **m positiv**, so steigt die Gerade an. Sie verläuft von links unten nach rechts oben. Ist m **negativ**, so fällt die Gerade. Sie verläuft von links oben nach rechts unten.
- Für die Steigung m gilt: $\mathbf{m = \frac{y_2 - y_1}{x_2 - x_1}}$ für zwei beliebige Punkte (Wertepaare) $P_1(x_1 | y_1)$ und $P_2(x_2 | y_2)$.

Mithilfe des **Steigungsdreiecks** kann man die Gerade auch ohne Anlegen einer Wertetabelle **zeichnen**.

Beispiel 1: $y = \frac{3}{2}x + 1$
$m = \frac{3}{2}$; $b = 1$

Beispiel 2: $y = -\frac{3}{2}x + 1$;
$m = -\frac{3}{2}$; $b = 1$

Beide Geraden schneiden die y-Achse bei +1.
Zuerst wird der Punkt P (0 | 1) markiert.
Ist die Steigung $m = \frac{3}{2}$ positiv (Schaubild 1) so geht man vom y-Achsenabschnitt drei Einheiten nach oben (in y-Richtung) und zwei Schritte nach rechts. (x-Richtung).
Ist $m = -\frac{3}{2}$ negativ (Schaubild 2) so geht man drei Einheiten nach oben und zwei nach links (oder zwei nach rechts und drei nach unten).

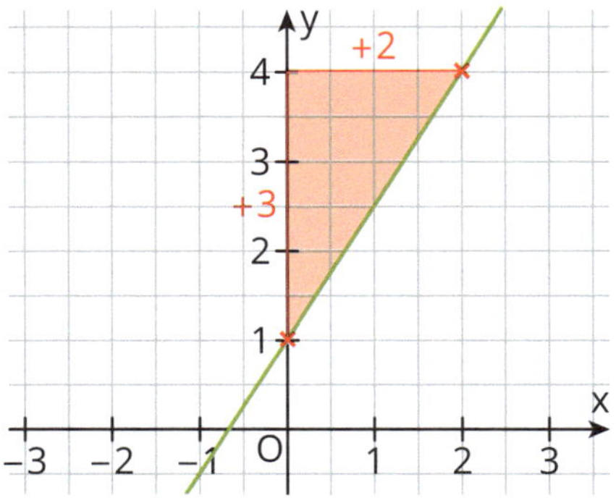

Schaubild 1

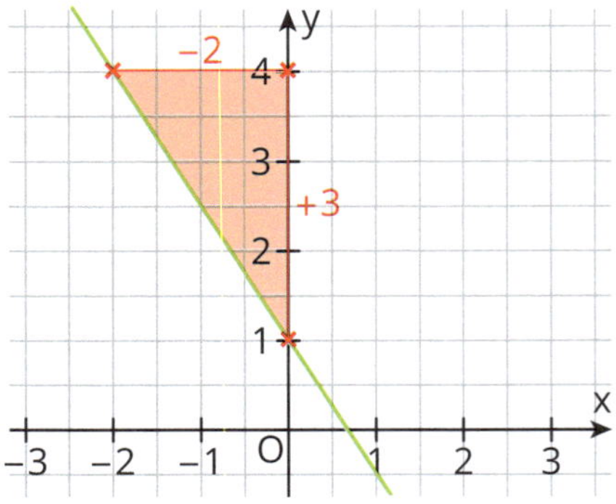

Schaubild 2

3 Auch der Achsenabschnitt b wird manchmal mit anderen Buchstaben bezeichnet. Mach es auch hier so wie du es gelernt hast.

Prüfen, ob ein Punkt auf einer Geraden liegt

Mithilfe der Funktionsgleichung $y = \frac{3}{2}x + 1$ kann man zeichnerisch und rechnerisch überprüfen, ob ein gegebener Punkt P(x|y) auf der Geraden liegt.

Liegt der Punkt P(1|2,5) auf der Geraden?

Rechnerisch:

Beide Koordinaten werden in die Gleichung eingesetzt. Wenn eine wahre Aussage entsteht, so liegt der Punkt auf dem Graphen der Funktion.

$2{,}5 = \frac{3}{2} \cdot 1 + 1$

$2{,}5 = 2{,}5$ wahre Aussage

Zeichnerisch:

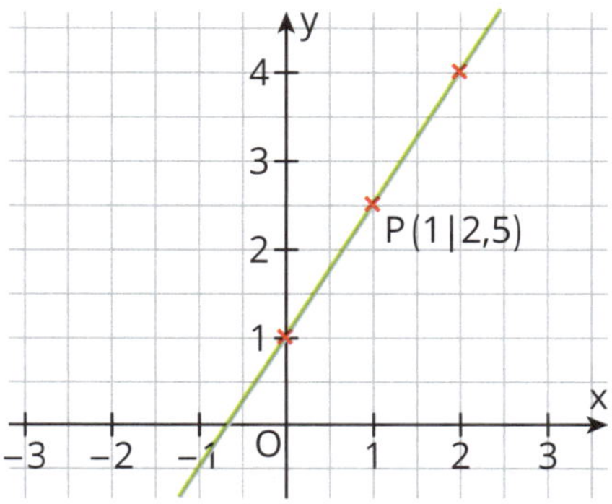

Funktionsgleichung aus zwei Punkten bestimmen

Mit der Angabe von zwei Punkten lässt sich die Funktionsgleichung aufstellen.

Die Punkte A(1|5) und B(4|8) liegen auf einer Geraden. Gib die Funktionsgleichung an.

1. Schritt: Steigung berechnen

$m = \frac{y_2 - y_1}{x_2 - x_1} = \frac{8 - 5}{4 - 1} = \frac{3}{3} = 1$

2. Schritt: y-Achsenabschnitt berechnen; A(**1**|**5**) mit m in die Gleichung $y = mx + b$ einsetzen und nach b auflösen:

$y = 1x + b$

$5 = 1 \cdot 1 + b \quad |-1$

$4 = b$

3. Schritt: Funktionsgleichung angeben $y = 1 \cdot x + 4$, also

$\mathbf{y = x + 4}$

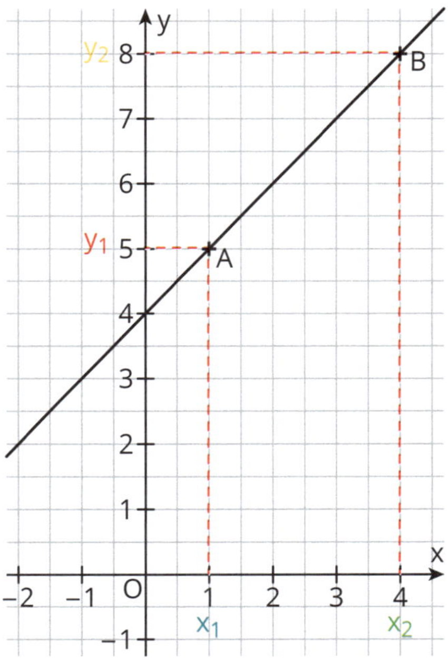

Funktionsgleichung aus einem Punkt P(x|y) und m bestimmen

Die Koordinaten sowie die Steigung m werden in die Funktionsgleichung $y = m \cdot x + b$ eingesetzt. Die Gleichung wird nach b aufgelöst.

2 ÜBEN

1 **Gib die Funktionsgleichung für die Geraden an.**

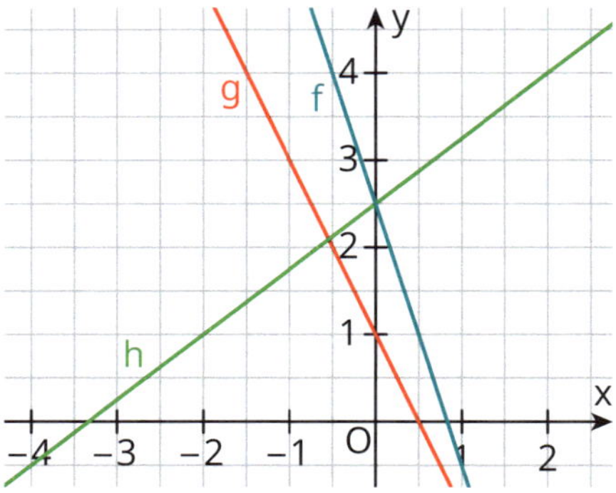

f: y = ...

g: y = ...

h: y = ...

2 **Zeichne den Graphen der Funktion.**

a) $y = 3x - 2$

b) $y = -\frac{3}{4}x - 1{,}5$

c) $y = \frac{1}{2}x - 3$

d) $y = -x - 3$

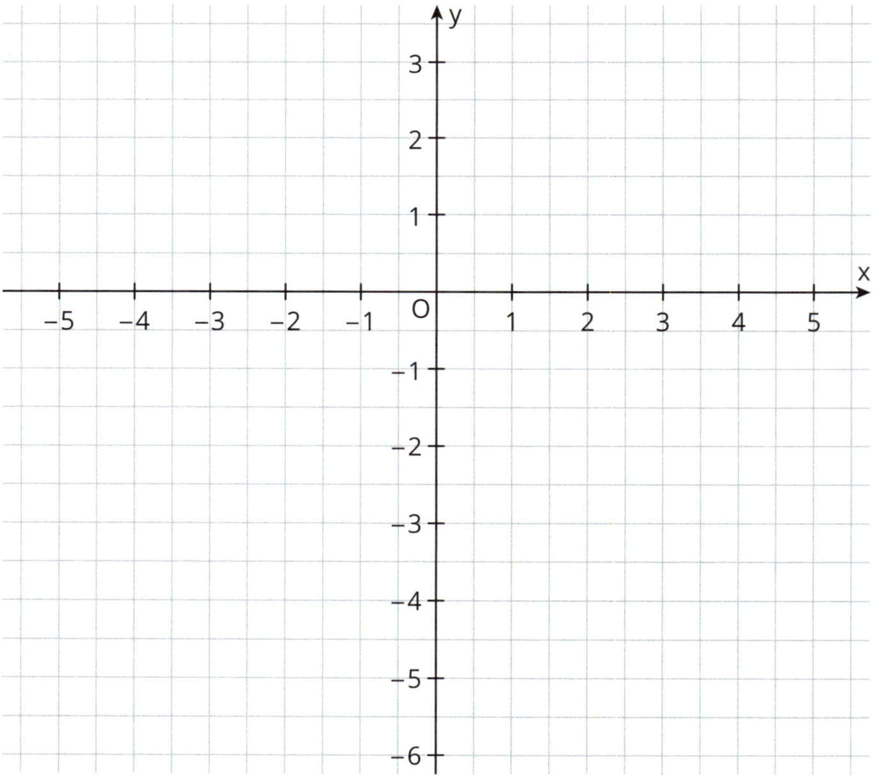

❸ Prüfe und bestimme.

a) Gegeben ist die Funktion $y = \frac{x}{10}$, überprüfe rechnerisch, ob der Punkt P(–4|5) auf der Gerade liegt.

b) Gib die Gleichung der Geraden an, die durch den Punkt P(4|6) geht und die Steigung $m = -\frac{1}{2}$ besitzt.

TEST 1. Lineare Funktionen

a) A(1|4) und B(–2,5|0,5) liegen auf einer Geraden. Bestimme die Funktionsgleichung rechnerisch und zeichne den Graphen.

b) Die Gerade zu einer linearen Funktion geht durch den Punkt P(6|3) und hat die Steigung $m = \frac{2}{3}$.
Bestimme die Funktionsgleichung und zeichne.

c) Die lineare Funktion hat die Gleichung: $y = 1{,}5x - 3$.
An welcher Stelle nimmt die Funktion den Wert 3 an?
Bestimme zeichnerisch und rechnerisch.

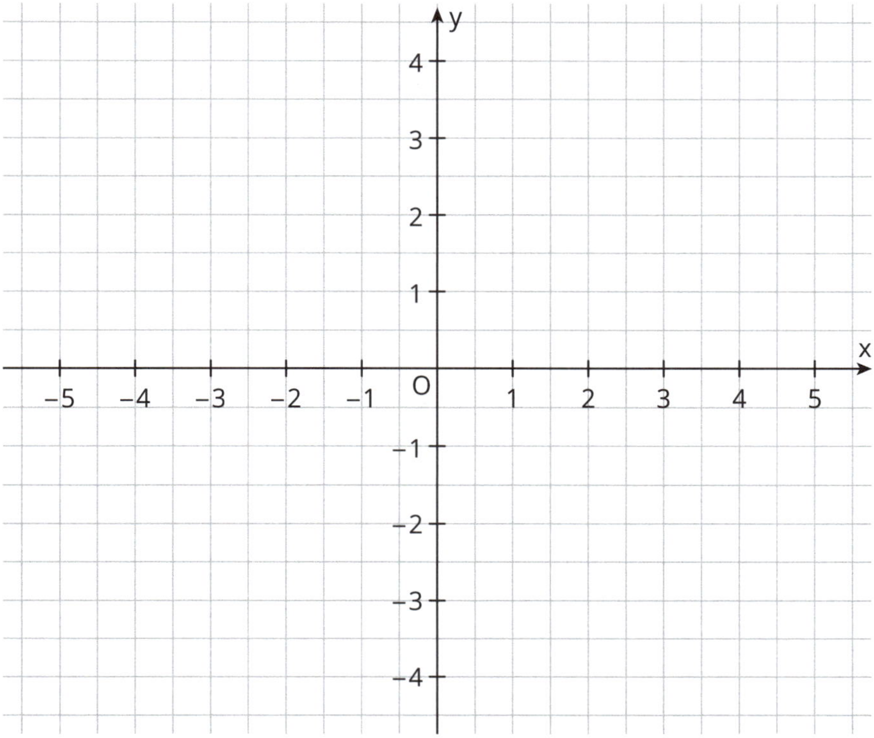

7. Daten und Zufall

Daten erfassen, absolute und relative Häufigkeit

1 VERSTEHEN

Wenn man aufschreibt, welche Fahrzeuge in welcher Anzahl vor der eigenen Haustür vorbeifahren, oder wer aus der eigenen Klasse welche Haustiere hat, dann nennt man das **Erfassen von Daten**.

Notiert man die Daten in der Reihenfolge, in der sie auftreten oder genannt werden, erhält man eine **Urliste**.

Aylin fragt in ihrer Klasse nach Lieblingsfarben, und erhält die Urliste:
Rot, Blau, Blau, Gelb, Pink, Rot, Pink, Blau, Grün, Grün, Rot, Blau

Da man nie alle Menschen befragen oder Objekte untersuchen kann, trifft man stets eine Auswahl. Man nennt diese Auswahl eine **Stichprobe** und die Anzahl der befragten Personen, untersuchten Objekte usw. den **Stichprobenumfang n** (in Aylins Liste ist $n = 12$).

Wenn man nicht an der Reihenfolge, in der die Merkmalswerte auftreten, interessiert ist, sondern an deren Häufigkeit, dann notiert man sie in einer **Strichliste**.

Aylin erhält bei ihrer Umfrage zur Lieblingsfarbe folgende Strichliste:

Lieblingsfarbe	Rot	Blau	Gelb	Pink	Grün
Nennungen	III	IIII	I	II	II

Schreibt man die Anzahl der Striche jeweils als Zahl, erhält man eine **Tabelle der absoluten Häufigkeiten**.

Aylins Umfrage ergibt folgende absoluten Häufigkeiten:

Lieblingsfarbe	Rot	Blau	Gelb	Pink	Grün	n
absolute Häufigkeit	3	4	1	2	2	12

Um zwei Stichproben miteinander zu vergleichen, die nicht denselben Stichprobenumfang haben, sind die absoluten Häufigkeiten in der Regel ungeeignet.

Maurice hat die Klassen 6 a und 6 b nach Lieblingsfarben befragt und erhält folgende Häufigkeitstabelle:

Lieblingsfarbe	Rot	Blau	Gelb	Pink	Grün	n
absolute Häufigkeit	11	14	6	8	9	48

Möchte man wissen, in welcher Stichprobe die einzelnen Merkmalswerte **im Verhältnis** häufiger genannt wurden, berechnet man die **relativen Häufigkeiten**. Dazu dividiert man die jeweilige absolute Häufigkeit durch den Stichprobenumfang. Relative Häufigkeiten werden oft in **Prozent** angegeben (zur Umrechnung siehe Seite 42).

Man erhält folgende Tabellen:

Aylin:

Lieblingsfarbe	Rot	Blau	Gelb
absolute Häufigkeit	3	4	1
relative Häufigkeit	$\frac{3}{12} = \frac{1}{4}$ (= 25 %)	$\frac{4}{12} = \frac{1}{3}$ (≈ 33 %)	$\frac{1}{12}$ (≈ 8 %)

Lieblingsfarbe	Pink	Grün	**Summe**
absolute Häufigkeit	2	2	**12**
relative Häufigkeit	$\frac{2}{12} = \frac{1}{6}$ (≈ 17 %)	$\frac{2}{12} = \frac{1}{6}$ (≈ 17 %)	**$\frac{12}{12}$ (= 100 %)**

Maurice:

Lieblingsfarbe	Rot	Blau	Gelb
absolute Häufigkeit	11	14	6
relative Häufigkeit	$\frac{11}{48}$ (≈ 23 %)	$\frac{14}{48} = \frac{7}{24}$ (≈ 29 %)	$\frac{6}{48} = \frac{1}{8}$ (≈ 13 %)

Lieblingsfarbe	Pink	Grün	**Summe**
absolute Häufigkeit	8	9	**48**
relative Häufigkeit	$\frac{8}{48} = \frac{1}{6}$ (≈ 17 %)	$\frac{9}{48} = \frac{3}{16}$ (≈ 19 %)	**$\frac{48}{48}$ (= 100 %)**

Jetzt kann man z. B. sehen, dass „Blau" in Aylins Umfrage im Verhältnis häufiger (33 %) genannt wurde als bei Maurice (29 %).

2 ÜBEN

1 Werte das Würfel-Spiel aus.

Sarah und Jonas würfeln.
Sie notieren sich, wer welche Augenzahlen gewürfelt hat.
Sarah: 3; 4; 2; 6; 4; 1; 1; 6; 3; 4; 2; 5; 3; 6; 1; 2; 5; 4
Jonas: 2; 4; 6; 2; 3; 1; 5; 5; 2; 6; 1; 4

a) Gib die Stichprobenumfänge an.

....

b) Wie nennt man die Liste, in der sich Sarah und Jonas die Werte notiert haben? ....

c) Erstelle jeweils eine Strichliste und eine Tabelle mit den absoluten Häufigkeiten.

Strichliste:

Augenzahl	1	2	3	4	5	6
Sarah						
Jonas						

Liste der absoluten Häufigkeiten:

Augenzahl	1	2	3	4	5	6
Sarah						
Jonas						

Sarah und Jonas können sich nicht einigen, wer tendenziell mehr Sechsen würfelt.

d) Berechne die jeweiligen relativen Häufigkeiten:

Augenzahl	1	2	3	4	5	6
Sarah						
Jonas						

e) Wer würfelt im Verhältnis mehr Sechsen? ....

TEST 1. Werte die Umfrage aus.

Die Schülerinnen und Schüler der 6. Klassen wurden nach ihren Lieblingstieren gefragt.

Tiere	Pferde	Hunde	Katzen	Sonstige
Nennungen	20	15	30	10

a) Berechne den Stichprobenumfang.

....

b) Erstelle eine Tabelle mit den absoluten und den relativen Häufigkeiten.

2. Werte eine andere Umfrage aus.

Herr Schneider hat sich die Noten der letzten Mathematikarbeit der 6c in einer Strichliste notiert:

Note	1	2	3	4	5	6
Häufigkeit	III	IIII	~~IIII~~	~~IIII~~	IIII	I

a) Zwei Schüler haben krankheitsbedingt nicht mitgeschrieben. Wie viele Schülerinnen und Schüler besuchen die 6c?

....

b) Erstelle eine Tabelle mit den absoluten und relativen Häufigkeiten.

3. Vervollständige die Häufigkeitstabelle.

Luisa hat eine Häufigkeitstabelle angefangen, vervollständige sie.

Automarke	Audi	BMW	Dacia	Fiat	sonstige
absolute Häufigkeit	14	20			
relative Häufigkeit	$\frac{1}{5}$		$\frac{1}{10}$	$\frac{2}{28} =$	

Daten grafisch darstellen

1 VERSTEHEN

Daten können mithilfe von grafischen Darstellungen veranschaulicht werden. Nachfolgend soll folgender Datensatz in verschiedenen Diagrammformen dargestellt werden: 26 Schülerinnen und Schüler einer Klasse wurden befragt wie viele Haustiere in ihrem Haushalt leben.

Anzahl Haustiere	keines 0	eins 1	zwei 2	drei oder mehr ≥ 3
absolute Häufigkeit	7	9	6	4
relative Häufigkeit	$\frac{7}{26} \approx 27\,\%$	$\frac{9}{26} \approx 35\,\%$	$\frac{6}{26} \approx 23\,\%$	$\frac{4}{26} \approx 15\,\%$

In einem **Bilddiagramm** oder **Piktogramm** verwendet man Bildsymbole um die Häufigkeiten der Merkmale darzustellen. Dabei muss man festlegen, welche Häufigkeit ein Symbol darstellt. Im nebenstehenden Bilddiagramm sieht man, wie viele Schüler kein, ein, zwei, drei oder mehr Haustiere haben. Dabei steht ein Strichmännchen für eine/n Schüler/in.

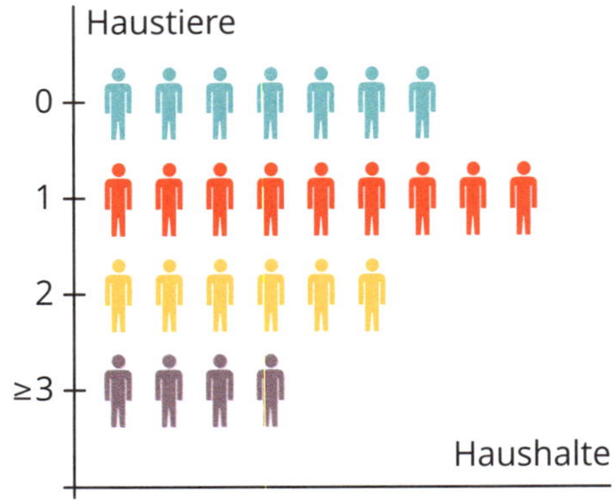

Es werden **absolute Werte** dargestellt.

Beim **Säulendiagramm** werden die Häufigkeiten auf die Länge der Säulen übertragen. Wähle dazu auf der y-Achse eine geeignete Einteilung für die Häufigkeiten, auf der x-Achse eine geeignete Einteilung für die Merkmalswerte.

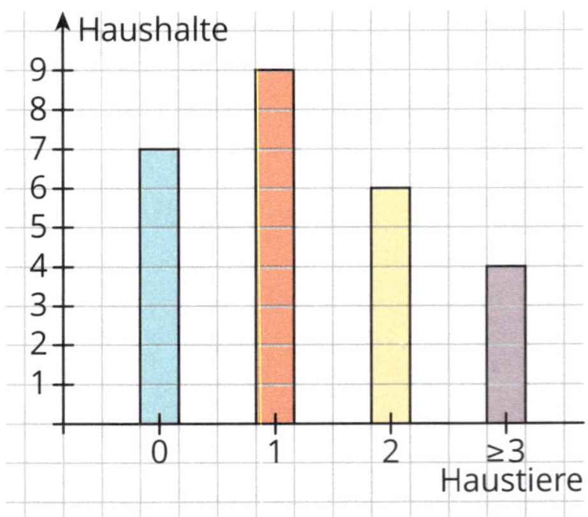

Bei einem **Balkendiagramm** (siehe Seite 155) sind die Achsen vertauscht.
Es werden **absolute Werte** dargestellt.

Für ein **Kreisdiagramm** („Tortendiagramm") teilt man einen Kreis in Kreisausschnitte („Tortenenstücke") ein. Kreisdiagramme verwendet man um zu verdeutlichen, welchen Anteil ein Wert am Ganzen hat.
Es werden also **relative Werte** dargestellt.

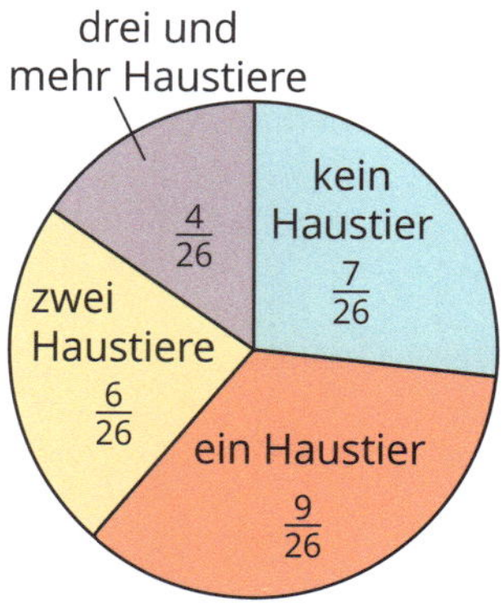

Für jeden Merkmalswert verwendet man einen Kreisausschnitt, dessen Öffnungswinkel berechnet wird, indem man die relative Häufigkeit des jeweiligen Wertes mit dem Vollwinkel (360°) multipliziert. Der Kreisausschnitt für die 7 Kinder ohne Haustiere hat beispielsweise einen Winkel von $\frac{7}{26} \cdot 360° \approx 97°$.

Ein **Streifendiagramm** ist vom Aufbau und der Aussagekraft her dem Kreisdiagramm sehr ähnlich. Allerdings wird hier kein Kreis in relative Anteile unterteilt, sondern ein Balken von beliebiger Länge.
Um **relative Anteile** zu zeigen, wählt man einen Balken, den man gut in 100 % unterteilen kann, also zum Beispiel 10 cm.

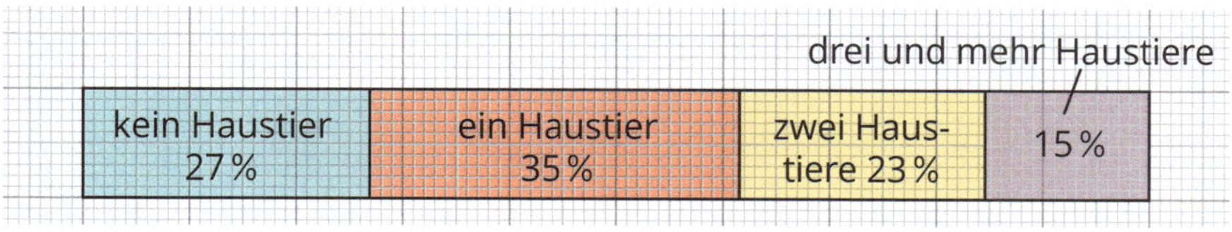

Will man die **absoluten Anteile** zeigen, achtet man auf die Gesamtzahl (hier: 26), In unserem Beispiel zeichnen wir den Balken 13 cm lang, dann können wir für 2 Kinder eine Strecke von 1 cm verwenden; also pro Haushalt ein Kästchen.

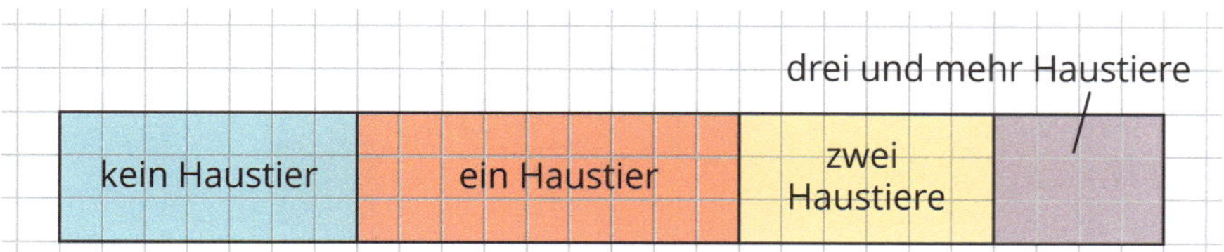

Oftmals werden im Säulen-, Kreis- und Streifendiagrammen zusätzlich Farben zur besseren Unterscheidung verwendet, auch hier haben wir für jedes Merkmal (Anzahl der Haustiere) dieselbe Farbe verwendet.

2 ÜBEN

1 Werte das Säulendiagramm einer Notenverteilung aus.

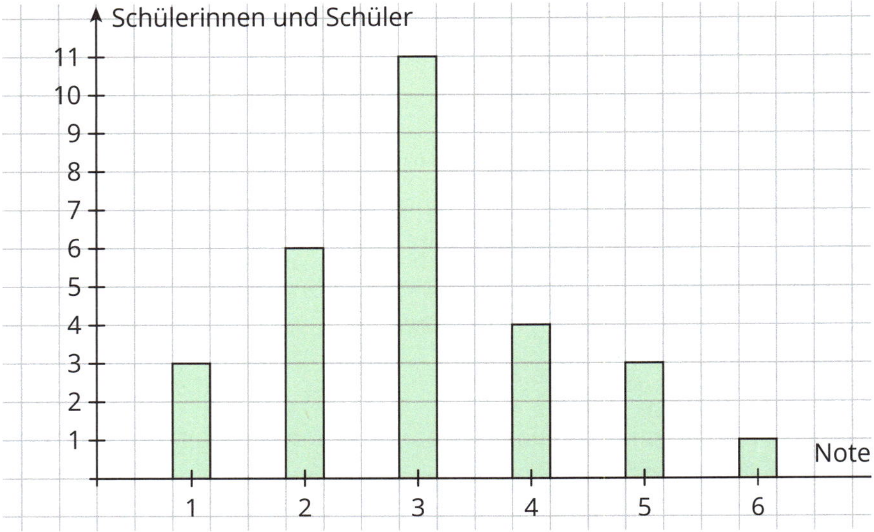

a) Wie viele Schüler/innen haben eine „2" geschrieben? ....

b) Wie viele Arbeiten waren schlechter als Note 3? ....

c) Wie oft gab es mindestens die Note „gut"? ....

2 Werte das Bilddiagramm aus.

Tim zählt, wie viele Gummibärchen von jeder Farbe in einer Tüte sind und stellt das Ergebnis in einem Bilddiagramm dar.

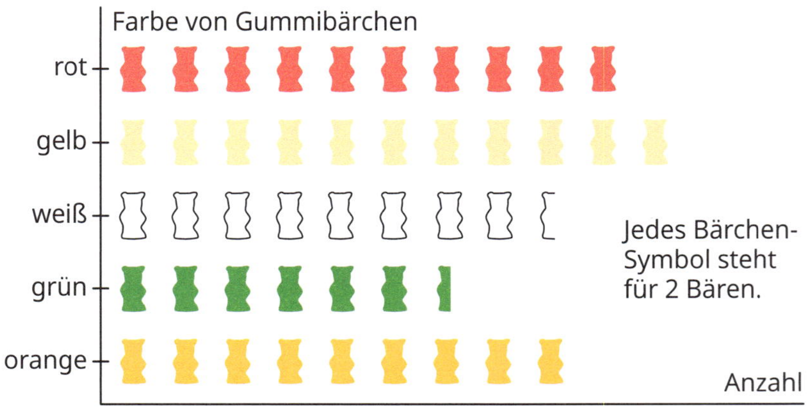

a) Wie viele Bären waren in der Tüte?

b) Bestimme die Anzahl der Bären, die weder weiß noch grün waren.

3 Du beschließt, Tim bei der Dokumentation seiner „Gummibärchen-Forschung“ (Aufgabe 2) zu unterstützen.

a) Erstelle eine Tabelle mit den absoluten und relativen Häufigkeiten der einzelnen Farben.
b) Stelle die relativen Häufigkeiten in einem Kreisdiagramm dar.

TEST

1. Werte die Umfrage aus.

Jonah führt in der 6a und 6b eine Umfrage durch, welche Sportarten betrieben werden. Er erhält: 14 Fußball, 7 Reiten, 6 Handball, 5 Leichtathletik, 6 sonstige, 11 keine

a) Wie viele Schüler hat er befragt? ....
b) Erstelle ein Säulendiagramm.
c) Berechne die relativen Häufigkeiten und stelle sie in einem Streifendiagramm dar.

2. Erstelle eine Häufigkeitstabelle.

Bei einer Fahrradkontrolle wurden an 20 Rädern Mängel festgestellt.

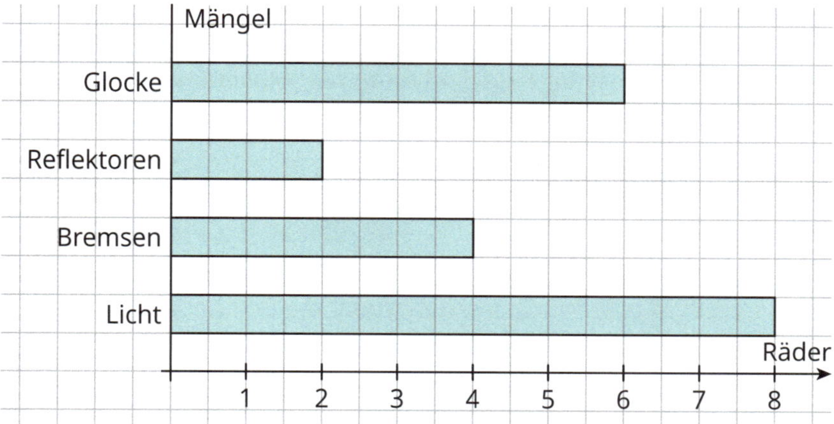

Erstelle eine Tabelle mit absoluten und relativen Häufigkeiten.

Statistische Kenngrößen, Boxplots

1 VERSTEHEN

Neben der grafischen Darstellung einer Datenliste gibt es verschiedene charakteristische **statistische Kenngrößen**, die helfen, einen Datensatz zu bewerten und ihn mit anderen zu vergleichen.

Der **Mittelwert** oder das **arithmetische Mittel** entspricht dem „Durchschnitt" eines Datensatzes. Berechnet wird er, indem man alle Werte addiert und die Summe durch die Anzahl der Werte dividiert.

$$\text{Mittelwert} = \frac{x_1 + x_2 + x_3 + \ldots + x_n}{n}$$

Der Mittelwert der Zahlen 3, 5, 7, 8, 9 beträgt $\frac{3+5+7+8+9}{5} = 6{,}4$

Der **Median** (auch Zentralwert oder **mittleres Quartil**) ist der Wert, der **in der Mitte** einer Rangliste von Daten steht, die der Größe nach sortiert sind. Bei einer ungeraden Anzahl von Werten ist es genau der Wert in der Mitte, bei einer geraden Anzahl das arithmetische Mittel der beiden Werte links und rechts der Mitte.

4; 5; 8; 10; 11; 11; 13 ungerade Anzahl ⇒ Median = 10

4; 5; 8; 10; 11; 11; 13; 15 gerade Anzahl ⇒ Median = $\frac{10+11}{2} = 10{,}5$

Der **Modalwert** ist der Wert, der am häufigsten in einer Liste vorkommt.

Der Modalwert in der Liste 4; 5; 8; 10; 11; 11; 13 ist die 11.

Minimum/**Maximum** sind der kleinste/größte Wert in einer Liste.
Die **Spannweite** ist die Differenz zwischen Maximum und Minimum.

Liste: 4; 5; 8; 10; 11; 11; 13; 15; Minimum 4; Maximum 15.
Spannweite 15 – 4 = 11

Ein **Boxplot** ist eine übersichtliche grafische Darstellung all dieser Kenngrößen. Zusätzlich braucht man den Median der unteren Hälfte der Werte (**unteres Quartil**) und den der oberen Hälfte (**oberes Quartil**). Die mittleren 50 % aller Werte werden durch die Box hervorgehoben, die anderen 50 % verteilen sich zu je 25 % auf die beiden Antennen.

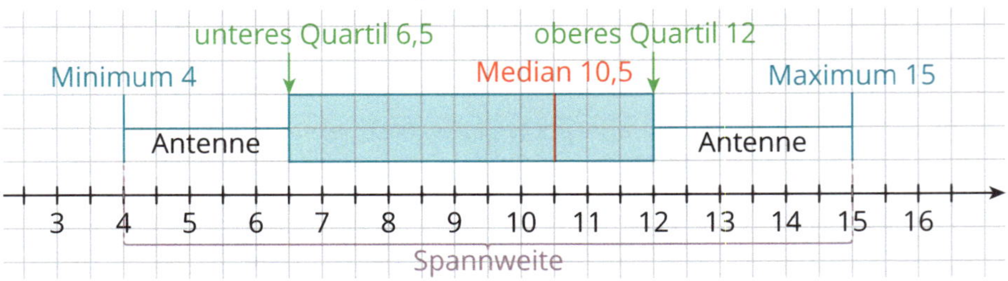

2 ÜBEN

1 Löse die Textaufgabe.

In der Klasse 8a wird von 10 zufällig ausgewählten Personen die Körpergröße bestimmt und aufgeschrieben: 1,53 m; 1,46 m; 1,71 m; 1,65 m; 1,53 m; 1,67 m; 1,69 m; 1,58 m; 1,73 m; 1,62 m.

a) Berechne die Durchschnittsgröße der 10 Schülerinnen und Schüler.
b) Bestimme den Median und den Modalwert.

2 Löse.

Zwei Messreihen ergaben folgende Werte:

Reihe 1	41	52	35	37	62	48	42	39	42	51
Reihe 2	50	37	51	47	39	58	46	40	55	

a) Erstelle aus den Daten zwei der Größe nach sortierte Ranglisten.
b) Bestimme für beide Messreihen den Median, das arithmetische Mittel und den Modalwert.
c) Bestimme für beide Reihen Minimum, Maximum und Spannweite.
d) Bestimme einen weiteren Wert für die Reihe 2, sodass ihr neuer Median 48 ist.
e) Erstelle zwei Boxplots und vergleiche sie.

3 KÖNNEN

TEST 1. Bestimme von 10; 8; 15; 21; 30; 8; 17; 23

a) den Mittelwert;
b) Median, Modalwert, Minimum, Maximum und Spannweite.

2. Löse die Textaufgabe.

13 Schülerinnen und Schüler haben ihren Ruhepuls gemessen:

43	57	45	55	57	46	48	61	53	51	49	52	45

a) Berechne das arithmetische Mittel.
Welche Bedeutung hat es im Sachzusammenhang?
b) Stelle die Ergebnisse in einem Boxplot dar.

Zufallsexperimente, Ereignisse, Wahrscheinlichkeiten

1 VERSTEHEN

Wenn man würfelt, eine Münze wirft, Lotto oder Poker spielt, führt man, mathematisch betrachtet, **Zufallsexperimente** durch. Bei einem Zufallsexperiment ist der Vorgang zwar genau beschreibbar und beliebig oft wiederholbar, dessen Ausgang aber ungewiss. Jeder mögliche Versuchsausgang wird als **Ergebnis** bezeichnet. Alle Ergebnisse werden zur **Ergebnismenge** $\mathbf{S = \{e_1; e_2, e_3; ...\}}$ zusammengefasst.

Beim Würfel sind die Ergebnisse 1; 2, ...; 6 denkbar, die Ergebnismenge lautet also $S = \{1; 2; 3; 4; 5; 6\}$.
Beim Werfen einer Münze ist die Ergebnismenge: $S = \{\text{Kopf}; \text{Zahl}\}$

Die Ergebnisse eines Zufallsexperiments mit einer bestimmten Eigenschaft bilden zusammen ein **Ereignis**. Beim Würfeln kann es beispielsweise sein, dass nur die geraden Augenzahlen interessieren, dann lautet das entsprechende Ereignis:

E: *Es wird eine gerade Augenzahl geworfen* (**beschreibende Form**),
bzw.: $E = \{2; 4; 6\}$ (**aufzählende Form**).

Ereignisse sind stets Teilmengen der Ergebnismenge S.
Ereignisse mit nur einem Ergebnis nennt man **Elementarereignisse**.

A: *Es wird eine Sechs gewürfelt*, bzw. $A = \{6\}$.

Alle Ergebnisse der Ergebnismenge, die *nicht* zu einem Ereignis gehören, bilden zusammen das **Gegenereignis** $\overline{\mathbf{E}}$ (lies: E quer).

Zum Ereignis E: *Es wird eine gerade Zahl gewürfelt* ist das Gegenereignis $\overline{E}$: *Es wird eine ungerade Zahl gewürfelt,* bzw. $\overline{E} = \{1; 3; 5\}$.
Entsprechend $\overline{A}$: *Es wird keine Sechs gewürfelt*; $\overline{A} = \{1; 2; 3; 4; 5\}$.

Treten bei einem Zufallsexperiment alle Ergebnisse mit der gleichen Wahrscheinlichkeit auf, spricht man von einem **Laplace-Experiment.** Die Wahrscheinlichkeit p(E) für ein Ereignis E lässt sich in diesem Fall mit der **Laplace-Formel** berechnen:

$$p(E) = \frac{\text{Anzahl der für E günstigen Ergebnisse}}{\text{Anzahl aller möglichen Ergebnisse}} \quad \text{oder kurz:} \quad p(E) = \frac{|E|}{|S|}.$$

Für E: *Es wird eine gerade Zahl gewürfelt* sind drei Zahlen günstig (2; 4; 6) von insgesamt sechs möglichen (1; 2; ... 6).
Es gilt daher: $p(E) = \frac{3}{6} = \frac{1}{2}$. Entsprechend $p(A) = \frac{1}{6}$.

Es gelten folgende Zusammenhänge:

$p(S) = \frac{|S|}{|S|} = 1;\ p(\overline{E}) + p(E) = p(S) = 1,$ bzw. $p(\overline{E}) = 1 - p(E).$

Führt man das Zufallsexperiment „Werfen mit einer Reißzwecke“ durch, bleibt sie entweder auf dem Kopf oder der Seite liegen. Die Wahrscheinlichkeiten dafür sind nicht bekannt. Führt man das Experiment sehr häufig durch, nähern sich die relativen Häufigkeiten der Ergebnisse (Kopf oder Seite) immer mehr der tatsächlichen Wahrscheinlichkeit an. Kurz gesagt: mit sehr lange Versuchsreihen kann man die Wahrscheinlichkeit für ein Ereignis **experimentell** bestimmen.

Sandra wirft eine Reißzwecke und zählt, wie oft sie auf der Seite liegen bleibt.

Anzahl Würfe	100	200	500	800	1000
Häufigkeit Seite	66	121	305	487	604
relative Häufigkeit	0,66	0,605	0,61	0,609	0,604

Für das Ereignis A: *Reißzwecke bleibt auf der Seite liegen* scheint zu gelten: $p(A) = 0{,}6$.

2 ÜBEN

1 Beschreibe Ereignisse beim Würfeln.

Es wird mit einem „fairen“ Würfel gewürfelt. Bei einem fairen Würfel erscheinen alle Zahlen mit der gleichen Wahrscheinlichkeit.

a) Gib die Ereignisse in aufzählender Form an.

A: *Die Augenzahl ist ungerade.* A = {..............................}

B: *Die Augenzahl ist durch 3 teilbar.* B = {..............................}

C: *Die Augenzahl ist eine Primzahl.* C = {..............................}

D: *Die Augenzahl ist mindestens 4.* D = {..............................}

b) Gib die Ereignisse in beschreibender Form an.

E = {5; 6} E: ....

F = {1; 4} F: ....

G = {2; 3} G: ....

2 Bestimme die Wahrscheinlichkeiten der Ereignisse aus Aufgabe 1 a).

....

....

3 Bestimme Wahrscheinlichkeiten beim Skatspiel.

Ein Skatspiel enthält von jeder Spielfarbe (Karo ♦, Herz ♥, Pik ♠, Kreuz ♣) jeweils acht Spielkarten: 7, 8, 9, 10, Bube, Dame, König (Bildkarten), As. Bestimme die Wahrscheinlichkeit dafür, dass eine beliebig gezogene Karte ...

A: das Kreuz-As ist. ....

B: ein As ist. ....

C: eine Herz-Karte ist. ....

D: eine schwarze Karte ist. ....

E: eine Bildkarte ist. ....

4 Berechne für das nebenstehende Glücksrad.

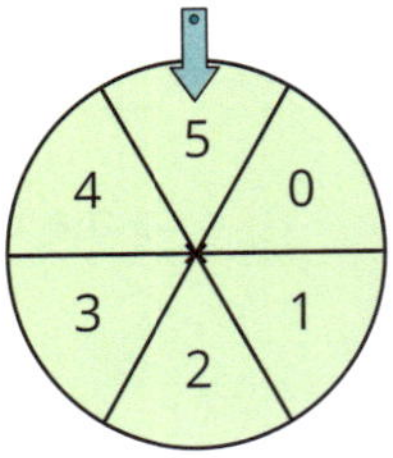

a) Wie groß müssen die Winkel der Sektoren sein, damit das Drehen ein Laplace-Experiment ist?

....

b) Berechne die Wahrscheinlichkeit für das Ereignis ...

A: *Es wird die Zahl 3 gedreht.* ....

B: *Die gedrehte Zahl ist eine Primzahl.* ....

c) Bestimme mögliche Ereignisse E_1, E_2 und E_3, die die Wahrscheinlichkeiten $p(E_1) = \frac{1}{2}$; $p(E_2) = \frac{1}{3}$; $p(E_3) = \frac{2}{3}$ haben.

....

....

5 Bestimme die Wahrscheinlichkeit dass eine zufällig ausgewählte Person …

a) im gleichen Monat Geburtstag hat wie du? ....

b) am gleichen Tag Geburtstag hat wie du? ....

3 KÖNNEN

TEST

1. Ziehen aus der Urne

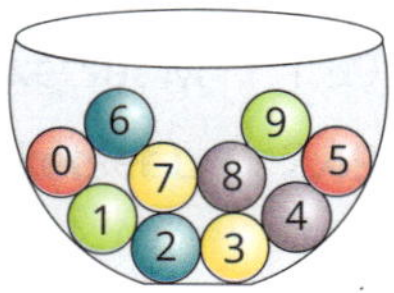

Eine Urne enthält Kugeln mit den Ziffern 0 bis 9. Marie hat schon die Kugel mit der 2 gezogen. Sie zieht eine zweite Kugel.

a) Wie groß ist die Wahrscheinlichkeit, dass Marie die „3" zieht?
b) Wie groß ist die Wahrscheinlichkeit, dass Marie eine Kugel mit gerader Ziffer zieht?
c) Wie groß ist die Wahrscheinlichkeit, dass die Quersumme aus den beiden gezogenen Ziffern größer ist als 7?

2. Drehen eines Glücksrades

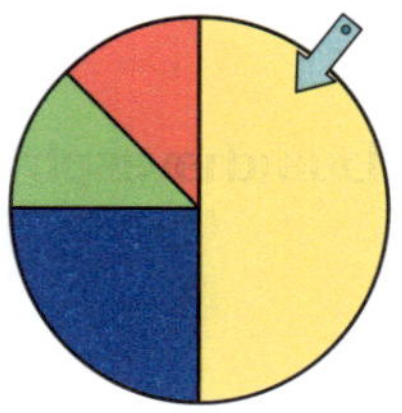

Das abgebildete Glücksrad wird gedreht. Berechne die Wahrscheinlichkeiten für folgende Ereignisse in deinem Heft.

A: *Der Zeiger bleibt auf gelb stehen.*
B: *Der Zeiger bleibt auf grün stehen.*
C: *Der Zeiger zeigt auf grün oder rot.*

3. Eine Urne enthält 10 Kugeln mit den Zahlen 0 bis 9. Eine Kugel wird gezogen.

a) Gib die folgenden Ereignisse in aufzählender Form an.
A: *Die Zahl ist eine Primzahl.* C: *Die Zahl ist kleiner als 4.*
B: *Die Zahl ist durch 4 teilbar.* D: *Die Zahl ist durch 5 teilbar.*
b) Beschreibe die Gegenereignisse aus a) in Worten und berechne ihre Wahrscheinlichkeiten.

Mehrstufige Zufallsexperimente, Baumdiagramm

1 VERSTEHEN

Würfelt man mit zwei Würfeln oder mehrmals hintereinander, zieht man mehrere Kugeln aus einer Urne oder dreht ein Glücksrad mehrfach, so führt man ein **mehrstufiges Zufallsexperiment** durch.
Die Ergebnisse mehrstufiger Zufallsexperimente werden als **geordnete Paare, Tripel** usw. aufgeschrieben.

Ein Würfel wird zweimal hintereinander geworfen.
Die Ergebnismenge $S = \{1\text{-}1; 1\text{-}2; 1\text{-}3; \ldots; 6\text{-}5; 6\text{-}6\}$ mit $|S| = 36$.

Mehrstufige Zufallsexperimente lassen sich mithilfe von **Baumdiagrammen** sehr übersichtlich darstellen (vgl. Seite 163). Dabei stellt jeder Knotenpunkt ein Ergebnis für die jeweilige Experimentstufe dar. Von jedem Knotenpunkt führen Teilpfade („Äste") zu den möglichen Ergebnissen der nächsten Stufe. An die Teilpfade schreibt man die jeweiligen Teilwahrscheinlichkeiten. An das Ende jedes Gesamtpfades kann man das Ergebnispaar, -tripel … sowie die Ergebniswahrscheinlichkeit schreiben.

Achtung: **„Ziehen ohne Zurücklegen"** bedeutet, dass von Stufe zu Stufe die Anzahl Elemente um eins abnimmt, da das gezogene nicht zurückgelegt wird. Dadurch verändern sich die Einzelwahrscheinlichkeiten.

TIPP

Die Summe aller Einzelwahrscheinlichkeiten der Teilpfade innerhalb einer Stufe des Experiments ergibt immer 1.
Damit kannst du dein Baumdiagramm kontrollieren.

Zur Berechnung von Wahrscheinlichkeiten bei mehrstufigen Zufallsexperimenten wendet man die Pfadregeln an.

- **1. Pfadregel** (Produktregel): Die Wahrscheinlichkeit eines **Ergebnisses** entspricht dem **Produkt aller Einzelwahrscheinlichkeiten** entlang des zugehörenden Pfades.
- **2. Pfadregel** (Summenregel): Die Wahrscheinlichkeit eines **Ereignisses** entspricht der **Summe aller zugehörenden Ergebniswahrscheinlichkeiten**.

  Eine Reißzwecke wird zweimal geworfen. Sie bleibt entweder auf dem Kopf (K) oder der Seite (S) liegen. Die Wahrscheinlichkeit für Kopf ist $p(K) = 0{,}4$, die für Seite $p(S) = 0{,}6$.

Wie groß ist die Wahrscheinlichkeit, dass sie mindestens einmal auf dem Kopf liegen bleibt? Für das Ereignis gilt: $E = \{KS; SK; KK\}$.

$$p(E) = p(KS) + p(SK) + p(KK)$$
$$= 0{,}4 \cdot 0{,}6 + 0{,}6 \cdot 0{,}4 + 0{,}4 \cdot 0{,}4$$
$$= 0{,}64$$

$p(E) = 64\,\%$

(Wahrscheinlichkeiten werden häufig in Prozent angegeben).

Baumdiagramm

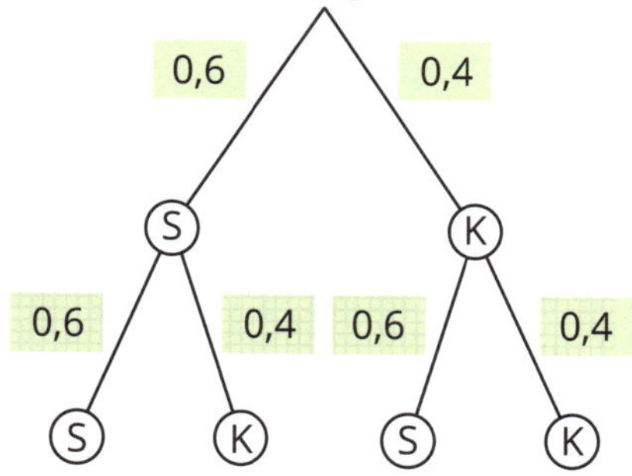

TIPP

Häufig geht es schneller, die Wahrscheinlichkeit eines Ereignisses mithilfe der Wahrscheinlichkeit des Gegenereignisses zu berechnen.

Für das Beispiel von eben:

$\overline{E}$: *Die Reißzwecke bleibt keinmal auf dem Kopf liegen.*

$\overline{E} = \{SS\}$; $p(\overline{E}) = 0{,}6 \cdot 0{,}6 = 0{,}36 \Rightarrow p(E) = 1 - p(\overline{E}) = 1 - 0{,}36 = 0{,}64$

2 ÜBEN

1 In einer Urne befinden sich 6 rote und 8 blaue Kugeln. Es werden nacheinander zwei Kugeln mit Zurücklegen gezogen.

a) Zeichne ein Baumdiagramm.

b) Wie groß ist die Wahrscheinlichkeit, dass zwei rote Kugeln gezogen werden?

....

c) Wie groß ist die Wahrscheinlichkeit, dass zuerst eine blaue und dann eine rote Kugel gezogen wird?

....

d) Mit welcher Wahrscheinlichkeit wird eine blaue und eine rote Kugel gezogen?

....

❷ Vervollständige die angefangenen Baumdiagramme.

a)

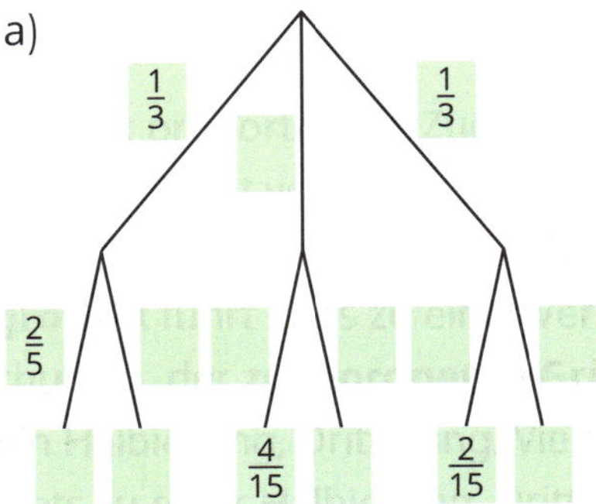

b)

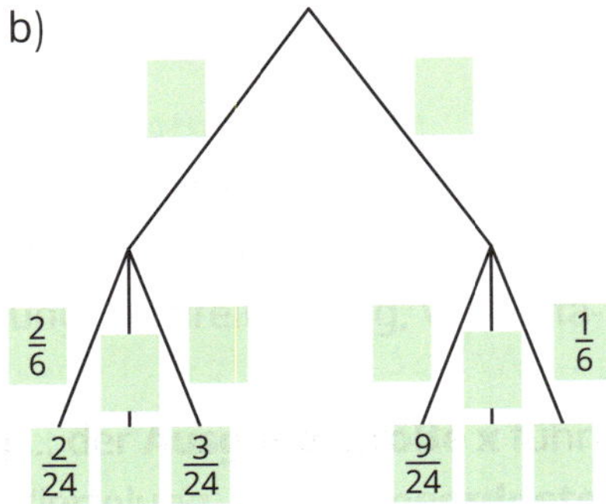

❸ Beim „Mensch-ärgere-dich-nicht-Spiel“ darfst du erst dann mit einer Spielfigur starten, wenn du eine 6 gewürfelt hast. Du darfst pro Spielrunde maximal dreimal würfeln.

a) Erstelle ein Baumdiagramm für die erste Spielrunde.
(Tipp: Da es egal ist, welche Zahl du würfelst wenn es keine 6 ist, kannst du alle anderen Zahlen als „nicht 6“ ($\overline{6}$) zusammenfassen.)

b) Wie groß ist die Wahrscheinlichkeit, dass du in der ersten Runde starten darfst?

....

❹ Aus einer Urne mit 4 roten, 3 blauen und 2 gelben Kugeln werden nacheinander ohne Zurücklegen zwei Kugeln gezogen.

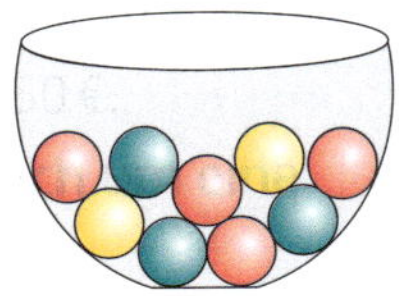

a) Zeichne ein Baumdiagramm.

b) Mit welcher Wahrscheinlichkeit zieht man zwei gleichfarbige Kugeln?

....

❺ Die Statistik zeigt, dass die Wahrscheinlichkeit für eine Jungengeburt (J) 0,515 und für eine Mädchengeburt (M) 0,485 beträgt.

a) Zeichne ein Baumdiagramm für das „Experiment“ Jungen- oder Mädchengeburt für eine Familie mit drei Kindern.

b) Mit welcher Wahrscheinlichkeit hat die Familie nur Jungen (Mädchen)?

....

TEST **1. Ergänze die Baumdiagramme.**

a)

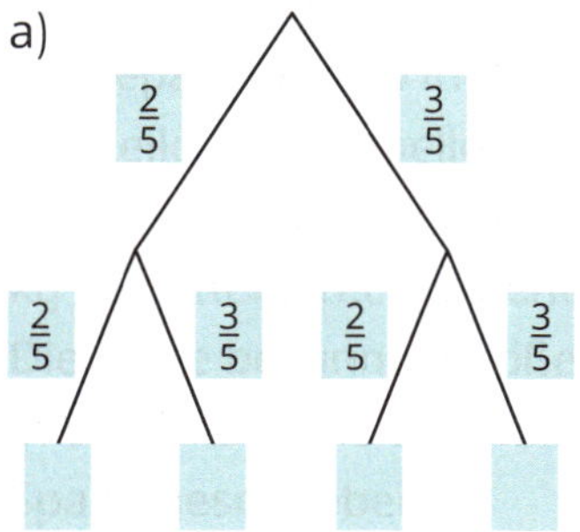

b)

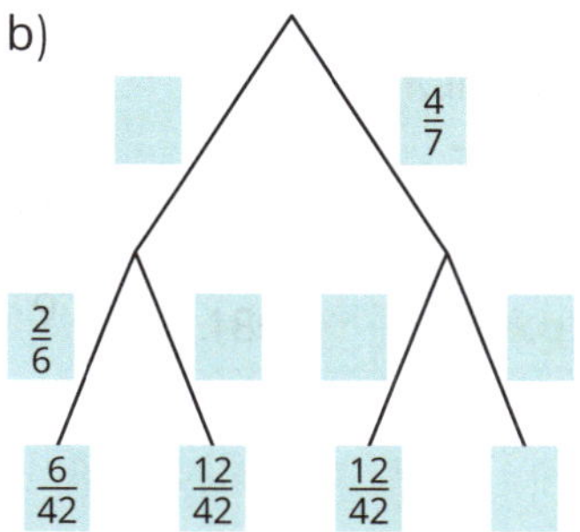

2. Wahrscheinlichkeiten im Skatspiel.

Aus einem Skatspiel werden nur die Bildkarten (Bube, Dame, König) von jeder Spielfarbe (Karo ♦; Herz ♥; Pik ♠; Kreuz ♣) verwendet. Es werden zwei Karten ohne Zurücklegen gezogen, wobei nur das Bild interessiert.

a) Zeichne ein Baumdiagramm.

b) Mit welcher Wahrscheinlichkeit werden zwei Damen gezogen?

....

c) Wie hoch ist die Wahrscheinlichkeit dafür, dass mindestens einmal Bube auftaucht?

....

d) Wie groß ist die Wahrscheinlichkeit für zwei verschiedene Karten?

....

Lösungen

1. Natürliche Zahlen

Auf dem Zahlenstrahl darstellen und ordnen

Seite 7 **1** 200, 450, 1100

2

3
a) 45 < 55
b) 34 > 12
c) 78 < 98
d) 123 < 124
e) 211 > 112
f) 131 < 313

4
a) Alle Ziffern von 0 bis 7 können eingesetzt werden, z. B.: 2785 > 2775
b) 115 < 215
c) Beim ersten Platzhalter können die Ziffern 8 oder 9, beim zweiten 7, 8 oder 9 eingesetzt werden, z. B.: 6672 < 6682 < 6762

TEST

1. 219 < 311 < 381 < 1234 < 3100 < 5001 < 9876 < 12 121 < 12 122
Wenn alle Zahlen richtig sortiert sind, bekommst du zwei Punkte.

2. Die Zahlen 482 790 und 561 054 sind größer als 482 789.
482 789 < 482 790 < 482 791; 561 053 < 561 054 < 561 055
Du bekommst zwei Punkte für die richtig gefundenen Zahlen und je einen Punkt für die richtigen Vorgänger und Nachfolger.

Auswertung zum Test: Von insgesamt 8 Punkten hast du .... Punkte erreicht.

Super!	In Ordnung!	Bitte noch einmal üben!
8 bis 7 Punkte	6 bis 5 Punkte	Weniger als 5 Punkte

Zehnersystem, Stellenwertsystem, Zehnerpotenzen

Seite 9 **1**
a) 892 178: achthundertzweiundneunzigtausendeinhundertachtundsiebzig
$8 \cdot 10^5 + 9 \cdot 10^4 + 2 \cdot 10^3 + 1 \cdot 10^2 + 7 \cdot 10^1 + 8 \cdot 10^0$
b) 5 633 120: fünf Millionen sechshundertdreiunddreißigtausendeinhundertzwanzig
$5 \cdot 10^6 + 6 \cdot 10^5 + 3 \cdot 10^4 + 3 \cdot 10^3 + 1 \cdot 10^2 + 2 \cdot 10^1$
c) 2 456 320 120: zwei Milliarden vierhundertsechsundfünzig Millionen dreihundertzwanzigtausendeinhundertzwanzig
$2 \cdot 10^9 + 4 \cdot 10^8 + 5 \cdot 10^7 + 6 \cdot 10^6 + 3 \cdot 10^5 + 2 \cdot 10^4 + 0 \cdot 10^3 + 1 \cdot 10^2 + 2 \cdot 10^1$

2

	Mrd.	HM	ZM	M	HT	ZT	T	H	Z	E
a)			8	0	7	3	8	1	7	2
b)	5	0	1	2	7	8	8	0	0	1
c)		1	2	3	4	5	6	7	8	9
d)				5	7	0	0	0	0	8
e)	8	0	8	7	3	0	0	0	0	6

3 a) 3 400 708 b) 770 777

4 1. Schritt: vereinheitlichen

$4 \cdot 10^1 = 40$ $12 \cdot 10^1 = 120$ $1 \cdot 10 = 10$ $94 \cdot 10^0 = 94$

$5 \cdot 10^3 = 5000$ 134

siebenhundertdreiundvierzig = 743

neunhundertzweiundsiebzigtausend = 972 000

Lösung: 972 000 > 5000 > 743 > 134 > 120 > 94 > 40 > 10

TEST

a) $1 \cdot 10^5 + 6 \cdot 10^4 + 7 \cdot 10^3 + 8 \cdot 10^2 + 0 \cdot 10^1 + 6$
= 100 000 + 60 000 + 7000 + 800 + 0 + 6 = 167 806
einhundertsiebenundsechzigtausendachthundertsechs

b) $4 \cdot 10^7 + 5 \cdot 10^6 + 6 \cdot 10^5 + 2 \cdot 10^4 + 4 \cdot 10^3 + 5 \cdot 10^2 + 1$
= 40 000 000 + 5 000 000 + 600 000 + 20 000 + 4000 + 500 + 1
= 45 624 501
fünfundvierzig Millionen sechshundertvierundzwanzigtausendfünfhunderteins

c) $8 \cdot 10^6 + 7 \cdot 10^5 + 5 \cdot 10^4 + 8 \cdot 10^3 + 4 \cdot 10^2 + 5 \cdot 10^1 + 5$
= 8 000 000 + 700 000 + 50 000 + 8000 + 400 + 50 + 5
= 8 758 455
acht Millionen siebenhundertachtundfünfzigtausendvierhundertfünfundfünfzig

Pro Teilaufgabe gibt es drei Punkte, zwei für die Zahl, einen für die Beschreibung in Worten.

Auswertung zum Test: Von insgesamt 9 Punkten hast du .... Punkte erreicht.

Super!	In Ordnung!	Bitte noch einmal üben!
9 bis 8 Punkte	7 bis 6 Punkte	Weniger als 6 Punkte

Runden

1 a) 3679 ≈ 3680 b) 45 389 ≈ 45 390 c) 43 014 ≈ 43 010 **Seite 10**
d) 888 ≈ 890 e) 12 345 ≈ 12 350 f) 654 ≈ 650

2 a) 45 130 ≈ 45 100 b) 987 654 ≈ 987 700
c) 68 754 ≈ 68 800 d) 4444 ≈ 4400

3 a) 15 891 ≈ 16 000 b) 409 001 ≈ 409 000 **Seite 11**
c) 135 790 ≈ 136 000 d) 999 999 ≈ 1 000 000

4 a) 12 345 678 ≈ 12 350 000 b) 18 800 ≈ 20 000
c) 1 453 891 ≈ 1 450 000 d) 111 111 ≈ 110 000

5 a) 30: Möglich sind alle Zahlen zwischen 25 und 34.
5010: Möglich sind alle Zahlen zwischen 5005 und 5014.
b) 7800: Möglich sind alle Zahlen zwischen 7750 und 7849.
431 800: Möglich sind alle Zahlen zwischen 431 750 und 431 849.
c) Die größte Zahl ist die 788 499, die kleinste Zahl 787 500.

TEST

1. a) 100 000 000 b) 124 000 c) 111 222 400
d) 960 000 e) 810 000 f) 300 000 000

Für jede richtig gelöste Teilaufgabe gibt es einen Punkt.

2. Falsch gerundet waren (1), (4), (5) und (6).

(1) 10 480 000 (3) 77 000 (5) 2 400 000

(2) 56 740 (4) 8 760 (6) 10 600 000

$10\,600\,000 > 10\,480\,000 > 2\,400\,000 > 77\,000 > 56\,740 > 8\,760$

Für jede richtige gerundete Zahl gibt es einen Punkt sowie einen Punkt für die richtige Anordnung.

Auswertung zum Test: Von insgesamt 13 Punkten hast du .... Punkte erreicht.

Super!	In Ordnung!	Bitte noch einmal üben!
13 bis 11 Punkte	10 bis 8 Punkte	Weniger als 8 Punkte

Die vier Grundrechenarten

Seite 13

1
a) $13 \cdot 2 = 26$ b) $14 + 3 = 17$ c) $20 - 11 = 9$
d) $25 \cdot 2 = 50$ e) $14 \cdot 14 = 196$ f) $60 : 15 = 4$
g) $20 \cdot 20 = 400$ h) $169 : 13 = 13$ i) $16 - 4 = 12$
j) $1 : 1 = 1$ oder $1 \cdot 1 = 1$
k) $3 \cdot 0 = 0$ (Hier ginge $3 : 0 = 0$ nicht, da man nicht durch 0 teilen darf!)
l) $0 + 2 = 2$

2
a) $125 - 13 + 12 = 124$ b) $18 \cdot 5 \cdot 2 = 180$ c) $42 - 38 + 5 = 9$
d) $72 : 8 = 9$ e) $60 : 3 = 20$ f) $625 : 25 = 25$
g) $10 + 99 - 9 = 100$ h) $2800 : 7 = 400$ i) $10 \cdot 12 \cdot 1 = 120$

3
a) $41 > 30$ b) $138 < 169$ c) $80 < 82$ d) $250 = 250$
e) $198 > 180$ f) $15 = 15$ g) $121 > 110$ h) $18 < 162$

4 Produkt = Ergebnis einer Malaufgabe; Quotient = Ergebnis einer „Geteilt durch"-Aufgabe; Summe = Ergebnis einer Plusaufgabe; Differenz = Ergebnis einer Minusaufgabe

Seite 14

5
a)
12 000
60 | 200
6 | 10 | 20
3 | 2 | 5 | 4

b)
80 | 8 | 4 | 2
10 | 2 | 2
5 | 1
5

6
a) $175 - 45 - 55 = 130 - 55 = 75$ b) $15 \cdot 15 : 5 = 225 : 5 = 45$
c) $144 : 24 = 6$ d) $9 \cdot 15 + (12 + 30) = 135 + 42 = 177$

Seite 15

7
a) $145 + 1000 = 1145$ b) $376 - 350 = 26$
c) $125 : 25 = 5$ d) $12 \cdot 9 = 108$

TEST

1.
a) $96 - 13 - 12 = 71$ Probe $71 + 12 + 13 = 96$
b) $18 + 19 + 25 = 62$ $62 - 25 - 19 = 18$
c) $124 - 80 - 5 = 39$ $39 + 5 + 80 = 124$
d) $123 + 11 + 9 = 143$ $143 - 9 - 11 = 123$

Pro Teilaufgabe gibt es zwei Punkte; einen für die Lösung, einen für die Probe.

2. Wenn alles richtig ist, bekommst du 6 Punkte. für jede falsche Zahl einen Punkt weniger.

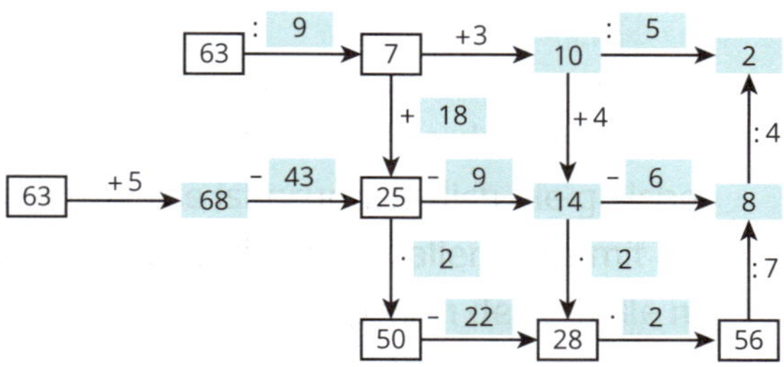

Auswertung zum Test: Von insgesamt 14 Punkten hast du .... Punkte erreicht.

Super!	In Ordnung!	Bitte noch einmal üben!
14 bis 12 Punkte	11 bis 8 Punkte	Weniger als 8 Punkte

Schriftliches Rechnen

1 a) 12495 b) 86655 Seite 17

2 a) 2715950 b) 1552545

3 a) 87027 b) 97039 c) 40357 d) 522635 Seite 18

4 a) Überschlag: $200000 : 10 = 20000$ genaues Ergebnis: 26458
b) Überschlag: $20000 : 10 = 2000$ genaues Ergebnis: 2697
c) Überschlag: $4600 : 5 = 920$ genaues Ergebnis: 915, Rest 3 Seite 19

5

a)

	8	0	7	5
–		4	6	3
	1			
	7	6	1	2

b)

	1	7	6
+	4	1	3
+	1	1	1
	1	1	
	7	0	0

c)

	2	0	1	7
+	1	1	0	6
			1	
	3	1	2	3

TEST

1. a) 848504 b) 863751 Pro Teilaufgabe gibt es einen Punkt.

2. a) 34312 b) 69460 Pro Teilaufgabe gibt es einen Punkt.

3. a) Überschlag: $45000 \cdot 20 = 900000$ Ergebnis: 952245
b) Überschlag: $24000 \cdot 60 = 1440000$ Ergebnis: 1457961
Pro Teilaufgabe gibt es zwei Punkte, einen für den Überschlag, einen für die Lösung.

4. a) 54683; Probe: $54683 \cdot 8 = 437464$
b) 5689; Probe: $5689 \cdot 14 = 79646$
Pro Teilaufgabe gibt es zwei Punkte, einen für den Überschlag, einen für die Lösung.

Auswertung zum Test: Von insgesamt 12 Punkten hast du .... Punkte erreicht.

Super!	In Ordnung!	Bitte noch einmal üben!
12 bis 11 Punkte	10 bis 7 Punkte	Weniger als 7 Punkte

Größen und Einheiten

Seite 21

1
a) 12 000 g (in kg) = 12 kg
b) 32 m (in dm) = 320 dm
c) 2 h (in s) = 7200 s
d) 2 h 20 min (in min) = 120 min + 20 min = 140 min
e) 1544 ct (in €) = 15,44 €
f) 2 m 56 cm (in mm) = 2000 mm + 560 mm = 2560 mm

2
a) 2 kg + 450 g = 2000 g + 450 g = 2450 g
b) 2 min – 45 s = 120 s – 45 s = 75 s = 1 min 15 s
c) 18 kg – 4000 g – 100 000 mg = 18 000 g – 4000 g – 100 g = 13 900 g = 13 kg 900 g
d) 6 dm 5 cm – 23 cm = 60 cm + 5 cm – 23 cm = 42 cm
e) 30 min 50 s – 18 min 15 s = 1800 s + 50 s – (1080 s + 15 s) = 755 s = 12 min 35 s
f) 125 g · 8 = 1000 g = 1 kg

3
a) Wie oft passen 40 kg in 750 kg = Rechnung 750 : 40 = 18 Rest 30
Antwort: Herr Meier darf 18 Säcke Kies transportieren.
b) 123 min = 2 h 3 min. Wenn der Film um 20:15 beginnt ist er um 22:18 Uhr zu Ende.
Es reicht ihr also.

TEST

1.
a) 4 min (in s) = 240 s
b) 20 d (in h) = 480 h
c) 46 000 g (in kg) = 46 kg
d) 8 kg 56 g (in g) = 8000 g + 56 g = 8056 g
e) 2 m 6 dm 4 cm (in mm) = 2000 mm + 600 mm + 40 mm = 2640 mm
f) 3 d 7200 s (in h) = 72 h + 2 h = 74 h

2.
a) 2 kg 600 g + 4300 g = 2000 g + 600 g + 4300 g = 6900 g = 6 kg 900 g
b) 6 h 23 min – 2 h 34 min = 360 min + 23 min – (120 min + 34 min) = 229 min = 3 h 49 min
c) 4,70 € + 2,50 € + 85 ct = 470 ct + 250 ct + 85 ct = 805 ct = 8,05 €.

3. Zwischen 07:15 Uhr und 11:48 Uhr liegen 4 h 33 min. Da die Uhr aber eine Stunde vorgestellt wurde, dauerte der Flug eine Stunde weniger (in Berlin wäre es erst 10:48 Uhr wenn Aylin landet), also 3 h 33 min.

Pro Teilaufgabe gibt es einen Punkt.

Auswertung zum Test: Von insgesamt 10 Punkten hast du .... Punkte erreicht.

Super!	In Ordnung!	Bitte noch einmal üben!
10 bis 9 Punkte	8 bis 6 Punkte	Weniger als 6 Punkte

Teilbarkeit und Primzahlen

Seite 23

1 Die Primzahlen in der Zeichnung sind: 51, 2, 43, 37

2

Ist die Zahl durch	4528	3325	18	61	1989	500	7435	5820
2 teilbar?	✓		✓			✓		✓
3 teilbar?			✓		✓			✓
4 teilbar?	✓					✓		✓
5 teilbar?		✓				✓	✓	✓
6 teilbar?			✓					✓
8 teilbar?	✓					✓		✓

2

Ist die Zahl durch	4528	3325	18	61	1989	500	7435	5820
9 teilbar?			✓		✓			
10 teilbar?						✓		✓

3 a) Die Quersumme ist 12 ⇒ 42 121 ist durch 3 teilbar aber nicht durch 9.
b) Die Quersumme ist 28 ⇒ 91 99 ist weder durch 3 noch durch 9 teilbar.
c) Die Quersumme ist 36 ⇒ 916 731 234 ist durch 3 und durch 9 teilbar
d) Die Quersumme ist 19 ⇒ 197 011 ist weder 3 noch durch 9 teilbar.

4 a) Stimmt, da die letzte Ziffer der Zahl eine 0 ist.
b) Falsch, da die letzte Ziffer (7) nicht durch 2 teilbar ist.
c) Falsch, da die Qersumme (12) nicht durch 9 teilbar ist.
d) Stimmt, da die letzte Ziffer (4) weder 5 noch 0 ist.

TEST

1. a) teilbar durch 2, 3, 4, 6, 8
b) teilbar durch 2, 3, 6, 8, 4
c) teilbar durch 2, 4, 5, 10
Für jede vollständige Teillösung bekommst du zwei Punkte.

2. Mögliche Lösungen sind:
a) 31 980 b) 126 c) 7548 d) 1236 e) 7518
Pro Teilaufgabe gibt es einen Punkt.

Auswertung zum Test: Von insgesamt 11 Punkten hast du .... Punkte erreicht.

Super!	In Ordnung!	Bitte noch einmal üben!
11 bis 10 Punkte	9 bis 7 Punkte	Weniger als 7 Punkte

Verbindung der Grundrechenarten

Seite 25

1 a) $= 40 + 50 = 90$
b $= (5 \cdot 2) \cdot 11 = 110$
c) $= (84 + 6) + (71 + 9) = 170$
d) $= (25 \cdot 4) \cdot 6 = 600$
e) $= (2 \cdot 30) \cdot (6 \cdot 3) = 1080$
f) $= (55 + 5) + (26 + 14) = 100$
g) $= (4 \cdot 25) \cdot 45 = 4500$
h) $= (64 + 26) + 65 = 155$

2 a) $= (30 + 46) + 5 = 81$
b) $= 15 : 5 = 3$
c) $= 50 \cdot 6 - 7 \cdot 6 = 300 - 42 = 258$
d) $= (4 \cdot 25) \cdot 13 = 100 \cdot 13 = 1300$
e) $= 4 \cdot (9) = 36$
f) $= 3 : 3 = 1$
g) $= 16 : 4 = 4$
h) $= 14 \cdot 14 = 196$
i) $= (112 - 56) : 7 = 56 : 7 = 8$

Seite 26

3 a) $= 9 \cdot (33 + 67) = 9 \cdot 100 = 900$
b) $= 5 \cdot (72 + 28) = 5 \cdot 100 = 500$
c) $= 45 \cdot (21 + 29) = 45 \cdot 50 = 2250$
d) $= 6 \cdot (36 + 54) = 6 \cdot 90 = 540$
e) $= 8 \cdot (42 + 48) = 8 \cdot 90 = 720$

4 a) $(2 \cdot (4 + 5) - (3 - 1) + 33 - 10) = (2 \cdot 9 - 2 + 23) = 18 - 2 + 23 = 39$
b) $15 + 3 \cdot (17 + 3 \cdot (8 + 10 \cdot 1) - 9) = 15 + 3 \cdot (17 + 3 \cdot 18 - 9) = 15 + 3 \cdot 62 = 201$
c) $(14 - 12) \cdot 2 + (5 \cdot (72 : 9) + 10) = 2 \cdot 2 + (5 \cdot 8 + 10) = 4 + 50 = 54$
d) $45 : 5 - 3 + (38 - 9 - 8) = 9 - 3 + 21 = 27$
e) $36 : (94 - (132 - 14 \cdot 3)) = 36 : (94 - (132 - 42)) = 36 : (94 - 90) = 36 : 4 = 9$

5 a) $(29 \cdot 3) - (20 + 9) \cdot 2 = 29$
b) $(33 - 4) \cdot 5 = 145$
c) $(8 \cdot (199 + 1)) : 4 = 400$
d) $((14 + 66) \cdot 8) : 80 = 8$

Seite 27 **6** a) $4 \cdot 28 \cdot 25 = 28 \cdot (4 \cdot 25) = 2800$ b) $250 \cdot 28 \cdot 4 = (250 \cdot 4) \cdot 28 = 28\,000$
c) $5 \cdot 75 \cdot 6 = (5 \cdot 6) \cdot 75 = 2250$

7 a) $3 \cdot 69 = 3 \cdot (60 + 9) = 180 + 27 = 207$ b) $14 \cdot 38 = 14 \cdot (30 + 8) = 420 + 112 = 532$
c) $7 \cdot 110 = 7 \cdot (100 + 10) = 700 + 70 = 770$

TEST

1. a) $9 + 17 \cdot 2 - 15 = 9 + 34 - 15 = 28$
b) $37 - (100 : 25 + 6) = 37 - (4 + 6) = 37 - 10 = 27$
c) $(88 - 110 : 10) + 24 = (88 - 11) + 24 = 77 + 24 = 101$
d) $2 + ((6 \cdot 4 + 3) - 15) + 88 = + ((24 + 3) - 15) + 88 = 2 + (27 - 15) + 88 = 2 + 12 + 88 = 102$
Du bekommst zwei Punkte für jede richtig gelöste Teilaufgabe.

2. a) $(17 \cdot (199 - 196) - 4 \cdot (70 - 69)) + (6 \cdot (21 - 11)) = (17 \cdot 3) - (4 \cdot 1) + (6 \cdot 10) = 107$
b) $((36 : (28 : 7) \cdot 18) - (45 + 15)) : 51 = ((36 : 4) \cdot 18 - 60) : 51$
$= (9 \cdot 18 - 60) : 51 = (162 - 60) : 51 = 2$
c) $(12 - (55 : 5)) + (5 \cdot (2 + 3 + 8)) = (12 - 11) + (5 \cdot 13) = 66$
d) $(25 + (72 : 9) \cdot 4) - (5 \cdot 4 + 5) = (25 + 8 \cdot 4) - (20 + 5) = 25 + 32 - 25 = 32$
Du bekommst zwei Punkte für jede richtig gelöste Teilaufgabe.

Auswertung zum Test: Von insgesamt 16 Punkten hast du .... Punkte erreicht.

Super!	In Ordnung!	Bitte noch einmal üben!
16 bis 14 Punkte	13 bis 9 Punkte	Weniger als 9 Punkte

2. Bruch- und Prozentrechnung

Brüche darstellen

Seite 28 **1**

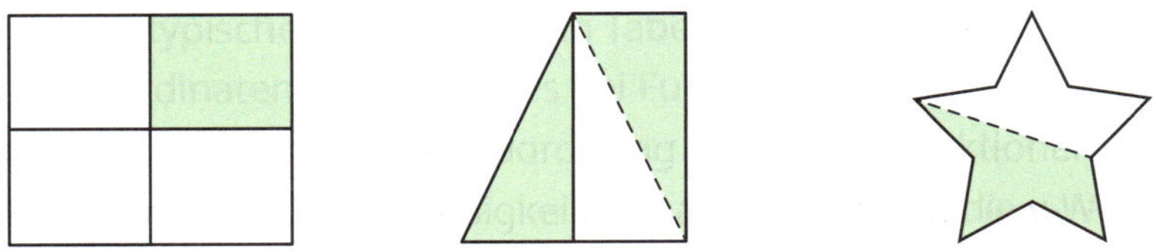

Seite 29 **2** a) $\frac{4}{12}$ b) $\frac{3}{8}$ c) $\frac{10}{40}$ d) $\frac{9}{32}$ e) $\frac{5}{9}$

3 Um zu erkennen, welche Brüche dargestellt sind, muss man sich zunächst klarmachen, in welche Bruchteile der Zahlenstrahl eingeteilt ist. Da es in a) 20 Schritte zwischen 0 und 1, bzw. in b) zwischen 0 und 2 sind, entspricht jeder Strich einem Zwanzigstel (a), bzw. einem Zehntel (b).

a) A: $\frac{5}{20}$ B: $\frac{8}{20}$ C: $\frac{13}{20}$ D: $\frac{17}{20}$
b) A: $\frac{2}{10}$ B: $\frac{6}{10}$ C: $\frac{8}{10}$ D: $\frac{14}{10}$

TEST

1. Hier sind beliebig viele Lösungen denkbar. Du kannst deine Lösung folgendermaßen kontrollieren: 1.: Deine Figur muss aus so vielen gleichen Teilen bestehen, wie die Zahl im Nenner angibt. 2.: Es müssen davon so viele Teile gefärbt sein, wie der Zähler angibt. Zum Beispiel:

a)  b)  c)  d) 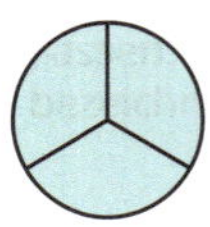

Für jede richtige Zeichnung gibt es einen Punkt.

2.

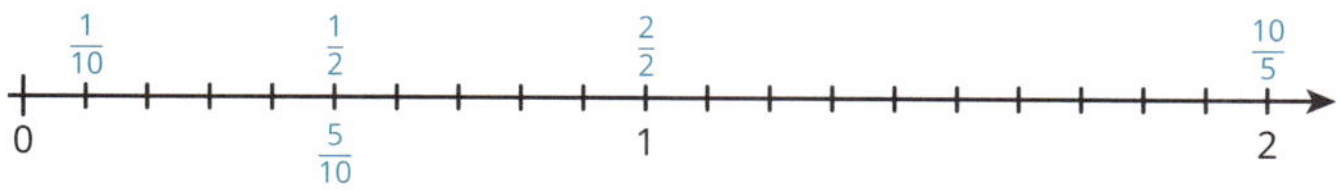

Für jeden richtig eingetragenen Bruch gibt es einen Punkt.

Auswertung zum Test: Von insgesamt 9 Punkten hast du .... Punkte erreicht.

Super!	In Ordnung!	Bitte noch einmal üben!
9 bis 8 Punkte	7 bis 6 Punkte	Weniger als 6 Punkte

Von echten und unechten Brüchen

Seite 30/31

1 a) $\frac{23}{12} = 1\frac{11}{12}$ b) $\frac{21}{12} = 1\frac{9}{12}$ c) $\frac{14}{8} = 1\frac{6}{8}$ d) $\frac{34}{12} = 2\frac{10}{12}$

2 a) $\frac{8}{5} = 1\frac{3}{5}$ b) $\frac{4}{3} = 1\frac{1}{3}$ c) $\frac{7}{2} = 3\frac{1}{2}$ d) $\frac{11}{5} = 2\frac{1}{5}$
e) $\frac{19}{4} = 4\frac{3}{4}$ f) $\frac{12}{9} = 1\frac{3}{9}$ g) $\frac{18}{8} = 2\frac{2}{8}$ h) $\frac{13}{7} = 1\frac{6}{7}$
i) $\frac{24}{23} = 1\frac{1}{23}$ j) $\frac{74}{12} = 6\frac{2}{12}$ k) $\frac{50}{26} = 1\frac{24}{26}$ l) $\frac{78}{11} = 7\frac{1}{11}$

TEST

1. a) $1\frac{3}{4} = \frac{7}{4}$ b) $2\frac{3}{6} = \frac{15}{6}$ c) $11\frac{1}{4} = \frac{45}{4}$ d) $13\frac{2}{3} = \frac{41}{3}$
e) $18\frac{9}{10} = \frac{189}{10}$ f) $\frac{30}{7} = 4\frac{2}{7}$ g) $4\frac{4}{15} = \frac{64}{15}$ h) $\frac{131}{44} = 2\frac{43}{44}$
i) $3\frac{3}{7} = \frac{24}{7}$ j) $\frac{57}{10} = 5\frac{7}{10}$ k) $25\frac{1}{7} = \frac{176}{7}$ l) $30\frac{3}{4} = \frac{123}{4}$

Für jeden richtig umgewandelten Bruch gibt es einen Punkt.

Auswertung zum Test: Von insgesamt 12 Punkten hast du .... Punkte erreicht.

Super!	In Ordnung!	Bitte noch einmal üben!
12 bis 11 Punkte	10 bis 7 Punkte	Weniger als 7 Punkte

Brüche erweitern und kürzen

Seite 33

1 a) $\frac{2}{3}$ mit 4 $= \frac{2 \cdot 4}{3 \cdot 4} = \frac{8}{12}$ b) $\frac{3}{7}$ mit 6 $= \frac{3 \cdot 6}{7 \cdot 6} = \frac{18}{42}$
c) $\frac{5}{8}$ mit 20 $= \frac{5 \cdot 20}{8 \cdot 20} = \frac{100}{160}$ d) $\frac{3}{10}$ mit 11 $= \frac{3 \cdot 11}{10 \cdot 11} = \frac{33}{110}$

2 a) $\frac{16}{24} = \frac{2}{3}$ b) $\frac{35}{110} = \frac{7}{22}$ c) $\frac{52}{13} = \frac{4}{1} = 4$ d) $\frac{310}{31} = \frac{10}{1} = 10$

3 a) $\frac{6}{25} = \frac{6 \cdot 4}{25 \cdot 4} = \frac{24}{100} = 24\,\%$ b) $\frac{4}{5} = \frac{4 \cdot 20}{5 \cdot 20} = \frac{80}{100} = 80\,\%$
c) $\frac{13}{50} = \frac{13 \cdot 2}{50 \cdot 2} = \frac{26}{100} = 26\,\%$ d) $\frac{6}{10} = \frac{6 \cdot 10}{10 \cdot 10} = \frac{60}{100} = 60\,\%$

4 a) $\frac{12}{18} = \frac{4}{6} = \frac{20}{30}$ b) $\frac{22}{28} = \frac{66}{84} = \frac{132}{168}$ c) $\frac{30}{15} = \frac{6}{3} = \frac{66}{33}$

5 Das kgV von 7 und 12 ist 84. $\frac{2 \cdot 12}{7 \cdot 12} = \frac{24}{84}$; $\frac{6 \cdot 7}{12 \cdot 7} = \frac{42}{84}$

TEST

1. a) $\frac{8}{18} = \frac{4}{9}$; $\frac{20}{45} = \frac{4}{9}$; die Bruchzahlen haben den gleichen Wert.
b) $\frac{18}{42} = \frac{3}{7}$; $\frac{15}{20} = \frac{3}{4}$; die Bruchzahlen haben nicht den gleichen Wert.
c) $\frac{9}{33} = \frac{3}{11}$; $\frac{36}{99} = \frac{4}{11}$; die Bruchzahlen haben nicht den gleichen Wert.

Für jede richtig gelöste Teilaufgabe (inkl. Antwortsatz) gibt es zwei Punkte.

2. $10\,\% = \frac{10}{100} = \frac{1}{10}$ $\quad$ $16\,\% = \frac{16}{100} = \frac{4}{25}$ $\quad$ $34\,\% = \frac{34}{100} = \frac{17}{50}$

$55\,\% = \frac{55}{100} = \frac{11}{20}$ $\quad$ $72\,\% = \frac{72}{100} = \frac{18}{25}$ $\quad$ $100\,\% = \frac{100}{100} = \frac{1}{1} = 1$

Für jede richtige Lösung gibt es einen Punkt.

Auswertung zum Test: Von insgesamt 12 Punkten hast du .... Punkte erreicht.

Super!	In Ordnung!	Bitte noch einmal üben!
12 bis 11 Punkte	10 bis 7 Punkte	Weniger als 7 Punkte

Brüche ordnen und vergleichen

Seite 34 **1** a) $\frac{2}{3} > \frac{1}{3}$ $\quad$ b) $\frac{3}{4} > \frac{2}{4}$ $\quad$ c) $\frac{2}{7} < \frac{5}{7}$

d) $\frac{3}{9} < \frac{3}{3}$ $\quad$ e) $\frac{3}{5} > \frac{3}{7}$ $\quad$ f) $\frac{4}{10} > \frac{4}{19}$

g) $\frac{7}{8} = \frac{77}{88} > \frac{9}{11} = \frac{72}{88}$ $\quad$ h) $\frac{9}{99} = \frac{1}{11} = \frac{5}{55}$ $\quad$ i) $\frac{15}{25} > \frac{2}{5} = \frac{10}{25}$

j) $1\frac{5}{2} < 2\frac{5}{3}$ $\quad$ k) $\frac{114}{10} < \frac{115}{10}$ $\quad$ l) $\frac{77}{11} > \frac{77}{12}$

m) $2\frac{1}{5} > 2\frac{1}{6}$ $\quad$ n) $1\frac{2}{9} < \frac{18}{4} = 4\frac{1}{2}$ $\quad$ o) $\frac{15}{24} < \frac{9}{12} = \frac{18}{24}$

Seite 35 **2** a) HN: 100 $\quad$ $\frac{2}{50} = \frac{4}{100} < \frac{3}{20} = \frac{15}{100} < \frac{4}{10} = \frac{40}{100}$

b) HN: 48 $\quad$ $\frac{1}{12} = \frac{4}{48} < \frac{17}{48} < \frac{9}{24} = \frac{18}{48} < \frac{5}{8} = \frac{30}{48} < \frac{3}{4} = \frac{36}{48}$

c) HN: 154 $\quad$ $\frac{5}{14} = \frac{55}{154} < \frac{4}{7} = \frac{88}{154} < \frac{9}{11} = \frac{126}{154}$

3

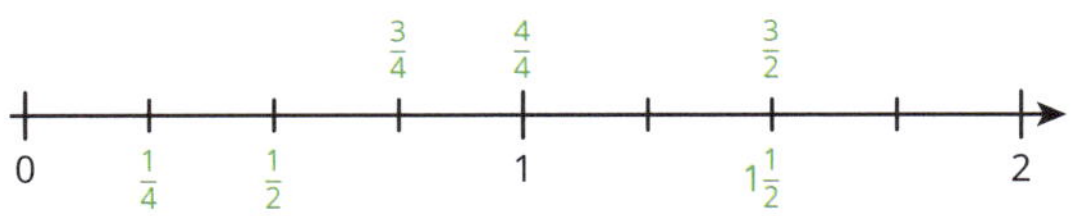

$\frac{1}{4} < \frac{1}{2} < \frac{3}{4} < \frac{4}{4} < 1\frac{1}{2} = \frac{3}{2}$

TEST

1. Zunächst müssen alle Brüche auf den Hauptnenner 60 erweitert werden:

$\frac{3}{5} = \frac{36}{60}$; $\frac{3}{12} = \frac{15}{60}$; $\frac{6}{6} = \frac{60}{60}$; $\frac{3}{2} = \frac{90}{60}$; $\frac{4}{15} = \frac{16}{60}$; $\frac{3}{20} = \frac{9}{60}$; $\frac{2}{30} = \frac{4}{60}$.

Nun kann man sie der Größe nach ordnen, beginnend mit dem kleinsten:

$\frac{2}{30} < \frac{3}{20} < \frac{3}{12} < \frac{4}{15} < \frac{3}{5} < \frac{6}{6} < \frac{3}{2}$

Du bekommst vier Punkte, wenn alles richtig ist, pro Fehler einen Punkt weniger.

2. a) $\frac{4}{20} = \frac{1}{5}$ $\quad$ b) mögliche Lösung: $\frac{5}{28}$ und $\frac{6}{28} = \frac{3}{14}$

c) möglich: $\frac{4}{15}$; $\frac{5}{15} = \frac{1}{3}$; $\frac{6}{15} = \frac{2}{5}$; ...; $\frac{10}{15} = \frac{2}{3}$; $\frac{11}{15}$ $\quad$ d) möglich: $\frac{4}{28} = \frac{1}{7}$; $\frac{5}{28}$; $\frac{6}{28} = \frac{3}{14}$; $\frac{7}{28} = \frac{1}{4}$

Für jede Teilaufgabe gibt es einen Punkt.

Auswertung zum Test: Von insgesamt 8 Punkten hast du .... Punkte erreicht.

Super!	In Ordnung!	Bitte noch einmal üben!
8 bis 7 Punkte	6 bis 5 Punkte	Weniger als 5 Punkte

Brüche im Alltag

Seite 36 **1** a) Rechne mit diesem Schema:

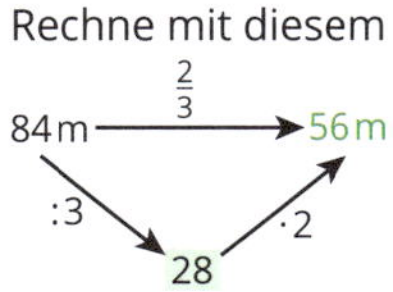

b) 77 g $\quad$ c) 135 mℓ

d) 189 € $\quad$ e) 80°

f) 900 s $\quad$ g) 56 cm

h) 90 kg $\quad$ i) 350 ℓ

2 a) $\frac{18}{45} = \frac{2}{5}$ b) $\frac{58}{116} = \frac{1}{2}$ c) $\frac{8}{24} = \frac{1}{3}$ **Seite 37**

d) $\frac{45}{180} = \frac{1}{4}$ e) $\frac{5}{60} = \frac{1}{12}$ f) $\frac{60}{90} = \frac{2}{3}$

3 a) Rechne mit diesem Schema:

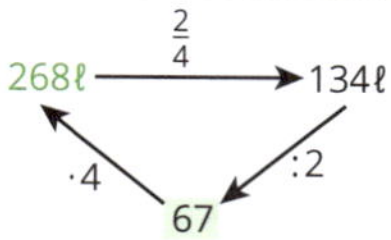

b) 84 km c) 56 km

d) 900 kg e) 16 t

f) 108 €

4 a) Gesucht ist der Bruchteil, rechne nach dem Schema rechts.

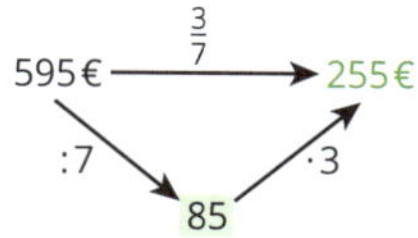

b) Gesucht ist der Anteil. $\frac{64}{224} = \frac{2}{7}$.

c) Gesucht ist der Bruchteil, rechne nach demselben Schema wie in a): 330 kg → 264 kg

d) Gesucht ist das Ganze, rechne nach dem selben Schema wie in Aufgabe 3 a): 330 kg → $412\frac{1}{2}$ kg.

TEST

1. a) 24 von 30; $\frac{24}{30} = \frac{4}{5}$

b) Gesucht ist das Ganze, rechne mit dem selben Schema wie in 4 d): 720 € → 990 €

c) Gesucht ist der Bruchteil, rechne mit dem selben Schema wie in 4 c): 45 → 20

Pro Teilaufgabe gibt es zwei Punkte.

Auswertung zum Test: Von insgesamt 6 Punkten hast du .... Punkte erreicht.

Super!	In Ordnung!	Bitte noch einmal üben!
6 bis 5 Punkte	4 bis 3 Punkte	Weniger als 3 Punkte

Addition und Subtraktion von Bruchzahlen

1 a) $\frac{1}{12} + \frac{1}{12} = \frac{1+1}{12} = \frac{2}{12} = \frac{1}{6}$ b) $\frac{3}{4} + \frac{3}{5} = \frac{15}{20} + \frac{12}{20} = \frac{27}{20} = 1\frac{7}{20}$ **Seite 39**

c) $\frac{9}{11} + \frac{3}{5} = \frac{45}{55} + \frac{33}{55} = \frac{78}{55} = 1\frac{23}{55}$ d) $\frac{7}{8} + \frac{6}{12} = \frac{21}{24} + \frac{12}{24} = \frac{33}{24} = 1\frac{9}{24} = 1\frac{3}{8}$

e) $\frac{13}{15} - \frac{9}{15} = \frac{4}{15}$ f) $\frac{14}{15} - \frac{1}{5} = \frac{14}{15} - \frac{3}{15} = \frac{11}{15}$

2 a) $\frac{2}{3} + \frac{2}{9} = \frac{8}{9}$ b) $\frac{1}{9} + \frac{7}{5} = \frac{68}{45}$ c) $\frac{2}{5} + \frac{1}{3} = \frac{11}{15}$

3 a) $1\frac{7}{9} + 3\frac{2}{7} = 4 + \frac{7}{9} + \frac{2}{7} = 4 + \frac{49}{63} + \frac{18}{63} = 4 + 1\frac{4}{63} = 5\frac{4}{63}$

b) $14\frac{7}{10} + 4\frac{1}{5} = 18 + \frac{7}{10} + \frac{1}{5} = 18 + \frac{7}{10} + \frac{2}{10} = 18\frac{9}{10}$

c) $\frac{5}{11} + \frac{1}{33} + \frac{2}{3} = \frac{15}{33} + \frac{1}{33} + \frac{22}{33} = \frac{38}{33} = 1\frac{5}{33}$

d) $10\frac{5}{6} - 3\frac{2}{3} = (10 - 3) + \left(\frac{5}{6} - \frac{2}{3}\right) = 7 + \left(\frac{5}{6} - \frac{4}{6}\right) = 7\frac{1}{6}$

4 a) $\frac{1}{4}\,\text{km} + 20\,\text{m} = \frac{1}{4}\,\text{km} + \frac{20}{1000}\,\text{km} = \frac{25}{100}\,\text{km} + \frac{2}{100}\,\text{km} = \frac{27}{100}\,\text{km}$

b) $\frac{3}{4}\,\text{h} + \frac{1}{2}\,\text{min} = 45\,\text{min} + \frac{1}{2}\,\text{min} = 45\frac{1}{2}\,\text{min} = \left(45\frac{1}{2} \cdot 60\right)\text{s} = 2730\,\text{s}$

(Wenn du nicht sicher bist, wie man einen Bruch mit einer ganzen Zahl multipliziert, schaue auf Seite 40 nach.)

5 a) $\frac{1}{2} + \frac{13}{4} + \frac{3}{20} = \frac{10}{20} + \frac{65}{20} + \frac{3}{20} = \frac{78}{20} = 3\frac{9}{10}$

b) $\frac{5}{7} + \frac{1}{4} + \frac{3}{28} = \frac{20}{28} + \frac{7}{28} + \frac{3}{28} = \frac{30}{28} = 1\frac{1}{14}$

c) $4\frac{5}{6} + 3\frac{1}{3} + 1\frac{5}{6} = 8 + \frac{5}{6} + \frac{1}{3} + \frac{5}{6} = 8 + \frac{12}{6} = 8 + 2 = 10$

d) $\frac{7}{8} - \frac{1}{12} + 3\frac{3}{24} = \frac{21}{24} - \frac{2}{24} + 3\frac{3}{24} = \frac{19}{24} + 3\frac{3}{24} = 3\frac{22}{24} = 3\frac{11}{12}$

e) $\frac{2}{8} + 2\frac{1}{2} - \left(\frac{1}{3} + \frac{1}{12}\right) = \frac{1}{4} + 2\frac{2}{4} - \left(\frac{4}{12} + \frac{1}{12}\right) = 2\frac{3}{4} - \frac{5}{12} = 2\frac{9}{12} - \frac{5}{12} = 2\frac{4}{12} = 2\frac{1}{3}$

f) $6\frac{1}{2} - \left(2\frac{1}{24} - 1\frac{1}{48}\right) = 6\frac{24}{48} - \left(2\frac{2}{48} - 1\frac{1}{48}\right) = 6\frac{24}{48} - 1\frac{1}{48} = 5\frac{23}{48}$

6 $\left(2\frac{5}{6} - \frac{3}{8}\right) + \left(\frac{1}{8} + 5\right) = \left(2\frac{20}{24} - \frac{9}{24}\right) + 5\frac{1}{8} = 2\frac{11}{24} + 5\frac{3}{24} = 7\frac{14}{24} = 7\frac{7}{12}$

TEST

a) $\left(\frac{6}{10} + \frac{1}{2}\right) - \left(1\frac{1}{2} - \frac{2}{5}\right) = \left(\frac{6}{10} + \frac{5}{10}\right) - \left(1\frac{5}{10} - \frac{4}{10}\right) = \frac{11}{10} - 1\frac{1}{10} = 0$

b) $\left(5 - \frac{1}{30}\right) - \left(1\frac{2}{5} + \frac{4}{15}\right) = 4\frac{29}{30} - \left(1\frac{12}{30} + \frac{8}{30}\right) = 4\frac{29}{30} - 1\frac{20}{30} = 3\frac{9}{30} = 3\frac{3}{10}$

Für jede Aufgabe gibt es vier Punkte: zwei für den richtigen Ansatz, zwei für die richtige Lösung.

Auswertung zum Test: Von insgesamt 4 Punkten hast du …….. Punkte erreicht.

Super!	In Ordnung!	Bitte noch einmal üben!
4 Punkte	3 bis 2 Punkte	Weniger als 2 Punkte

Multiplikation und Division von Bruchzahlen

Seite 40 **1** a) $\frac{1}{2} \cdot \frac{1}{4} = \frac{1}{8}$ b) $\frac{36}{45} \cdot \frac{35}{63} = \frac{4}{5} \cdot \frac{5}{9} = \frac{4}{9}$ c) $\frac{3}{7} : \frac{9}{10} = \frac{3}{7} \cdot \frac{10}{9} = \frac{10}{21}$

d) $\frac{12}{9} \cdot 3 = 4$ e) $11\frac{6}{10} \cdot \frac{12}{20} = \frac{58}{5} \cdot \frac{3}{5} = \frac{174}{25}$ f) $\frac{7}{28} : \frac{42}{56} = \frac{1}{4} \cdot \frac{4}{3} = \frac{1}{3}$

Seite 41 **2** a) $\frac{9}{12} \cdot \frac{3}{4} \cdot \frac{36}{39} = \frac{3}{4} \cdot \frac{3}{4} \cdot \frac{12}{13} = \frac{3}{4} \cdot \frac{3}{1} \cdot \frac{3}{13} = \frac{27}{52}$ b) $\frac{4}{25} \cdot \frac{5}{26} : \frac{8}{45} = \frac{2}{5} \cdot \frac{1}{13} \cdot \frac{45}{8} = \frac{1}{1} \cdot \frac{1}{13} \cdot \frac{9}{4} = \frac{9}{52}$

c) $2\frac{2}{8} \cdot 1\frac{4}{18} \cdot \frac{9}{12} = \frac{9}{4} \cdot \frac{22}{18} \cdot \frac{3}{4} = \frac{1}{2} \cdot \frac{11}{2} \cdot \frac{3}{4} = \frac{33}{16}$

3 a) $\frac{2}{5} \cdot \frac{18}{9} = \frac{36}{45}$ b) $\frac{11}{7} \cdot \frac{5}{9} = \frac{55}{63}$ c) $\frac{4}{6} \cdot \frac{18}{1} = 12$

d) $\frac{9}{16} : 3 = \frac{3}{16}$ e) $\frac{10}{11} : \frac{5}{1} = \frac{10}{55}$ f) $\frac{7}{10} : \frac{10}{3} = \frac{7}{10} \cdot \frac{3}{10} = \frac{21}{100}$

4 a) $\frac{6\frac{3}{7}}{5} = \frac{45}{7} : 5 = \frac{45}{7} \cdot \frac{1}{5} = \frac{9}{7} = 1\frac{2}{7}$ b) $\frac{\frac{5}{8}}{\frac{5}{9}} = \frac{5}{8} : \frac{5}{9} = \frac{5}{8} \cdot \frac{9}{5} = \frac{9}{8} = 1\frac{1}{8}$

c) $\frac{\frac{8}{10}}{\frac{64}{100}} = \frac{8}{10} : \frac{64}{100} = \frac{8}{10} \cdot \frac{100}{64} = \frac{5}{4} = 1\frac{1}{4}$ d) $\frac{6\frac{1}{5}}{12\frac{1}{2}} = 6\frac{1}{5} : 12\frac{1}{2} = \frac{31}{5} : \frac{25}{2} = \frac{31}{5} \cdot \frac{2}{25} = \frac{62}{125}$

TEST

1. a) $\frac{9}{11} \cdot \frac{33}{36} = \frac{1}{1} \cdot \frac{3}{4} = \frac{3}{4}$ → Die Aufgabe wurde richtig gelöst.

b) $\frac{2}{3} \cdot 9 = \frac{2 \cdot 9}{3} = \frac{18}{3} = 6 \neq \frac{18}{27}$ → Die Aufgabe wurde falsch gelöst.

c) $15 : \frac{5}{8} = 15 \cdot \frac{8}{5} = \frac{120}{5} = 24$ → Die Aufgabe wurde richtig gelöst.

d) $5\frac{5}{7} \cdot \frac{14}{80} = \frac{40}{7} \cdot \frac{14}{80} = \frac{1}{1} \cdot \frac{1}{1} = 1$ → Die Aufgabe wurde richtig gelöst.

e) $4\frac{6}{10} : \frac{2}{15} = \frac{46}{10} \cdot \frac{15}{2} = \frac{23}{2} \cdot \frac{3}{1} = \frac{69}{2} = 34\frac{1}{2}$ → Die Aufgabe wurde richtig gelöst.

f) $2\frac{7}{8} : 5\frac{3}{4} = \frac{23}{8} \cdot \frac{4}{23} = \frac{1}{2} \cdot \frac{1}{1} = \frac{1}{2} \neq \frac{6}{3}$ → Die Aufgabe wurde falsch gelöst.

g) $\frac{4}{9} : \frac{3}{7} = \frac{4}{9} \cdot \frac{7}{3} = \frac{28}{27} = 1\frac{1}{27}$ → Die Aufgabe wurde richtig gelöst.

h) $\frac{1}{64} : \frac{5}{8} = \frac{1}{64} \cdot \frac{8}{5} = \frac{1}{8} \cdot \frac{1}{5} = \frac{1}{40}$ → Die Aufgabe wurde richtig gelöst.

i) $1\frac{2}{3} : \frac{6}{7} = \frac{5}{3} \cdot \frac{7}{6} = \frac{35}{18} = 1\frac{17}{18} \neq 1\frac{7}{18}$ → Die Aufgabe wurde falsch gelöst.

Für jedes richtige geprüfte Ergebnis gibt es einen Punkt.

2. Tipp: Löse die Aufgaben in zwei Schritten:

1. Schritt: $1\frac{9}{11} \cdot \left(2\frac{3}{4} + 3\frac{3}{5}\right) = \frac{20}{11} \cdot \frac{127}{20} = \frac{127}{11}$

2. Schritt: $\frac{127}{11}$ durch die Differenz aus $\frac{127}{11}$ und $\left(\frac{1}{5} + \frac{5}{1}\right)$ teilen:

$\frac{127}{11} : \left(\frac{127}{11} - 5\frac{1}{5}\right) = \frac{127}{11} \cdot \frac{55}{349} = \frac{635}{349}$

Für die richtige Lösung gibt es drei Punkte: Einen für den richtigen Ansatz, zwei für die richtige Lösung.

Auswertung zum Test: Von insgesamt 12 Punkten hast du .... Punkte erreicht.

Super!	In Ordnung!	Bitte noch einmal üben!
12 bis 11 Punkte	10 bis 7 Punkte	Weniger als 7 Punkte

Prozentrechnung

Seite 43

1 a) $\frac{3}{5} = \frac{60}{100} = 60\,\%$ b) $\frac{1}{2} = \frac{50}{100} = 50\,\%$ c) $\frac{4}{25} = \frac{16}{100} = 16\,\%$

d) $\frac{14}{40} = \frac{7}{20} = \frac{35}{100} = 35\,\%$ e) $\frac{1}{20} = \frac{5}{100} = 5\,\%$ f) $\frac{2}{8} = \frac{250}{1000} = \frac{25}{100} = 25\,\%$

2 a) $\frac{1}{3} \approx 33{,}3\,\%$ b) $\frac{2}{8} = \frac{1}{4} = \frac{25}{100} = 25\,\%$ c) $\frac{3}{8} = \frac{3 \cdot 125}{8 \cdot 125} = \frac{375}{1000} = 37\frac{5}{100} = 37{,}5\,\%$

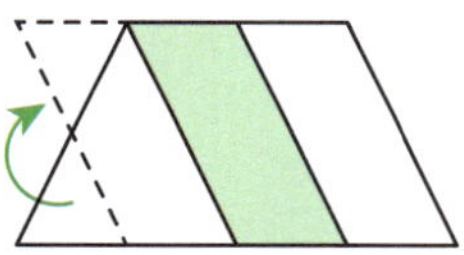
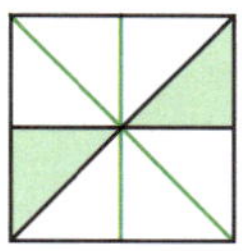
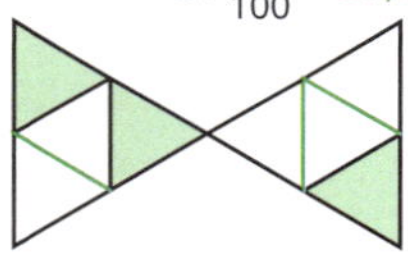

Seite 44

3 $\frac{1}{20} = 5\,\%$, $\frac{1}{4} = 25\,\%$; $\frac{3}{6} = 50\,\%$; $\frac{3}{4} = 75\,\%$; $\frac{1}{3} = 33\frac{1}{3}\,\%$; $\frac{2}{10} = 20\,\%$; $\frac{1}{10} = 10\,\%$

4 a)

:100	100 %	160 €	:100
·25	1 %	1,6 €	·25
	25 %	40 €	

gegeben: p % = 25 %; 160 € = G
gesucht: W
$W = G \cdot \frac{p}{100}$; $W = 160\,€ \cdot \frac{25}{100} = 40\,€$

b)

:100	100 %	750 m	:100
·30	1 %	$\frac{750}{100}$ m	·30
	30 %	225 m	

gegeben: p% = 30 %; G = 750 m;
gesucht: W
$W = 750\,m \cdot \frac{30}{100} = 225\,m$

c)

:24	24 %	66 kg	:24
·100	1 %	$\frac{66}{24}$ kg	·100
	100 %	275 kg	

gegeben: p % = 24 %; W = 66 kg;
gesucht: G
$G = 66\,kg \cdot \frac{100}{24} = 275\,kg$

d)

:45	45 %	90 €	:45
·100	1 %	$\frac{90}{45}$ €	·100
	100 %	200 €	

gegeben: p % = 45 %; W = 90 €;
gesucht: G
$G = 90\,€ \cdot \frac{100}{45} = 200\,€$

5 Zunächst muss man das monatliche Taschengeld berechnen: 15 € · 4 = 60 € = G.

:100	100 %	60 €	:100
·20	1 %	$\frac{60}{100}$ €	·20
	20 %	12 €	

gegeben: p % = 20 %; G = 60 €;
gesucht: W
$W = 60\,€ \cdot \frac{20}{100}$; W = 12 €

Sina bekommt nun monatlich 60 € + 12 € = 72 € Taschengeld.

Seite 45 **TEST**

1.

Grundwert	**Prozentwert**	**Prozentsatz**
105 Euro	4,2 Euro	$p\% = \frac{W}{G} = \frac{4{,}2\,€}{105\,€} = \frac{42}{1050}$ $= \frac{1}{25} = \frac{4}{100} = 4\,\%$
$G = W \cdot \frac{100}{p} = 35\,km \cdot \frac{100}{3}$ $= 1166\frac{1}{3}\,km \approx 1166{,}67\,km$	35 km	3 %
235 g	$W = G \cdot \frac{p}{100} = 235\,g \cdot \frac{25}{100}$ $= 58\frac{3}{4}\,g = 58{,}75\,g$	25 %

Für jede richtige Lösung gibt es einen Punkt.

2. a) Stufe 1: $W = 967 \cdot \frac{24{,}2}{100} = 234{,}014 \approx 234$ Schülerinnen und Schüler

Stufe 2: $W = 967 \cdot \frac{34{,}5}{100} = 333{,}615 \approx 334$ Schülerinnen und Schüler

Stufe 3: $W = 967 \cdot \frac{41{,}3}{100} = 399{,}371 \approx 399$ Schülerinnen und Schüler

Für jedes richtige Ergebnis gibt es einen Punkt.

b) Da der Preis der Ware um 15 % gesenkt wurde, kostet sie jetzt noch 85 % des ursprünglichen Preises. Und das sind 89 €. Daraus ergeben sich: $p\% = 85\%$; $W = 89\,€$; gesucht: G; $G = W \cdot \frac{100}{p} = 89\,€ \cdot \frac{100}{85} \approx 104{,}71\,€$

Die Ware kostete ursprünglich 104,71 €.

Für die richtige Lösung gibt es zwei Punkte: Einen für das Ergebnis, einen für den Antwortsatz.

Auswertung zum Test: Von insgesamt 8 Punkten hast du .... Punkte erreicht.

Super!	In Ordnung!	Bitte noch einmal üben!
8 bis 7 Punkte	6 bis 5 Punkte	Weniger als 5 Punkte

Zinsrechnung

Seite 47 **1**

Kapital (in €)	576	858,67 €	1050
Zinssatz	2,8 %	3,75 %	$\frac{50{,}4}{1050} = \frac{504}{10\,500} = \frac{6}{125} = \frac{48}{1000} = \frac{4{,}8}{100} = 4{,}8\,\%$
Jahreszinsen (in €)	16,13 €	32,20	50,4

2 a) Gegeben: $p\% = 3\%$; $Z = 8200\,€$; gesucht: K

$K = Z \cdot \frac{100}{p} = 8200\,€ \cdot \frac{100}{3} = 273333\frac{1}{3}\,€ \approx 273\,333\,€$

(Anmerkung: Hier ist es sinnvoll, auf ganze Zahlen zu runden.)

Der Lottogewinn betrug 273333 €.

b) Gegeben: $p\% = 2{,}1\,\%$; $Z = 78{,}80\,€$; gesucht: K

$K = 78{,}80\,€ \cdot \frac{100}{2{,}1} \approx 3752{,}38\,€$; Dilek hat 3752,38 € gespart.

c) Gegeben sind in beiden Fällen die Zinsen und das Kapital, gesucht ist jeweils der Zinssatz.

Frau Weber: $p\% = \frac{160\,€}{5759\,€} \approx 0{,}028 = 2{,}8\,\%$; Herr Bauer: $p\% = \frac{195\,€}{8644\,€} \approx 0{,}023 = 2{,}3\,\%$

Frau Weber bekommt den besseren Zinssatz.

TEST

1. a) Hier musst du darauf achten, die Zinsen vom 1. Jahr zum Kapitel für das 2. Jahr dazuzuzählen, ebenso die für das 2. Jahr zum Kapitel für das 3.
Zinsen $Z = K \cdot \frac{p}{100}$

	Bank A:	Bank B:
Jahr 1:	$Z = 4440\,€ \cdot \frac{3,5}{100} = 155,40\,€$	$Z = 4440\,€ \cdot \frac{2,8}{100} = 124,32\,€$
Jahr 2:	$Z = 4595,4\,€ \cdot \frac{4,2}{100} \approx 193,01\,€$	$Z = 4564,32\,€ \cdot \frac{4,4}{100} \approx 200,83\,€$
Jahr 3:	$Z = 4788,41\,€ \cdot \frac{4,8}{100} \approx 229,84\,€$	$Z = 4765,15\,€ \cdot \frac{5,6}{100} \approx 266,85\,€$
gesamt	578,25 €	592 €

Das Angebot von Bank B ist besser, Finn sollte sich dafür entscheiden.
Für diese Aufgabe gibt es zehn Punkte. Jeweils zwei für die richtigen Zinsen in jedem Jahr, zwei für die richtigen Gesamtsummen und zwei für die richtige Antwort.

b) Zunächst muss man die Anzahl der Tage ausrechnen: vom 5.5. bis zum 20.12. sind es $25 + 30 + 30 + 30 + 30 + 30 + 30 + 20 = 225$ Tage. Für die Tageszinsen gilt:
$Z = K \cdot \frac{p}{100} \cdot \frac{t}{360}$
$Z = 7200\,€ \cdot \frac{5,1}{100} \cdot \frac{225}{360} = 229,50\,€$
Der Zinsertrag in diesem Zeitraum beträgt 229,50 €.
Für diese Aufgabe gibt es vier Punkte; zwei für die richtige Anzahl Tage, zwei für den richtigen Zinsertrag.

Auswertung zum Test: Von insgesamt 14 Punkten hast du .... Punkte erreicht.

Super!	In Ordnung!	Bitte noch einmal üben!
14 bis 12 Punkte	11 bis 8 Punkte	Weniger als 8 Punkte

3. Dezimalzahlen und rationale Zahlen

Das Wichtigste zu Dezimalbrüchen

1 a) $\frac{4}{10} = 0,4$ b) $\frac{15}{100} = 0,15$ c) $\frac{243}{1000} = 0,243$ d) $\frac{76}{10} = 7,6$ Seite 49

2

Z	E	z	h	t	zt	ht	Dezimalbruch und Zerlegung
3	7	2	9				$37,29 = 37 + \frac{2}{10} + \frac{9}{100}$
	5	0	2	0	4	7	$5,02047 = 5 + \frac{0}{10} + \frac{2}{100} + \frac{4}{10000} + \frac{7}{100000}$
6	0	0	0	7	9	9	$60,00799 = 60 + \frac{0}{10} + \frac{0}{100} + \frac{7}{1000} + \frac{9}{10000} + \frac{9}{100000}$
1	0	0	0	0	2	3	$10,00023 = 10 + \frac{0}{10} + \frac{0}{100} + \frac{0}{1000} + \frac{2}{10000} + \frac{3}{100000}$

3 a) $\frac{3}{10} = 0,3$ b) $\frac{12}{100} = 0,12$ c) $\frac{542}{1000} = 0,542$
d) $1\frac{6}{10} = 1,6$ e) $2\frac{3}{100} = 2,03$ f) $65\frac{73}{1000} = 65,073$

4 a) $0,7 = \frac{7}{10}$ b) $0,36 = \frac{36}{100} = \frac{9}{25}$ c) $0,375 = \frac{375}{1000} = \frac{3}{8}$ Seite 50
d) $0,004 = \frac{4}{1000} = \frac{1}{250}$ e) $1,64 = 1\frac{64}{100} = 1\frac{16}{25}$ f) $2,09 = 2\frac{9}{100}$
g) $3,555 = 3\frac{555}{1000} = 3\frac{111}{200}$ h) $1,207 = 1\frac{207}{1000}$

5 Chips: 0,75 kg = (0,75 · 1000) g = 750 g
Brief: 0,018 kg = (0,018 · 1000) g = 18 g
Feder: 0,006 kg = (0,006 · 1000) g = 6 g
Äpfel: 3,45 kg = (3,45 · 1000) g = 3450 g
Auto: 1,577 t = (1,577 · 1000) kg = 1577 kg

6 a) $\frac{3}{5} = \frac{6}{10} = 0{,}6$ b) $\frac{3}{8} = \frac{375}{1000} = 0{,}375$ c) $3\frac{3}{4} = 3\frac{75}{100} = 3{,}75$
d) $\frac{9}{30} = \frac{3}{10} = 0{,}3$ e) $\frac{28}{70} = \frac{4}{10} = 0{,}4$ f) $\frac{1}{6}$ $1:6 = 0{,}1\overline{6}$

Seite 51 **TEST**

1.

H	Z	E	z	h	t	zt	Dezimalbruch und Zerlegung
		5	4	7	0	0	$5{,}47 = 5 + \frac{4}{10} + \frac{7}{100}$
	2	3	0	2	1	8	$23{,}0218 = 23 + \frac{0}{10} + \frac{2}{100} + \frac{1}{1000} + \frac{8}{10\,000}$
1	0	4	0	0	6	0	$104{,}006 = 104 + \frac{0}{10} + \frac{0}{100} + \frac{6}{1000}$

Pro richtig zerlegter Zahl gibt es einen Punkt.

2. a) $\frac{32}{100} = 0{,}32$ b) $\frac{9}{10\,000} = 0{,}0009$ c) $\frac{2}{10} + \frac{5}{100} = 0{,}25$
Pro richtigem Ergebnis gibt es einen Punkt.

3. a) $\frac{3}{4} = \cancel{3{,}4}$ f → $\frac{3}{4} = \frac{75}{100} = 0{,}75$ b) $0{,}51 = \frac{51}{100}$ r
c) $\frac{2}{25} = \cancel{\frac{4}{100}}$ f $= 0{,}04$ → $\frac{2}{25} = \frac{8}{100} = 0{,}08$ d) $2{,}39 = \cancel{2\frac{39}{10}}$ f → $2{,}39 = 2\frac{39}{100}$
e) $0{,}978 = \frac{9}{10} + \frac{7}{100} + \frac{8}{1000}$ r
Pro geprüfter Aufgabe gibt es einen Punkt (insgesamt fünf).

4. a) $\frac{1}{4} = \frac{25}{100} = 0{,}25$ b) $\frac{6}{10} = 0{,}6$ c) $\frac{7}{25} = \frac{28}{100} = 0{,}28$
d) $\frac{12}{40} = \frac{3}{10} = 0{,}3$ e) $\frac{9}{75} = \frac{3}{25} = \frac{12}{100} = 0{,}12$ f) $\frac{40}{200} = \frac{2}{10} = 0{,}2$
Pro richtigem Ergebnis gibt es einen halben Punkt.

Auswertung zum Test: Von insgesamt 14 Punkten hast du .... Punkte erreicht.

Super!	In Ordnung!	Bitte noch einmal üben!
14 bis 12 Punkte	11 bis 8 Punkte	Weniger als 8 Punkte

Dezimalbrüche vergleichen, ordnen und runden

Seite 53

1 a) 2,50 < 2,51 b) 3,09 < 3,11 c) 5,634 < 5,643
d) 0,0045 > 0,00406 e) 2,607 > 2,6009

2 a) 1,4 = 1,400 b) $0{,}75 < \frac{78}{100} = 0{,}78$ c) $\frac{3}{20} = \frac{15}{100} = 0{,}15 > 0{,}14$
d) $\frac{1}{3} = 0{,}\overline{3} > 0{,}333$ e) $4\frac{1}{6} = 4{,}1\overline{6} < 4{,}\overline{6}$

3 a) 0; 1; 2; 3; 4; 5; 6; 7 b) 0; 1; 2; 3; 4; 5; 6; 7; 8 c) 7; 8; 9 $\left(\frac{3}{8} = 0{,}375\right)$

4

5
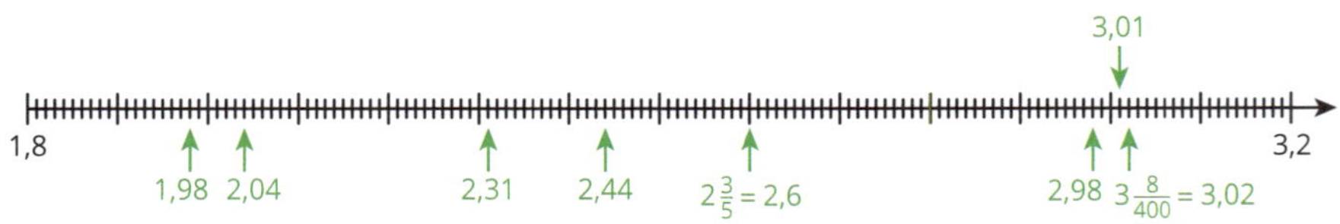

6

Seite 54

Dezimalbruch	Zehntel	Einer	Tausendstel	Hundertstel
2,4926	2,5	2	2,493	2,49
0,4076	0,4	0	0,408	0,41
1,2409	1,2	1	1,241	1,24
9,4546	9,5	9	9,455	9,45
0,07155	0,1	0	0,072	0,07
1,7341	1,7	2	1,734	1,73
1,02698	1,0	1	1,027	1,03
3,0998	3,1	3	3,100	3,10
9,95947	10,0	10	9,959	9,96

7 a) 3,4 < 3,422 < 3,5 b) 3 < 3,422 < 4
c) 3,421 < 3,422 < 3,423 d) 3,421 99 < 3,422 00 < 3,422 01

TEST

1. a) 6,093 < 6,354 < 6,994 < 7,032 < 7,889 < 7,893

b) $0{,}475 > \frac{4}{9} = 0{,}\overline{4} > \frac{43}{100} = 0{,}43 > \frac{21}{50} = \frac{42}{100} = 0{,}42 > \frac{1989}{5000} = \frac{3978}{10000} = 0{,}3978 > 0{,}3976$

Pro Aufgabenteil gibt es bei vollständig richtiger Anordnung zwei Punkte.

2. a)

Seite 55

b)

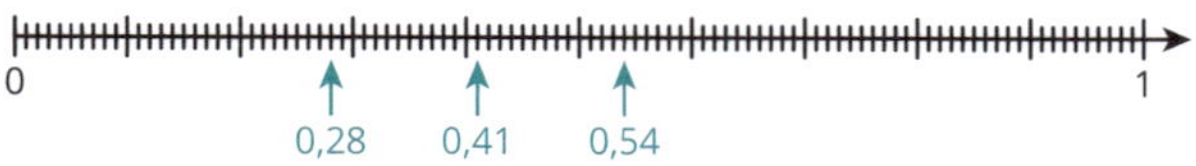

c)

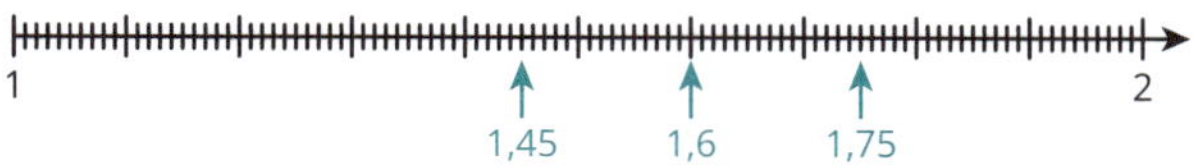

d)

e)

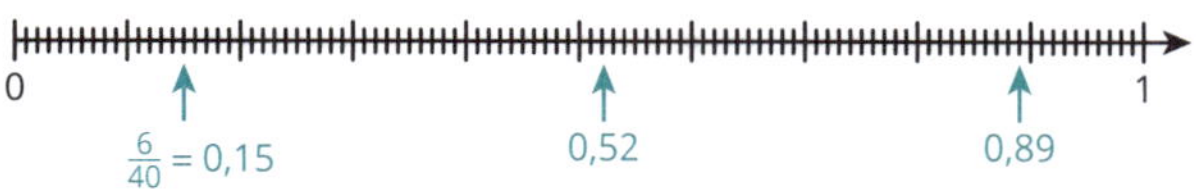

Pro richtiger Lösung gibt es einen Punkt.

3. a) 4,76 ≈ 4,8; 0,245 ≈ 0,2; 12,109 ≈ 12,1; 0,054 ≈ 0,1; 9,899 ≈ 9,9

b) 39,271 kg ≈ 39 kg; 0,889 kg ≈ 1 kg; 1,499 kg ≈ 1 kg; 3245 g = 3,245 kg ≈ 3 kg; 0,298 54 t = 298,54 kg ≈ 299 kg

c) 45 325 g = 45,325 kg ≈ 45 kg; 983 mℓ = 98,3 cℓ ≈ 98 cℓ; 356 cm = 35,6 dm ≈ 36 dm; 23,49 a = 0,2349 ha ≈ 0 ha (Bemerkung: In diesem Fall ergibt diese Art zu runden keinen Sinn, da 0 ha den Eindruck erweckt, es wäre gar keine Fläche vorhanden, in Wirklichkeit sind es aber 2349 m²); 76,5 mm = 7,65 cm ≈ 8 cm

Für jede komplett richtig gelöste Teilaufgabe gibt es zwei Punkte. Ist nur ein Ergebnis falsch, gibt es noch einen Punkt.

Auswertung zum Test: Von insgesamt 15 Punkten hast du .... Punkte erreicht.

Super!	In Ordnung!	Bitte noch einmal üben!
15 bis 13 Punkte	12 bis 9 Punkte	Weniger als 9 Punkte

Addieren und Subtrahieren von Dezimalbrüchen

Seite 56 **1** a) 2,3 + 1,4 = 3,7 b) 1,7 + 4,45 = 6,15 c) 8,4 – 2,3 = 6,1
d) 1,68 – 0,55 = 1,13 e) 6,2 + 3,4 = 9,6 f) 5,82 + 3,29 = 9,11
g) 6,5 – 4,7 = 1,8 h) 25,12 – 23,105 = 2,015

Seite 57 **2** a) 39,129 b) 10,627 c) 379,1611
d) 31,413 e) 42,066 f) 33,254

3 a) 45,219 + 76,804 = 122,023 b) 3,9365 + 2,3674 + 0,0457 = 6,3496
c) 55,43 – 43,78 = 11,65
d) 567,3957 – 189,303 – 205,7791 = 567,3957 – 395,0821 = 172,3136

4 1325,89 + 688,11 = 2014

Seite 58 **5** a) Zunächst müssen alle Maße in die gleiche Einheit umgewandelt werden, z. B. in Gramm (g). Anschließend addiert man sie. Achtung: Korb nicht vergessen!
2400 g + 750 g + 500 g + 2750 g + 121 g + 845 g = 7366 g = 7,366 kg
b) Zunächst addiert man alle Ausgaben und vergleicht den Gesamtpreis mit den 50 €:
2,95 € + 6,50 € + 7,99 € + 14,99 € + 17,52 € = 49,95 €. Das Geld reicht für den Einkauf.

TEST

1. a) 3,2 + 4,9 = 8,1 b) 2,46 + 3,98 = 6,44 c) 7,4 – 0,8 = 6,6 d) 8,45 – 5,54 = 2,91
Für jedes richtige Ergebnis gibt es einen Punkt.

2. a) 40,379 b) 8,330 c) 271,172
Seite 59 d) 36,573 e) 65,511 f) 28,521
Für jede richtig gelöste Aufgabe gibt es einen Punkt.

3.

3,75	0,23	1,96	5,94
7,94	1,362	9,026	18,328
1,392	7,02	4,079	12,491
13,082	8,612	15,065	36,759

Für jede richtige Zahl gibt es einen Punkt.

4. a)
16,026
6,97 | 9,056
2,214 | 4,756 | 4,3
1,45 | 0,764 | 3,992 | 0,308

b)
13,891
6,319 | 7,572
4,389 | 1,93 | 5,642
2,57 | 1,819 | 0,111 | 5,531

Für jede richtige Zahl gibt es einen Punkt.

5. a) Der Umfang einer ebenen Figur ist die Summe der einzelnen Seitenlängen.
Daher gilt: u = 4,09 cm + 2,94 cm + 1,93 cm + 2,78 cm + 4,56 cm = 16,3 cm
b) Bei Strecken ist die Umwandlungszahl in die nächste Einheit 10.
Daher gilt: u = (16,3 · 10) mm = 163 mm
c) u = 16,3 cm ≈ 16 cm
Für a) und b) gibt es je zwei Punkte, für c) einen Punkt.

Auswertung zum Test: Von insgesamt 34 Punkten hast du …….. Punkte erreicht.

Super!	In Ordnung!	Bitte noch einmal üben!
34 bis 28 Punkte	27 bis 18 Punkte	Weniger als 18 Punkte

Multiplizieren und Dividieren von Dezimalbrüchen

Seite 61

1 a) $0{,}6 \cdot 10 = 6$ b) $0{,}27 \cdot 100 = 27$ c) $0{,}31 \cdot 10\,000 = 3100$
d) $3{,}7 : 10 = 0{,}37$ e) $64{,}78 : 1000 = 0{,}06\,478$ f) $0{,}42 : 100 = 0{,}0042$
g) $0{,}9 \cdot 3 = 2{,}7$ h) $1{,}2 \cdot 8 = 9{,}6$ i) $2{,}1 \cdot 0{,}4 = 0{,}84$

2 a) $2{,}255 \approx 2{,}26$ b) $6{,}536\,76 \approx 6{,}537$

3 a) $0{,}454$ b) $6{,}4\overline{27}$, die Lösung ist eine periodische Dezimalzahl.

Seite 62

4 a) Man kann zwei Teilrechtecke ausrechnen (vgl. Seite 83) und deren Inhalt addieren.
$A_1 = 2{,}6\,m \cdot 3{,}3\,m = 8{,}58\,m^2$; $A_2 = 2{,}4\,m \cdot (5{,}2 - 2{,}6)\,m = 6{,}24\,m^2$
$A = A_1 + A_2 = 8{,}58\,cm^2 + 6{,}24\,cm^2 = 14{,}82\,m^2$
b) $A_{Teppich} = 3{,}5\,m \cdot 5{,}5\,m = 19{,}25\,m^2$; Rest: $19{,}25\,m^2 - 14{,}82\,m^2 = 4{,}43\,m^2$
c) $19{,}25 \cdot 14{,}95 = 287{,}7875$
Sie muss also etwa 287,79 Euro aufwenden, um den Teppich zu kaufen.

TEST

1.

·	4	0,2	0,7	2,1
0,3	1,2	0,06	0,21	0,63
0,6	2,4	0,12	0,42	1,26
0,05	0,2	0,01	0,035	0,105

Für jede richtige Zahl gibt es einen halben Punkt.

2. a) 11,637 845 b) 9,72 Für jedes richtige Ergebnis gibt es zwei Punkte.

Seite 63

3. a) Zunächst berechnet man das Volumen eines Quaders mithilfe der Formel
$V = a \cdot b \cdot c$. Achtung: Von der Höhe müssen 5 cm abgezogen werden!
$V = 1\,m \cdot 0{,}4\,m \cdot 0{,}55\,m = 0{,}22\,m^3$. Nun rechnet man das Volumen in Liter um.
Da $1\,m^3 = 1000\,\ell$, gilt: $V = (0{,}22 \cdot 1000)\,\ell = 220\,\ell$. Es passen $220\,\ell$ in das Aquarium.
b) Zunächst berechnet man die Masse der Füllung: $0{,}998 \cdot 220 = 219{,}56$. Die Füllung wiegt also 217,36 kg. Zusammen mit den 9,31 kg Leergewicht kommt man auf ein Gesamtgewicht von $219{,}56\,kg + 9{,}31\,kg = 228{,}87\,kg$.
Für jede komplett gelöste Teilaufgabe gibt es zwei Punkte.

4. $3{,}2 \rightarrow 0{,}032 \rightarrow 0{,}064 \rightarrow 0{,}0768 \rightarrow 0{,}64 \rightarrow 3{,}2$
Für jede richtig errechnete Zahl gibt es einen Punkt.

5. a) $35\,385 \cdot 2{,}59 = 91\,647{,}15$; Maine hat also eine Fläche von $91\,647{,}15\,km^2$.
b) Die Fläche auf Tausender gerundet ergibt $\approx 92\,000\,km^2$, die Einwohnerzahl auf Tausender gerundet ergibt $\approx 1\,328\,000$. Nun muss man die Einwohnerzahl durch die Anzahl der km^2 teilen: $1\,328\,000 : 92\,000$. Nullen darf man wegkürzen, also $1328 : 92 = 14{,}4$ Rest 32. Die Rechnung muss hier nicht weiter geführt werden.
Es genügt zu wissen, dass in Maine etwa 14 Menschen pro km^2 leben.
Zum Vergleich: In Deutschland leben etwa 226 Menschen pro km^2.
c) Die Fläche von $91\,647{,}15\,km^2$ muss mit $\frac{83}{100} = 0{,}83$ multipliziert werden:
$91\,647{,}15 \cdot 0{,}83 = 76\,067{,}1345$. In Maine sind also etwa $76\,067\,km^2$ von Wald bedeckt.
Für jede komplett gelöste Teilaufgabe gibt es zwei Punkte.

Auswertung zum Test: Von insgesamt 26 Punkten hast du .... Punkte erreicht.

Super!	In Ordnung!	Bitte noch einmal üben!
26 bis 22 Punkte	21 bis 14 Punkte	Weniger als 14 Punkte

Rationale Zahlen vergleichen und ordnen

Seite 65 **1**

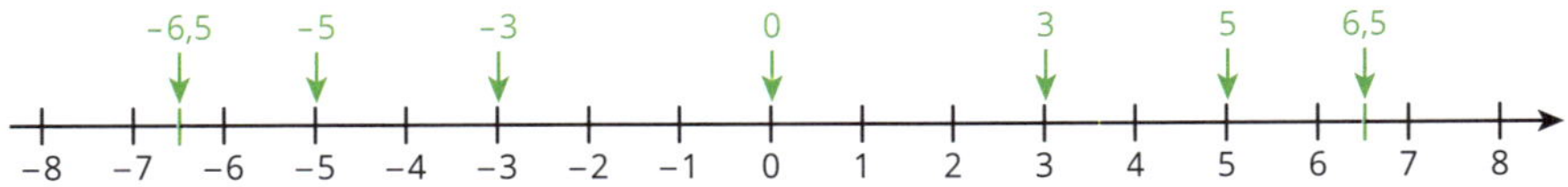

2 a) 4,5 > 2,6 b) −6,9 > 6,0 c) 0 > −0,1
d) |−2,3| > 1,9 e) −1,4 < 0,14 f) |−9,81| < |−9,82|

3 −7,5; −0,1; −0,02; 0; 0,01; 0,75; 1,9; 2,5; |−5,7|

4 a) −3,0 < −2,9 < −2,8 b) 7 < |−8| < 9
c) −4,10 < −4,09 < −4,08 d) −3,76 < −3,75 < −3,74

TEST

a) −0,003 < −0,002 < −0,001 b) −3,00 < −2,99 < −2,98
c) −32,6 < −32,5 < −32,4 d) −3 < −|2| < −1
e) −6,7 < −|6,6| < −6,5 f) 0,09 < |−0,10| < 0,11

Pro Teilaufgabe gibt es zwei Punkte, einen Punkt für jede richtige Zahl.

Auswertung zum Test: Von insgesamt 12 Punkten hast du .... Punkte erreicht.

Super!	In Ordnung!	Bitte noch einmal üben!
12 bis 11 Punkte	10 bis 7 Punkte	Weniger als 7 Punkte

Rechnen mit rationalen Zahlen

Seite 67 **1** a) 6,5 − (−7) = 6,5 + 7 = 13,5 b) −4,5 + (−12) = −16,5
c) $(-25):\left(-\frac{1}{4}\right) = -25\cdot\left(-\frac{4}{1}\right) = 100$ d) $36:\left(-\frac{3}{5}\right) = 36\cdot\left(-\frac{5}{3}\right) = -60$

2 a) 4 · (−7) = −28 b) −2,5 · 5 = −12,5 c) 2 · |−4,8| = 9,6
d) (−15) + 21 = 6 e) −24 + (−4,5) = −28,5 f) 5 + (−12,5) = −7,5
g) 20 : |−4| = 5 h) $\left(-\frac{3}{4}\right)\cdot\left|\frac{5}{4}\right| = -\frac{15}{16}$ oder $\left(-\frac{3}{4}\right)\cdot\left|-\frac{5}{4}\right| = -\frac{15}{16}$
i) 108 : (−4 + 6) = 54

Seite 68 **3** a) ((−10) + (−3)) · (−16) − (+3) = (−13) · (−16) − 3 = 208 − 3 = 205
b) −60 − (97 − 78 − 26) = −60 − (−7) = −60 + 7 = −53
c) 22 − (+25) − (−14) − 8 = 22 − 25 + 14 − 8 = 3
d) 3 · (7 − (5 − 2,5) · 2) − 2 = 3 · (7 − 2,5 · 2) − 2 = 3 · 2 − 2 = 4
e) $\frac{2}{7}\cdot(4-(-9+6)) + (-15) = \frac{2}{7}\cdot(4-(-3)) - 15 = \frac{2}{7}\cdot 7 - 15 = -13$
f) (12 − 4) : (−2) = 8 : (−2) = −(8 : 2) = −4

4 $\left(-28-(18+(-4))\right)\cdot 2\cdot\left(-\frac{1}{2}\right) = (-42)\cdot 2\cdot\left(-\frac{1}{2}\right) = (-42)\cdot(-1) = 42$

5 (−78) : 26 · (−108 − 98) = (−3) · (−206) = 618

Seite 69 **6** a) Variante 1:
−5 + 3 = −2
Variante 2:
−(+5) − (−3) = −5 + 3 = −2

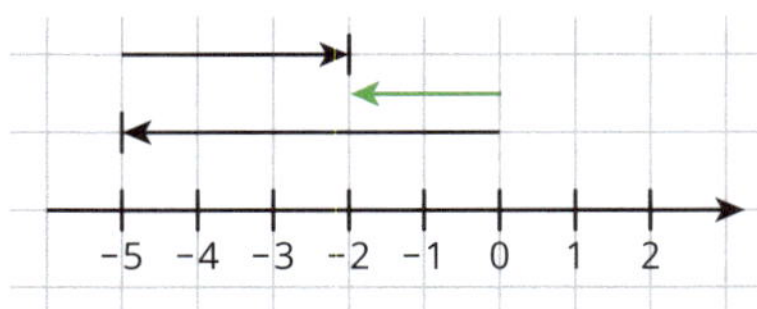

b) Variante 1:
$1{,}5 - 0{,}5 = 1$
Variante 2:
$-(-1{,}5) + (-0{,}5) = 1{,}5 - 0{,}5 = 1$

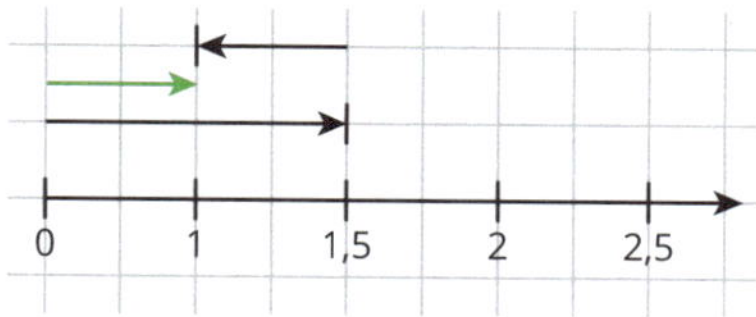

TEST

1. a) $-3 \cdot \left(-\frac{1}{2} \cdot \left(-\frac{5}{6}\right)\right) - \frac{3}{12} = -3 \cdot \frac{5}{12} - \frac{3}{12} = -\frac{15}{12} - \frac{3}{12} = -\frac{18}{12} = -\frac{3}{2}$

b) $\frac{1}{6} \cdot \left(-\frac{4}{5}\right) + \frac{7}{10} - \frac{8}{5} : \frac{1}{7} = -\frac{4}{30} + \frac{7}{10} - \frac{8}{5} \cdot \frac{7}{1} = -\frac{4}{30} + \frac{7}{10} - \frac{56}{5} = -\frac{319}{30}$

Pro richtig gelöster Teilaufgabe bekommst du zwei Punkte.

2. a) Fehler: Klammer nicht beachtet.
$((3{,}5 - (-5{,}5) : (-3)) \cdot (-4)$
$= ((3{,}5 + 5{,}5) : (-3)) \cdot (-4)$
$= (9 : (-3)) \cdot (-4)$
$= -3 \cdot (-4)$
$= 12$

b) Fehler: Punkt vor Strichrechnung nicht beachtet und falsch addiert
$-(-56 - 26 \cdot 2) + 3$
$= -(-56 - 52) + 3$
$= -(-108) + 3$
$= +108 + 3 = 111$

Pro Teilaufgabe gibt es drei Punkte, zwei für die Lösung, einen für den erkannten Fehler.

Auswertung zum Test: Von insgesamt 10 Punkten hast du .... Punkte erreicht.

Super!	In Ordnung!	Bitte noch einmal üben!
10 bis 9 Punkte	8 bis 6 Punkte	Weniger als 6 Punkte

4. Geometrie[1]

Geometrische Grundbegriffe

Seite 72

1

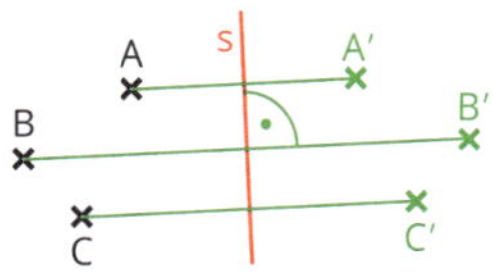

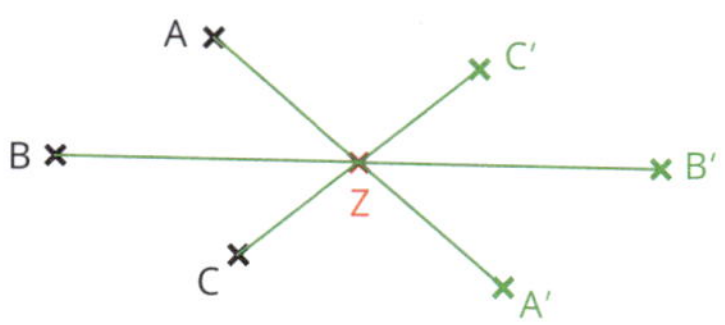

2

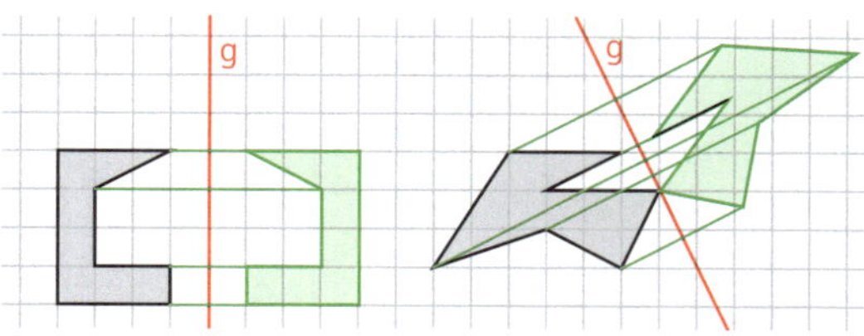

3

1 Aus Platzgründen sind die Grafiken oft verkleinert dargestellt. Zum Vergleichen mit deiner Lösung zähle einfach die Kästchen.

4 a)

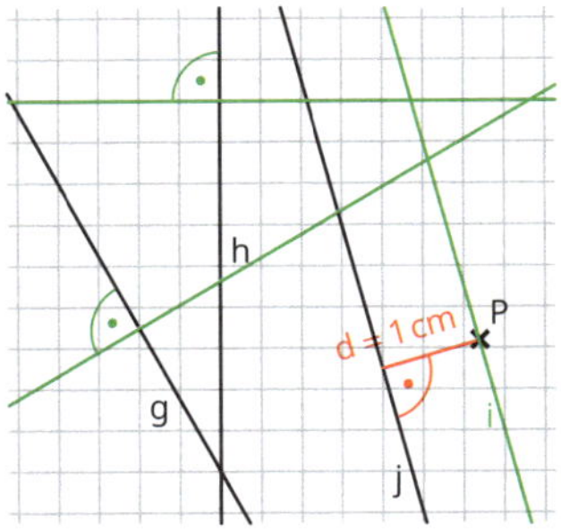

Seite 73 5

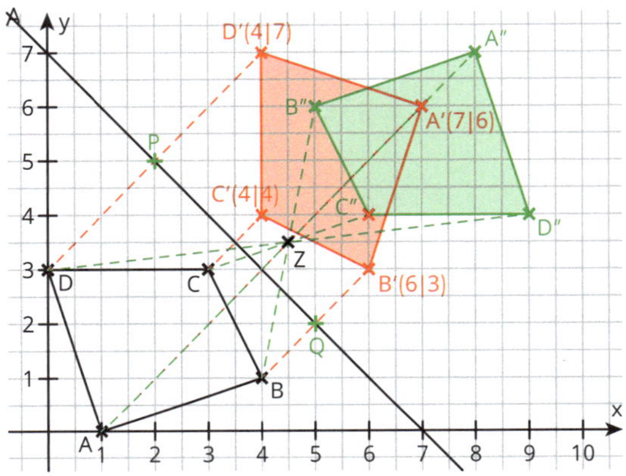

TEST

1.

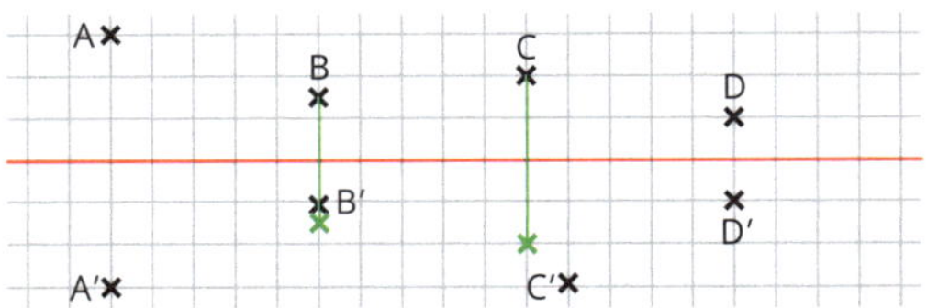

Für jede richtig geprüfte Spiegelung gibt es einen Punkt (insgesamt vier).

2. a) Die Punkte haben die Koordinaten A(2|4), B(3|3), C(1|1), D(7|1), E(5|3), F(6|4) und G(4|5).

b) Dass die Figur achsensymmetrisch ist, erkennt man daran, dass die Verbindungen zwischen den Punkten und den entsprechenden gegenüberliegenden Punkten (z. B. A und F, B und E …) rechtwinklig zur Spiegelachse s stehen und die entsprechenden Punkte gleich weit von dieser Symmetrieachse entfernt sind.

c) siehe Zeichnung rechts

d) siehe Zeichnung rechts

Pro richtig gelöster Teilaufgabe gibt es drei Punkte.

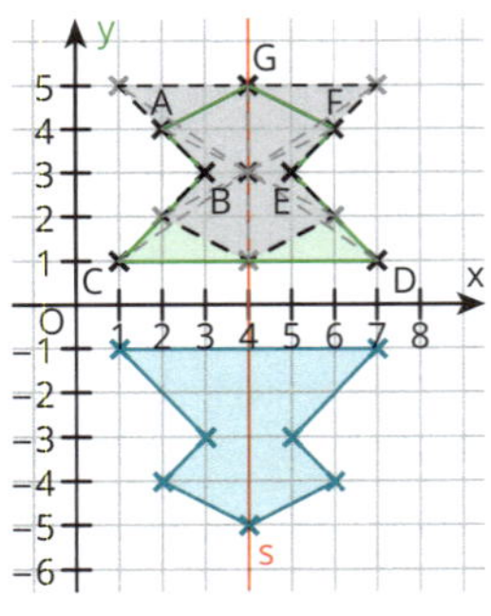

Auswertung zum Test: Von insgesamt 16 Punkten hast du .... Punkte erreicht.

Super!	In Ordnung!	Bitte noch einmal üben!
16 bis 14 Punkte	13 bis 10 Punkte	Weniger als 10 Punkte

Winkel und Winkelgesetze

Seite 76

1 ① 45°; ② 90°; ③ 110°; ④ 280°; ⑤ 65°; ⑥ 150°
Der Größe nach: ① < ⑤ < ② < ③ < ⑥ < ④

2 a) α = 35° (spitzer Winkel)
β = 68° (spitzer Winkel)
γ = 92° (stumpfer Winkel)
δ = 99° (stumpfer Winkel)

b) α = 112° (stumpfer Winkel)
β = 180° (gestreckter Winkel)
γ = 245° (überstumpfer Winkel)
δ = 333° (überstumpfer Winkel)

3 a) 3:00 Uhr: 90°   b) 7:00 Uhr: 150°   c) 14:30 Uhr: 105°

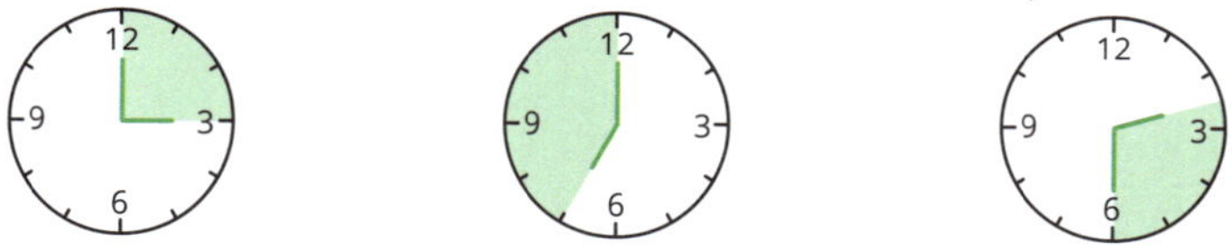

TEST

Seite 77

1.

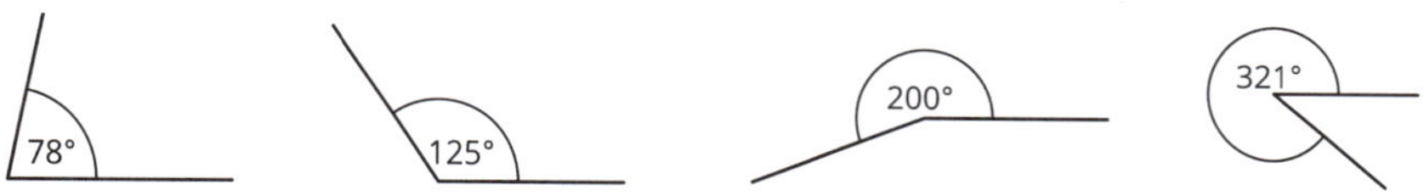

Gib dir für jeden richtig gezeichneten Winkel einen Punkt.

2.

330°	80°	45°	190°	290°	178°	355°
15°	49°	1°	125°	110°	236°	145°

Für jeden richtigen bestimmten Winkel gibt es einen Punkt.

3.

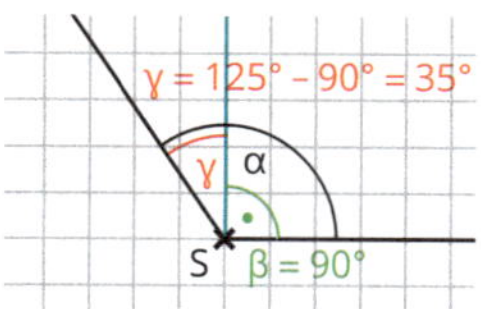

Für jede Teilzeichnung und den richtigen Winkel γ gibt es einen Punkt (insgesamt 3).

Auswertung zum Test: Von insgesamt 21 Punkten hast du .... Punkte erreicht.

Super!	In Ordnung!	Bitte noch einmal üben!
21 bis 18 Punkte	17 bis 14 Punkte	Weniger als 14 Punkte

Winkel an Geradenkreuzungen, Dreiecksarten

Seite 78

1 Wenn du richtig gemessen hast, dann beträgt in jedem beliebigen Dreieck die Summe der Innenwinkel 180° (Winkelsummensatz).

Seite 79

2 α = 133° (Gegenwinkel zu 133°)
γ = 34° (Gegenwinkel zu β)
β = 180° – 133° – 34° = 13°
δ = 13° (Gegenwinkel zu β)

TEST

1. ① 124° ② 56° ③ 124° ④ 56° ⑤ 124° ⑥ 124° ⑦ 56°
⑧ 71° ⑨ 71° ⑩ 109° ⑪ 71° ⑫ 109° ⑬ 71° ⑭ 109°
Für jeden richtigen bestimmten Winkel gibt es einen Punkt.

2. a) $\alpha = 180° - 70° - 30° = 80°$;
alle Winkel sind kleiner als 90°, also spitzwinkliges Dreieck
b) $\beta = 180° - 90° - 35° = 55°$;
da ein Winkel 90° hat, ist dies ein rechtwinkliges Dreieck
c) $\gamma = 180° - 120° - 20° = 40°$;
da ein Winkel über 90° hat, ist es ein stumpfwinkliges Dreieck
Pro Teilaufgabe gibt es zwei Punkte, einen für den richtigen Winkel, einen für die richtige Bezeichnung.

Auswertung zum Test: Von insgesamt 20 Punkten hast du .... Punkte erreicht.

Super!	In Ordnung!	Bitte noch einmal üben!
20 bis 17 Punkte	16 bis 13 Punkte	Weniger als 13 Punkte

Eigenschaften von Vierecken

Seite 81

1 a)

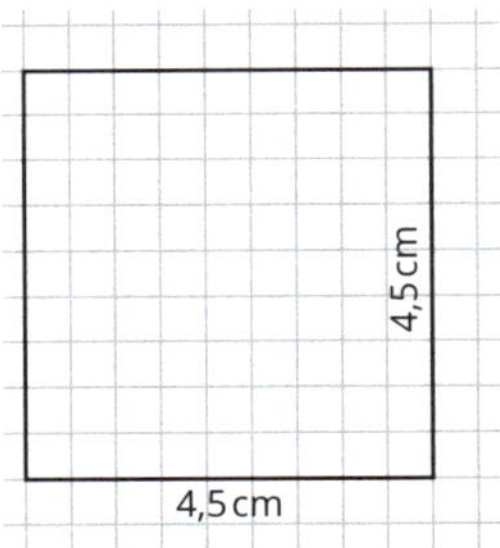

b)

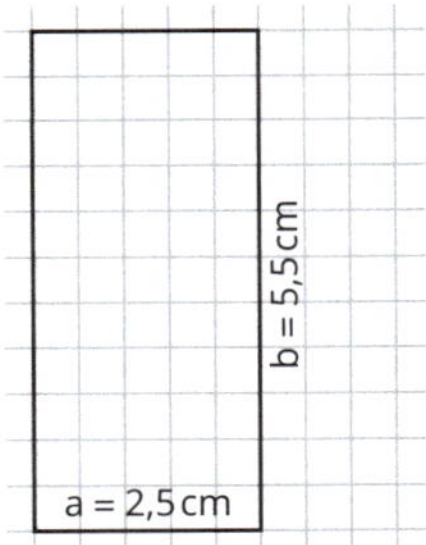

2

Quadrat: 4 Symmetrieachsen	Rechteck: 2 Symmetrieachsen	Raute: 2 Symmetrieachsen	Drachen: 1 Symmetrieachse	Trapez: 1 Symmetrieachse
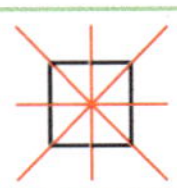	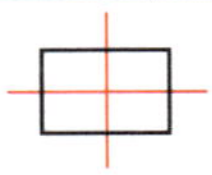	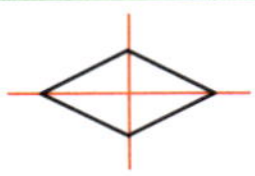	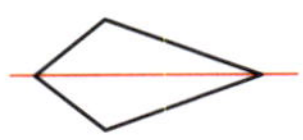	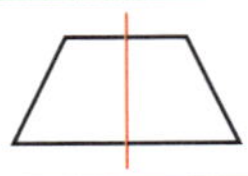

TEST

1.

Name	Quadrat	Rechteck	Parallelogramm	Raute	Drachen	Trapez
4 gleich lange Seiten	×			×		
4 gleich große Winkel	×	×				
2 Paar parallele Seiten	×	×	×	×		
Diagonalen sind senkrecht zueinander	×			×	×	
Diagonalen halbieren sich	×	×	×	×		

Für jedes richtige Kreuz bekommst du einen Punkt, für jedes falsche ziehe zwei ab.

Auswertung zum Test: Von insgesamt 15 Punkten hast du .... Punkte erreicht.

Super!	In Ordnung!	Bitte noch einmal üben!
15 bis 12 Punkte	11 bis 9 Punkte	Weniger als 8 Punkte

Flächeneinheiten, Flächeninhalt und Umfang von Vierecken, Dreiecken und unregelmäßigen Vielecken

1 a) $2{,}5\,m^2 = (2{,}5 \cdot 100)\,dm^2 = 250\,dm^2$ b) $0{,}31\,cm^2 = (0{,}31 \cdot 100)\,mm^2 = 31\,mm^2$ **Seite 83**
c) $12\,a = (12 \cdot 100)\,m^2 = 1200\,m^2$ d) $41\,ha = (41 \cdot 100)\,a = 4100\,a$
e) $321\,dm^2 = (321 : 100)\,m^2 = 3{,}21\,m^2$
f) $4562\,mm^2 = (4562 : 100)\,mm^2 = 45{,}62\,cm^2$
g) $19\,a = (19 : 100)\,ha = 0{,}19\,ha$ h) $2\,m^2 = (2 : 100)\,a = 0{,}02\,a$

2 a) $26{,}5\,m^2 = (26{,}5 \cdot 100)\,dm^2 = (2650 \cdot 100)\,cm^2 = 265\,000\,cm^2$
b) $12\,476\,mm^2 = (12\,476 : 100)\,cm^2 = (124{,}76 : 100)\,dm^2 = 1{,}2476\,dm^2$
c) $0{,}2\,ha = (0{,}2 \cdot 100)\,a = (20 \cdot 100)\,m^2 = 2000\,m^2$
d) $3\,200\,000\,cm^2 = (3\,200\,000 : 100)\,dm^2 = (32\,000 : 100)\,m^2 = (320 : 100)\,a = 3{,}2\,a$

3 a) $u = 2 \cdot 4{,}5\,dm + 2 \cdot 2{,}8\,dm = 9\,dm + 5{,}6\,dm = 14{,}6\,dm$; $A = 4{,}5\,dm \cdot 2{,}8\,dm = 12{,}6\,dm^2$ **Seite 84**
b) $u = 6\,m + 5\,m + 5\,m = 16\,m$; $A = \frac{1}{2} \cdot 6\,m \cdot 4\,m = 12\,m^2$
c) $u = 2 \cdot 20\,mm + 2 \cdot 17\,mm = 74\,mm$; $A = 20\,mm \cdot 15\,mm = 300\,mm^2\ (= 3\,cm^2)$
d) $u = 9\,cm + 3{,}6\,cm + 3\,cm + 5\,cm = 20{,}6\,cm$; $A = \frac{9\,cm + 3\,cm}{2} \cdot 3\,cm = 18\,cm^2$

4 Um den Flächeninhalt der Figur berechnen zu können, müssen Hilfslinien eingezogen und gemessen werden.
$u = 9{,}9\,cm + 4{,}2\,cm + 5\,cm + 4{,}5\,cm = 23{,}6\,cm$
$A = A_{Trapez} + A_{Dreieck}$
$A_{Trapez} = \frac{9{,}9\,cm + 5{,}2\,cm}{2} \cdot 3{,}1\,cm = 23{,}41\,cm^2$;
$A_{Dreieck} = \frac{1}{2} \cdot 5{,}2\,cm \cdot 0{,}7\,cm = 1{,}82\,cm^2$

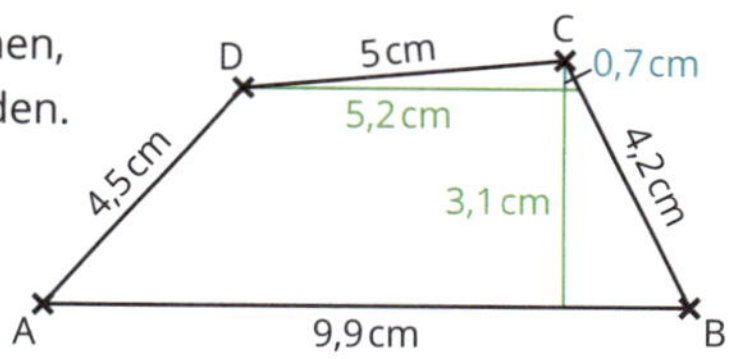

$A = 23{,}41\,cm^2 + 1{,}82\,cm^2 = 25{,}23\,cm^2$

TEST **Seite 85**

1. a) $3{,}5\,ha = (3{,}5 \cdot 100)\,a = 350\,a$
b) $21\,dm^2 = (21 \cdot 100)\,cm^2 = 2100\,cm^2$
c) $3400\,dm^2 = (3400 : 100)\,m^2 = (34 : 100)\,a = 0{,}34\,a$
d) $120\,ha = (120 \cdot 100)\,a = (12\,000 \cdot 100)\,m^2 = 1\,200\,000\,m^2$
Pro richtigem Ergebnis gibt es einen Punkt.

2. a) $108\,cm^2 = a \cdot 12\,cm \quad | : 12\,cm$
$9\,cm = a$
b) $300\,m^2 = 15\,m \cdot h \quad | : 15\,m$
$20\,m = h$
Für jede richtig berechnete Teilaufgabe gibt es zwei Punkte, also vier Punkte gesamt.

3. $A = \frac{39\,m + 15\,m}{2} \cdot 11\,m = 27\,m \cdot 11\,m = 297\,cm^2$ Für diese Aufgabe gibt es 2 Punkte.

4. Die Fläche wird zunächst zum Beispiel in die Teilflächen A_1, A_2 und A_3 zerlegt: $A_1 = 2{,}5\,m \cdot 2{,}5\,m = 6{,}25\,m^2$
$A_2 = 5{,}5\,m \cdot 4{,}5\,m = 24{,}75\,m^2$
$A_3 = 2\,m \cdot 3\,m = 6\,m^2$
$A = A_1 + A_2 + A_3 = 6{,}25\,m^2 + 24{,}75\,m^2 + 6\,m^2 = 37\,m^2$
Für jedes Teilergebnis gibt es einen Punkt.
Insgesamt 4 Punkte.

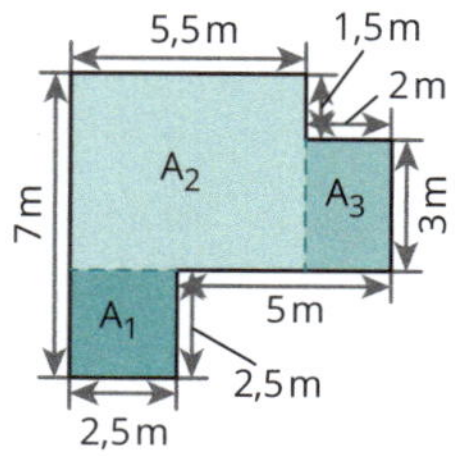

Auswertung zum Test: Von insgesamt 14 Punkten hast du .... Punkte erreicht.

Super!	In Ordnung!	Bitte noch einmal üben!
14 bis 11 Punkte	10 bis 7 Punkte	Weniger als 7 Punkte

Fläche und Umfang von regelmäßigen Vielecken und Kreisen

Seite 87 **1** a) $u = \pi \cdot 8\,\text{km} \approx 3{,}14 \cdot 8\,\text{km} = 25{,}12\,\text{km}$ $A = \pi \cdot (4\,\text{km})^2 \approx 3{,}14 \cdot 16\,\text{km}^2 = 50{,}24\,\text{km}^2$

b) $u = 5 \cdot 5\,\text{cm} = 25\,\text{cm}$ $A = 5 \cdot \frac{1}{2} \cdot 5\,\text{cm} \cdot 4{,}33\,\text{cm} = 54{,}125\,\text{cm}^2$

2

	Radius r	Umfang u	Flächeninhalt A
Kreis 1	12 cm	75,36 cm	452,16 cm²
Kreis 2	10 dm	62,8 dm	314 dm²
Kreis 3	3 m	18,84 m	28,26 m²

3 a) Der Umfang besteht aus einem großen Halbkreis und zwei kleinen Halbkreisen. Die Fläche aus der eines großen Halbkreises abzüglich der Fläche zweier kleiner Halbkreise: $(2 \cdot \pi \cdot 4\,\text{cm}) : 2 = u$ großer Halbkreis, $2 \cdot \pi \cdot 2\,\text{cm} = u$ kleine Halbkreise

$u = (2 \cdot \pi \cdot 4\,\text{cm}) : 2 + 2 \cdot \pi \cdot 2\,\text{cm} \approx 25{,}12\,\text{cm}$

$A = \frac{1}{2} \cdot \pi \cdot (4\,\text{cm})^2 - \pi \cdot (2\,\text{cm})^2 \approx \frac{1}{2} \cdot 3{,}14 \cdot 16\,\text{cm}^2 - 3{,}14 \cdot 4\,\text{cm}^2 = 12{,}56\,\text{cm}^2$

b) Der Umfang besteht aus einem Quadrat und einem Kreis.
Der Flächeninhalt aus dem eines Quadrates abzüglich der Fläche des Kreises.

$u = 4 \cdot 5\,\text{cm} + 2 \cdot \pi \cdot 2{,}5\,\text{cm} \approx 20\,\text{cm} + 6{,}28 \cdot 2{,}5\,\text{cm} = 35{,}7\,\text{cm}$

$A = (5\,\text{cm})^2 - \pi \cdot (2{,}5\,\text{cm})^2 \approx 25\,\text{cm}^2 - 3{,}14 \cdot 6{,}25\,\text{cm}^2 = 5{,}375\,\text{cm}^2$

TEST

1. a) Die Figur besteht aus einem Rechteck und einem aufgesetzten Halbkreis.

$u = 10\,\text{cm} + 5\,\text{cm} + \frac{1}{2} \cdot 2 \cdot \pi \cdot 2{,}5\,\text{cm} + 5\,\text{cm} + 5\,\text{cm} \approx 25\,\text{cm} + 3{,}14 \cdot 2{,}5\,\text{cm} = 32{,}85\,\text{cm}^2$

$A = 5\,\text{cm} \cdot 10\,\text{cm} + \frac{1}{2} \cdot \pi \cdot (2{,}5\,\text{cm})^2 \approx 50\,\text{cm}^2 + \frac{1}{2} \cdot 3{,}14 \cdot 6{,}25\,\text{cm}^2 = 59{,}8125\,\text{cm}^2$

$\approx 59{,}81\,\text{cm}^2$

Für jedes richtige Teilergebnis gibt es einen Punkt, also insgesamt vier Punkte.

2. Der Flächeninhalt ergibt sich aus dem Flächeninhalt eines Kreises abzüglich des Flächeninhaltes einer Raute.

$A = \pi \cdot (3\,\text{cm})^2 - \frac{4\,\text{cm} \cdot 6\,\text{cm}}{2} \approx 3{,}14 \cdot 9\,\text{cm}^2 - 12\,\text{cm}^2 = 16{,}26\,\text{cm}^2$

Für diese Aufgabe bekommst du zwei Punkte.

Auswertung zum Test: Von insgesamt 6 Punkten hast du .... Punkte erreicht.

Super!	In Ordnung!	Bitte noch einmal üben!
6 bis 5 Punkte	4 bis 3 Punkte	Weniger als 3 Punkte

Konstruktionen mit Zirkel und Lineal

Seite 89 **1**

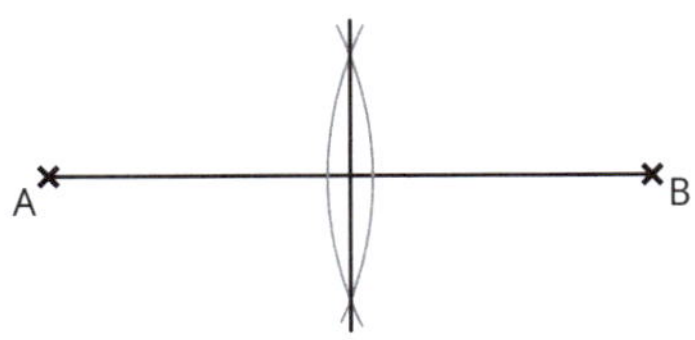

2

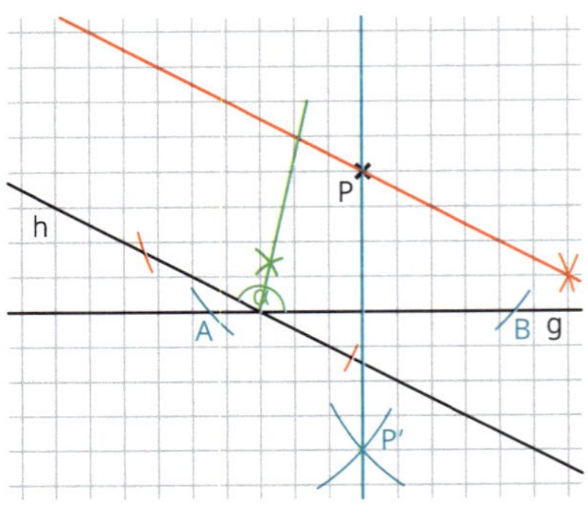

TEST

Seite 90

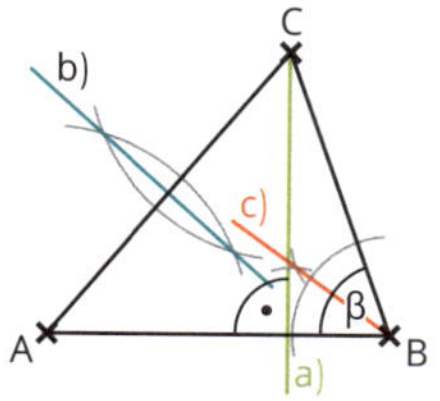

Für jede richtig gelöste Teilaufgabe gibt es einen Punkt.

Auswertung zum Test: Von insgesamt 3 Punkten hast du .... Punkte erreicht.

Super!	Bitte noch einmal üben!
3 Punkte	Weniger als 3 Punkte

Besondere Linien und Punkte im Dreieck

Seite 91

1 a)

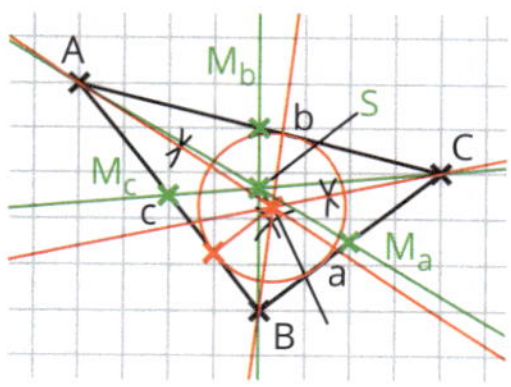

b)

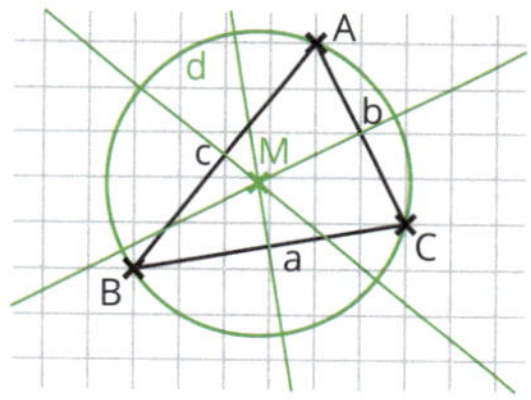

TEST

1.

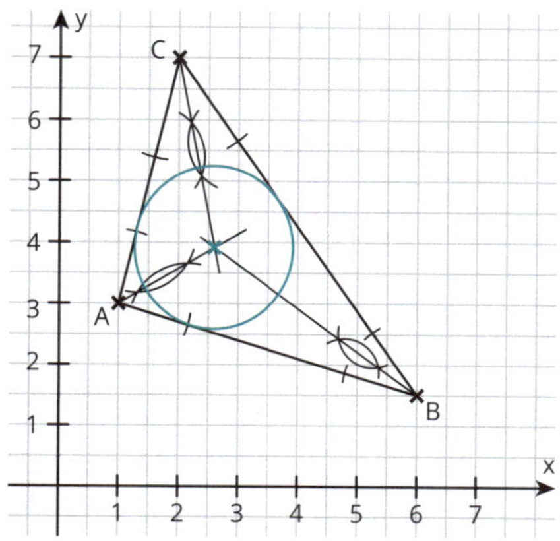

Insgesamt gibt es drei Punkte.

2.

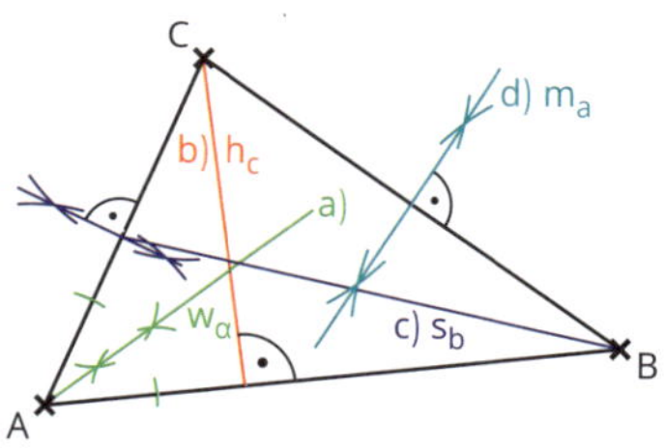

Für jede richtig konstruierte Linie gibt es einen Punkt.

Auswertung zum Test: Von insgesamt 6 Punkten hast du .... Punkte erreicht.

Super!	In Ordnung!	Bitte noch einmal üben!
6 Punkte	5 bis 4 Punkte	Weniger als 4 Punkte

Kongruenz; Konstruktion von Dreiecken

Seite 94

1 a) Kongruenzsatz: sws

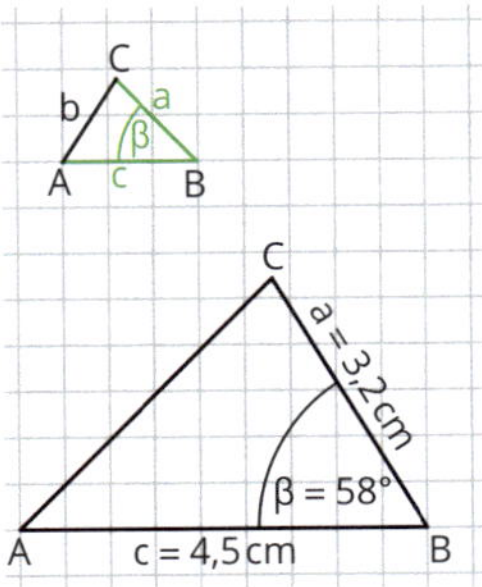

b) Kongruenzsatz: wsw

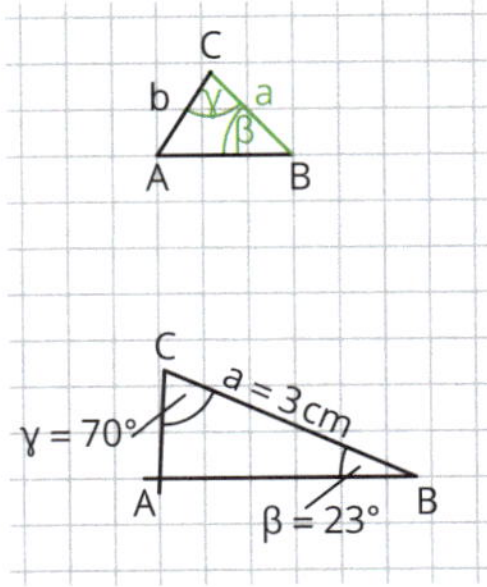

c) Kongruenzsatz: Ssw

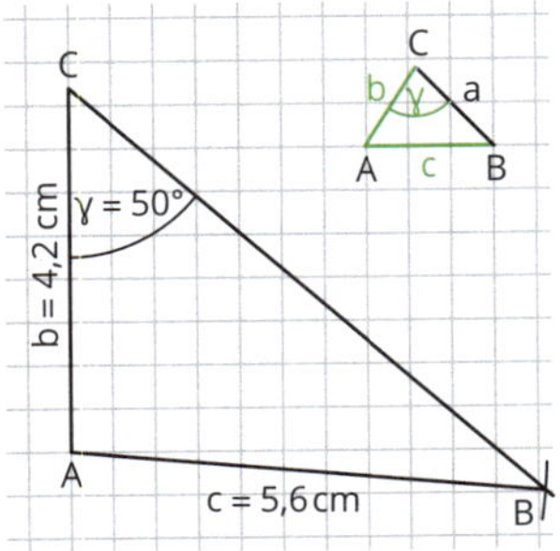

2 Bemerkung zu den Konstruktionsbeschreibungen: Die angegebenen Lösungen sind lediglich Lösungsvorschläge. Mache die Konstruktionsbeschreibungen am besten so, wie du sie in deiner Schule gelernt hast.

a) ① Zeichne Seite $c = 7{,}2\,cm$
② Kreisbogen um A mit $r = b = 4{,}6\,cm$ und Kreisbogen um B mit $r = a = 3{,}4\,cm$.
③ Schnittpunkt ist Punkt C.

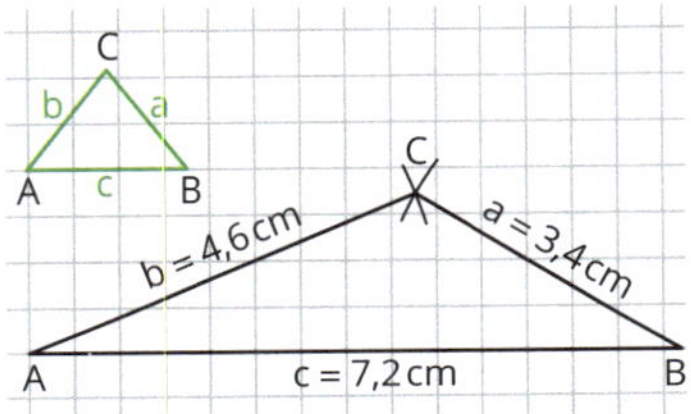

b) ① Zeichne Seite $b = 6{,}4\,cm$.
② Trage in C den Winkel $\gamma = 78°$ ab.
③ Kreisbogen um A mit $r = c = 8{,}2\,cm$.
④ Schnittpunkt von Kreisbogen und freiem Winkelschenkel ist Punkt B.

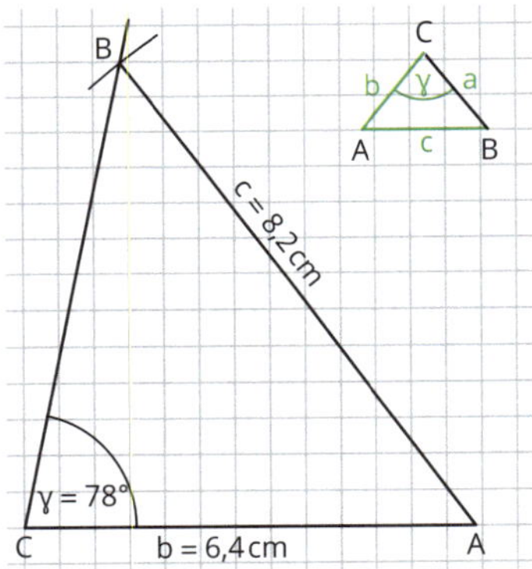

c) ① Zeichne Seite $b = 6\,cm$.
② Trage in A den Winkel $\alpha = 40°$ und in C den Winkel $\gamma = 67°$ ab.
③ Schnittpunkt der freien Winkelschenkel ist Punkt B.

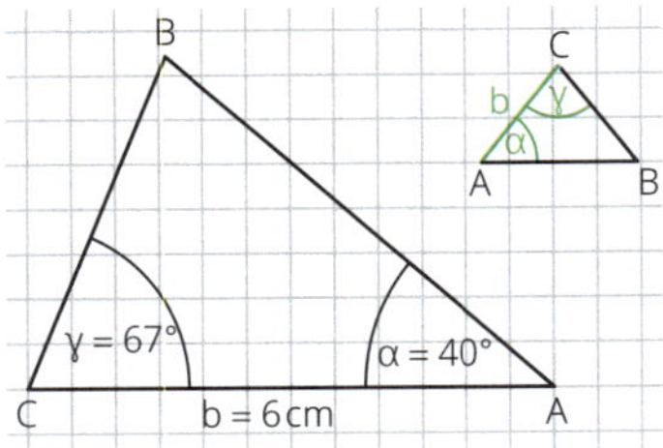

Seite 95

3 a) Nein, da die Summe der Seiten a und b kleiner ist als die Länge der Seite c, siehe Tipp auf Seite 92.
b) Ja, da die Summe aus zwei Seiten größer ist als Länge der dritte Seite.
c) Nein, da die Summe der Seiten a und c kleiner ist als die Länge von b.

4 a) Da die beiden Winkel zusammen bereits 180° ergeben, ist damit kein Dreieck konstruierbar.

b) Die Summe der beiden Winkel muss kleiner sein als 180°. Also: $\alpha + \beta < 180°$.
Begründung: Die Summe aller drei Winkel eines Dreiecks ist stets 180°.

TEST

1.

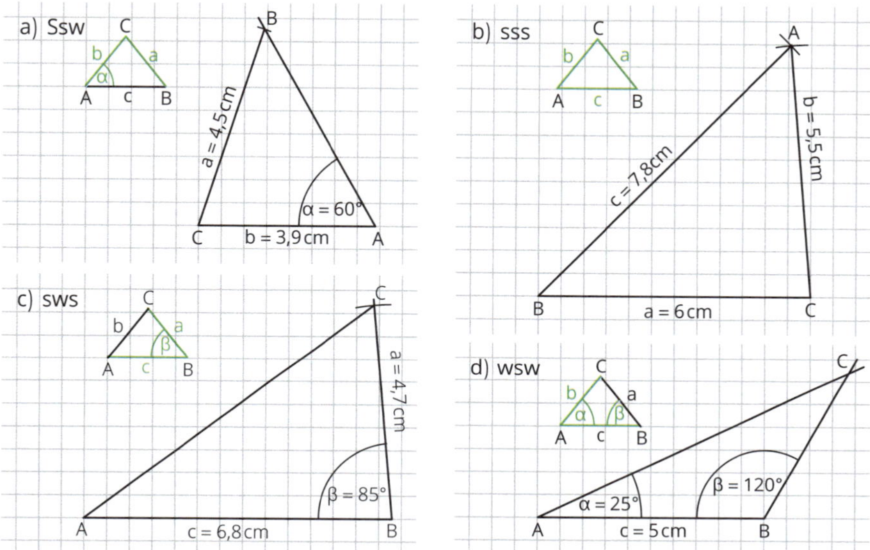

Für jede richtige Konstruktion gibt es einen Punkt, für die Angabe der Kongruenzsätze noch zusätzlich je einen halben Punkt.

2. Wenn du die Angaben des Aufgabentextes aufmerksam liest, kannst du erkennen, dass sie dem Kongruenzsatz wsw entsprechen. Damit kannst du das Dreieck L_1 – Schiff – L_2 konstruieren. Verwende dazu zum Beispiel den Maßstab 1 cm ≙ 0,5 km.

Konstruktionsbeschreibung:

① Zeichne die Grundseite $\overline{L_1L_2}$ mit 5 cm (≙ 2,5 km).

② Trage in L_1 einen Winkel mit 37° ab und in L2 einen Winkel mit 52°.

③ Schnittpunkt der beiden freien Schenkel ist die Position des Schiffes.

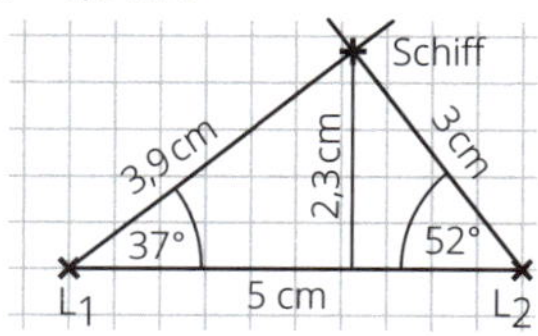

a) Miss nun die Entfernungen: zu L_1 = 3,9 cm ≙ 1,95 km und zu L_2 = 3,0 cm ≙ 1,5 km.

b) Der direkte Abstand zur Küste (Höhe des Dreiecks) beträgt 2,3 cm, was einer Entfernung von 1,15 km entspricht.

Für diese Aufgabe gibt es fünf Punkte, zwei für die Konstruktion, und je einen für die Entfernungen.

Auswertung zum Test: Von insgesamt 11 Punkten hast du .... Punkte erreicht.

Super!	In Ordnung!	Bitte noch einmal üben!
11 bis 10 Punkte	9 bis 7 Punkte	Weniger als 7 Punkte

Geometrische Körper, Schrägbild, Netz, Oberfläche

Seite 98 **1**

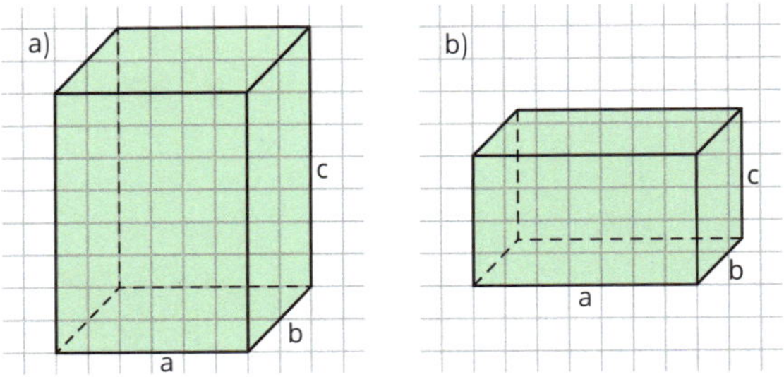

2

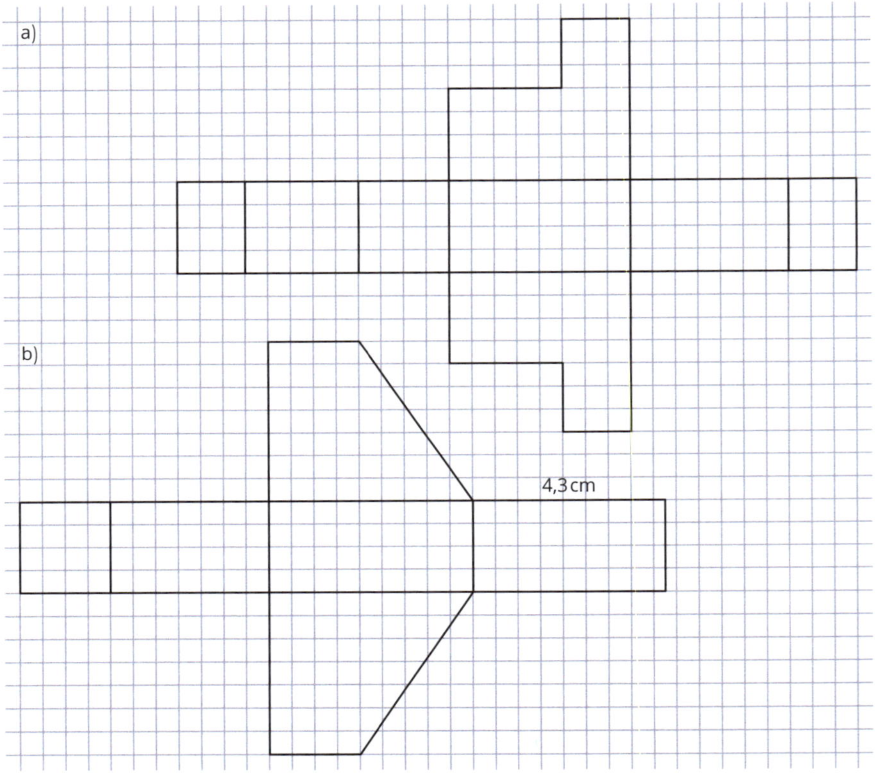

3

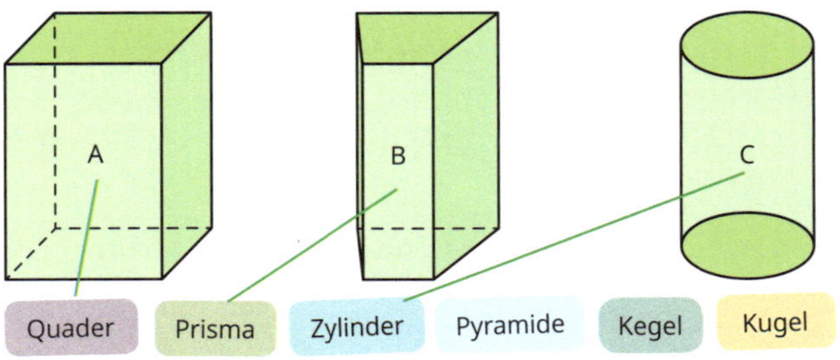

Seite 99 **4** a) Quader: $2 \cdot (1{,}5 \cdot 0{,}5) + 2 \cdot (1{,}5 \cdot 1) + 2 \cdot (0{,}5 \cdot 1) = 1{,}5 + 3 + 1 = 5{,}5\,cm^2$

b) Würfel: $6 \cdot 4{,}5 \cdot 4{,}5 = 6 \cdot 20{,}25\,cm^2 = 121{,}5\,cm^2$

5 a) $O = 2 \cdot (9\,cm \cdot 15\,cm + 9\,cm \cdot 8\,cm + 15\,cm \cdot 8\,cm) = 654\,cm^2$

b) $a = 2{,}3\,cm$; $c = 3\,cm$

$O = 2 \cdot (2{,}3\,cm \cdot 4\,cm + 2{,}3\,cm \cdot 3\,cm + 4\,cm \cdot 3\,cm) = 56{,}2\,cm^2$

c) $b = 21\,cm$; $c = 14\,cm$
$O = 2 \cdot (42\,cm \cdot 21\,cm + 42\,cm \cdot 14\,cm + 21\,cm \cdot 14\,cm) = 3528\,cm^2$

TEST

1. Würfel: Die Seitenlänge a eines kleinen Würfels beträgt 2 cm. Die Länge, Breite und Höhe des großen Würfels sind also jeweils 4 cm. $O = 6 \cdot (4\,cm)^2 = 96\,cm^2$
Die Maße des Quaders sind 8 cm, 2 cm und 4 cm; $O = 2 \cdot (8 \cdot 2 + 8 \cdot 4 + 2 \cdot 4) = 112\,cm^2$
Die Oberfläche des Quaders ist größer.
Pro Körper gibt es zwei Punkte.

2. a) $O = 2 \cdot (40\,mm \cdot 20\,mm + 20\,mm \cdot 12\,mm + 12\,mm \cdot 40\,mm) = 3040\,mm^2$
b) $O = 26\,cm \cdot 36\,cm + 2 \cdot 36\,cm \cdot 18\,cm + 4 \cdot 6\,cm \cdot 36\,cm + 8\,cm \cdot 36\,cm = 3384\,cm^2$

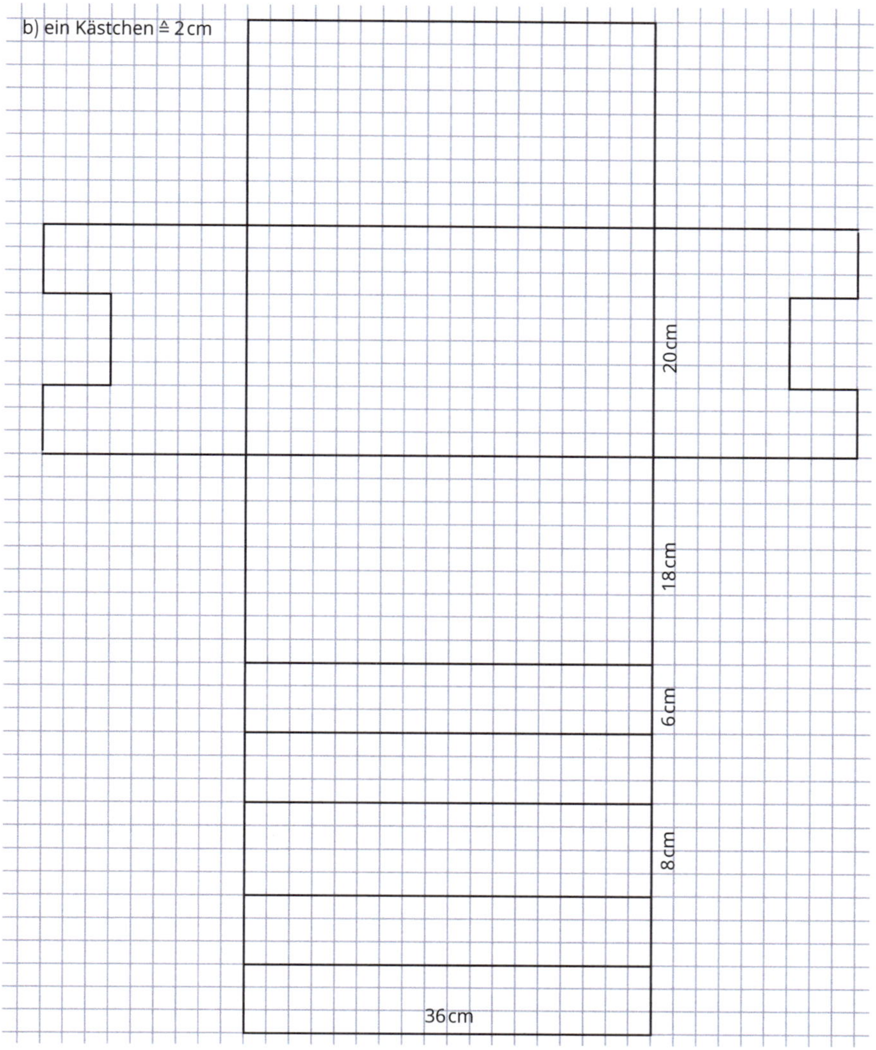

Für die Teilaufgabe a) gibt es zwei Punkte, bei b) gibt es sechs Punkte (drei für die Oberfläche, drei für das Netz)

Auswertung zum Test: Von insgesamt 12 Punkten hast du .... Punkte erreicht.

Super!	In Ordnung!	Bitte noch einmal üben!
12 bis 11 Punkte	10 bis 7 Punkte	Weniger als 7 Punkte

Rauminhalte messen, Volumeneinheiten umrechnen

Seite 101

1 a) $4\,cm^3$ b) $3\,cm^3$ c) $4\,cm^3$ d) $10\,cm^3$ e) $7\,cm^3$

2 Beachte, dass bei Rauminhalten die Umrechnungszahl von der einen zur nächsten Volumeneinheit 1000 beträgt.

a) $24\,000\,cm^3 = (24\,000 : 1000)\,dm^3 = 24\,dm^3$
b) $3\,cm^3 = (3 \cdot 1000)\,mm^3 = 3000\,mm^3$
c) $40\,m^3 = (40 \cdot 1000)\,dm^3 = 40\,000\,dm^3$
d) $512\,dm^3 = (512 \cdot 1000)\,cm^3 = 512\,000\,cm^3$
e) $4500\,cm^3 = (4500 : 1000)\,dm^3 = 4{,}5\,dm^3 = 4{,}5\,\ell$
f) $3650\,l = 3650\,dm^3 = (3650 : 1000)\,m^3 = 3{,}65\,m^3$

TEST

1. a) $6\,cm^3$ b) $7\,dm^3$ c) $8\,m^3$ d) $9\,cm^3$
   e) $42\,cm^3$, weil der Körper aus 36 ganzen und 12 halben Würfeln besteht.
   Pro richtig angegebenem Volumen gibt es einen Punkt.

2. a) $8\,dm^3 = (8 \cdot 1000)\,cm^3 = 8000\,cm^3$
   b) $12\,000\,mm^3 = (12\,000 : 1000)\,cm^3 = 12\,cm^3$
   c) $5\,\ell = 5\,dm^3 = (5 \cdot 1000)\,cm^3 = 5000\,cm^3 = 5000\,m\ell$
   d) $35\,000\,cm^3 = (35\,000 : 1000)\,dm^3 = 35\,dm^3 = 35\,\ell$
   Pro richtig gelöster Teilaufgabe gibt es einen Punkt.

Auswertung zum Test: Von insgesamt 9 Punkten hast du .... Punkte erreicht.

Super!	In Ordnung!	Bitte noch einmal üben!
9 bis 8 Punkte	7 bis 6 Punkte	Weniger als 5 Punkte

Volumen von Quadern und zusammengesetzten Körpern

Seite 103

1 a) $V = 5\,cm \cdot 10\,cm \cdot 8\,cm = 400\,cm^3$
b) $V = 20\,mm \cdot 12\,mm \cdot 40\,mm = 9600\,mm^3$ $(= 9{,}6\,cm^3)$

2 a) $3600\,cm^3 = a \cdot 15\,cm \cdot 12\,cm$
$3600\,cm^3 = a \cdot 180\,cm^2$ | durch $180\,cm^2$ teilen
$20\,cm = a$

b) $3276\,m^3 = 18\,m \cdot 14\,m \cdot c$
$3276\,m^3 = 252\,m^2 \cdot c$ | durch $252\,m^2$ teilen
$13\,m = c$

3 a) $V = V_{\text{großer Quader}} - V_{\text{kleiner Quader}}$
$V = 20\,cm \cdot 36\,cm \cdot 18\,cm - 8\,cm \cdot 36\,cm \cdot 6\,cm = 12\,960\,cm^3 - 1728\,cm^3 = 11\,232\,cm^3$

b) Teile den Körper beispielsweise horizontal in drei Quader auf.
$V = V_1 + V_2 + V_3$
$V = 16\,dm \cdot 20\,dm \cdot 6\,dm + 10\,dm \cdot 20\,dm \cdot 6\,dm + 2\,dm \cdot 20\,dm \cdot 4\,dm$
$= 1920\,dm^3 + 1200\,dm^3 + 160\,dm^3 = 3280\,dm^3$

TEST

1. a) $V = V_1 + V_2 = 4\,cm \cdot 6\,cm \cdot 10\,cm + 16\,cm \cdot 6\,cm \cdot 4\,cm = 240\,cm^3 + 384\,cm^3 = 624\,cm^3$
   b) $V = V_1 - 2 \cdot V_2 = 12\,cm \cdot 19\,cm \cdot 10\,cm - 2 \cdot 3\,cm \cdot 19\,cm \cdot 4\,cm = 2280\,cm^3 - 456\,cm^3$
   $= 1824\,cm^3$
   Pro Teilaufgabe gibt es zwei Punkte.

Auswertung zum Test: Von insgesamt 4 Punkten hast du .... Punkte erreicht.

Super!	In Ordnung!	Bitte noch einmal üben!
4 Punkte	3 Punkte	Weniger als 3 Punkte

5. Terme und Gleichungen

Terme; Werte von Termen berechnen; Terme aufstellen

Seite 105

1 $4 \cdot a$ = Umfang eines Quadrates; $2a + 2b$ = Umfang eines Rechtecks
$2a \cdot b + 2 \cdot a \cdot c + 2 \cdot b \cdot c$ = Oberfläche eines Quaders; $a \cdot a \cdot a$ = Volumen eines Würfels

2 a) $3x + 5$ b) $5x - 12$ c) $2x + \frac{1}{3}x$

3

x	4x + 3	5x − 2	3 − x + 2x	7 − 9x + 7
4	4·4 + 3 = 19	18	7	−22
9	39	43	12	−67
25	103	123	28	−211

Seite 106

4 Sybilles Gewicht bei der Geburt: 4200 g
nach einer Woche: $4200\,g + 150\,g = 4350\,g$
nach zwei Wochen: $4200\,g + 2 \cdot 150\,g = 4500\,g$
nach drei Wochen: $4200\,g + 3 \cdot 150\,g = 4650\,g$
...
nach 8 Wochen (2 Monaten): $4200\,g + 8 \cdot 150\,g = 5400\,g$
nach x Wochen: $4200\,g + x \cdot 150\,g$
Der gesuchte Term lautet: $4200\,g + x \cdot 150\,g$

TEST

Seite 107

1. a) $7x + 9$; $7 \cdot 5 + 9 = 35 + 9 = 44$ b) $23 - \frac{1}{2}x$; $23 - \frac{1}{2} \cdot 5 = 23 - 2{,}5 = 20{,}5$
c) $4x + 3 - \frac{1}{5}x$; $4 \cdot 5 + 3 - \frac{1}{5} \cdot 5 = 20 + 3 - 1 = 22$
Für jede Teilaufgabe gibt es zwei Punkte, einen für den Term, einen für den richtigen Wert.

2. a) Nach einem Monat: 6000 €; nach zwei Monaten: 6000 € + 150 € = 6150 €
nach drei Monaten: 6000 € + 2 · 150 € = 6300 €
nach fünf Monaten: 6000 € + 4 · 150 € = 6600 €
Nach drei Monaten hat Familie Fischer 6300 € und nach fünf Monaten 6600 € bezahlt.
b) Da Familie Fischer erst ab dem zweiten Monat die Rate bezahlen muss, hat sie nach x Monaten (x − 1)-mal die Rate bezahlt. Der gesuchte Term lautet also:
6000 € + (x − 1) · 150 €
Für die komplett gelöste Teilaufgabe a) gibt es vier Punkte, für den richtigen Term in b) zwei Punkte.

Auswertung zum Test: Von insgesamt 12 Punkten hast du .... Punkte erreicht.

Super!	In Ordnung!	Bitte noch einmal üben!
12 bis 11 Punkte	10 bis 7 Punkte	Weniger als 7 Punkte

Rechenregeln für Terme

Seite 109

1 a) $u = 3a - 0{,}5\,\text{cm} + 2a + 2b = 5a + 2b - 0{,}5\,\text{cm}$

$A = \frac{1}{2} \cdot (3a - 0{,}5\,\text{cm}) \cdot 2a = a \cdot (3a - 0{,}5\,\text{cm}) = 3a^2 - 0{,}5\,\text{cm} \cdot a$

$u = 2d + d + c + c + 2d - c + 4c = 5d + 5c$

$A = 2d \cdot 4c - c \cdot c = 8dc - c^2$

b) $u = 5 \cdot 1{,}5\,\text{cm} + 2 \cdot 2{,}5\,\text{cm} - 0{,}5 = 12\,\text{cm}$

$A = 3 \cdot (1{,}5\,\text{cm})^2 - 0{,}5\,\text{cm} \cdot (1{,}5\,\text{cm}) = 6\,\text{cm}^2$

$u = 5 \cdot 15\,\text{m} + 5 \cdot 5\,\text{m} = 100\,\text{m}$

$A = 8 \cdot 15\,\text{m} \cdot 5\,\text{m} - (5\,\text{m})^2 = 575\,\text{m}^2$

2 a) $5x + 3x = 8x$
b) $23d - 11d + 5d = 17d$
c) $13a + 4b - 9a = 4a + 4b$
d) $2{,}5y^2 - 3y + 5{,}5y^2 - 7y = 8y^2 - 10y$
e) $12b^2 - 5a^2 + 4b + 11b^2 - 16a^2 - 4b + 6{,}3a = 23b^2 - 21a^2 + 6{,}3a$

Seite 110

3 a) $4 \cdot (6x - 2{,}5y^2) = 24x - 10y^2$
b) $-3 \cdot (2 - 12ab) = -6 + 36ab$
c) $(14x - 21y) : 7 = 2x - 3y$
d) $(65t - 30t^2) : (-5) = -13t + 6t^2$

4 a) $3 \cdot (2x + 4) - 3x + 5 = 6x + 12 - 3x + 5 = 3x + 17$
b) $(2{,}5y - 6{,}2) \cdot 4 - 2 \cdot 3y + 4{,}1 = 10y - 24{,}8 - 6y + 4{,}1 = 4y - 20{,}7$
c) $(-2x^2y) \cdot (xy^2 - 2y) + 3xy^2 \cdot (-4x^2y + 5x) = -2x^3y^3 + 4x^2y^2 - 12x^3y^3 + 15x^2y^2$
$= -14x^3y^3 + 19x^2y^2$

Seite 111

TEST

1. a) $x + x + 3 + x + x + 2 = 4x + 5$
b) $7ab - 21ab + 15ab = ab$
c) $3x^2 - 4y - 0{,}5x^2 + 2{,}5y = 2{,}5x^2 - 1{,}5y$

Für jede Teilaufgabe gibt es einen Punkt.

2. a) $u = b + a + a - 0{,}5\,\text{cm} = b + 2a - 0{,}5\,\text{cm}$

$A = \frac{1}{2} \cdot a \cdot (a - 0{,}5\,\text{cm}) = \frac{1}{2}a^2 - \frac{1}{2}a \cdot 0{,}5\,\text{cm}$

$u = 4{,}6\,\text{cm} + 2 \cdot 3{,}5\,\text{cm} - 0{,}5\,\text{cm} = 11{,}1\,\text{cm}$

$A = \frac{1}{2} \cdot 3{,}5\,\text{cm} \cdot (3{,}5\,\text{cm} - 0{,}5\,\text{cm}) = \frac{1}{2} \cdot 10{,}5\,\text{cm}^2 = 5{,}25\,\text{cm}^2$

b) $u = 2 \cdot (a + 2\,\text{dm} + b) + 2 \cdot (a + 3\,\text{dm}) = 2a + 4\,\text{dm} + 2b + 2a + 6\,\text{dm}$
$= 4a + 2b + 10\,\text{dm}$

$A = (a + 2\,\text{dm} + b) \cdot (a + 3\,\text{dm}) - b^2$ (siehe Fußnote [2])
$= a^2 + a \cdot 3\,\text{dm} + a \cdot 2\,\text{dm} + 6\,\text{dm}^2 + ab + b \cdot 3\,\text{dm} - b^2$
$= a^2 + a \cdot 5\,\text{dm} + 6\,\text{dm}^2 + ab + b \cdot 3\,\text{dm} - b^2$

$u = 4 \cdot 5\,\text{dm} + 2 \cdot 1{,}5\,\text{dm} + 10\,\text{dm} = 33\,\text{dm}$

$A = (5\,\text{dm})^2 + 5\,\text{dm} \cdot 5\,\text{dm} + 6\,\text{dm}^2 + 5\,\text{dm} \cdot 1{,}5\,\text{dm} + 1{,}5\,\text{dm} \cdot 3\,\text{dm} - (1{,}5\,\text{dm})^2$
$= 65{,}75\,\text{dm}^2$

Pro Teilaufgabe gibt es zwei Punkte; 0,5 Punkte für jedes richtige Zwischenergebnis.

3. $3x \cdot (4 - 6x) - 8 + x^2 = 12x - 18x^2 - 8 + x^2 = 12x - 17x^2 - 8$

Für diese Aufgabe gibt es zwei Punkte.

Auswertung zum Test: Von insgesamt 9 Punkten hast du …….. Punkte erreicht.

Super!	In Ordnung!	Bitte noch einmal üben!
9 bis 8 Punkte	7 bis 6 Punkte	Weniger als 6 Punkte

2 Beim Multiplizieren von Summentermen, nimmt man jeden Teil der einen Klammer mit jedem Teil der anderen Klammer mal (Seite 112).

Binomische Formeln

1 a) $(5x + 10)^2 = (5x)^2 + 2 \cdot 5x \cdot 10 + 10^2 = 25x^2 + 100x + 100$ Seite 112
b) $(2b - 3)^2 = 4b^2 - 12b + 9$
c) $(6a - 11b)^2 = 36a^2 - 132ab + 121b^2$
d) $(4a - 5b)(4a + 5b) = 16a^2 - 25b^2$

2 a) $b^2 + 8b + 16 = (1b)^2 + 2 \cdot b \cdot 4 + 4^2 = (b + 4)^2$ Seite 113
b) $9y^2 - 48y + 64 = (3y - 8)^2$
c) $a^2 - 24ab + 144b^2 = (a - 12b)^2$
d) $25k^2 - 1 = (5k + 1)(5k - 1)$

3 a) $x^2 + 4x + 4 = (x + 2)^2$
b) $(2a + 3b)^2 = 4a^2 + 12ab + 9b^2$
c) $(11a - 2b)^2 = 121a^2 - 44ab + 4b^2$
d) $(x^2 + y)(x^2 - y) = x^4 - y^2$

4 a)

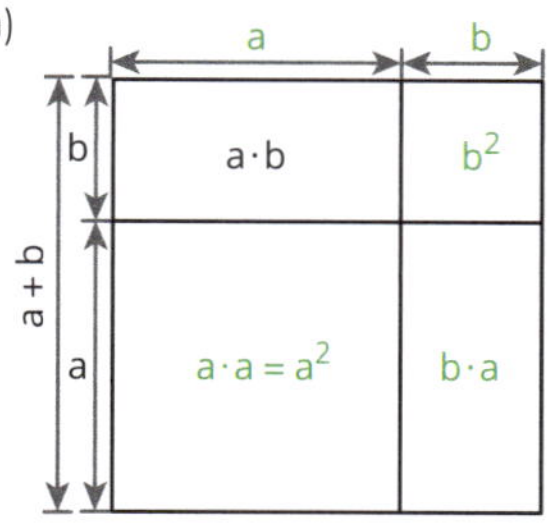

b)

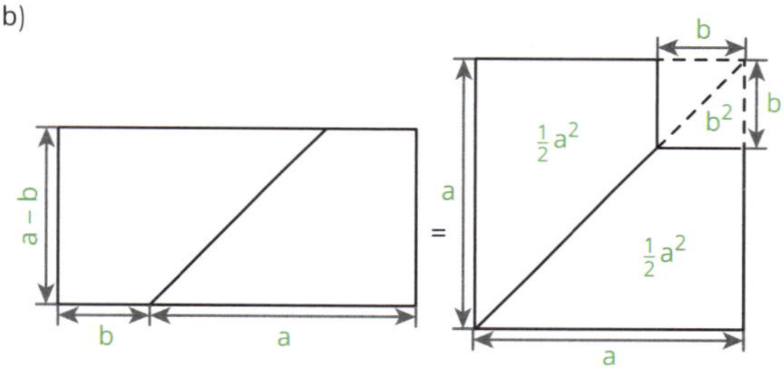

TEST

1. $(xy^2 - 4x) \cdot (3x - 5xy^2) = 3x^2y^2 - 5x^2y^4 - 12x^2 + 20x^2y^2 = 23x^2y^2 - 5x^2y^4 - 12x^2$
Für diese Aufgabe gibt es zwei Punkte.

2. a) $(x + 7)^2 = x^2 + 14x + 49$
b) $(9 - 2x)^2 = 81 - 36x + 4x^2$
c) $(8a - 3)^2 = 64a^2 - 48a + 9$
d) $(z - 3y)(z + 3y) = z^2 - 9y^2$
Pro Teilaufgabe gibt es einen Punkt.

3. a) $36 - 84b + 49b^2 = (6 - 7b)^2$
b) $225x^2 - 480x + 256 = (15x - 16)^2$
c) $169x^2 - 16y^2 = (13x + 4y)(13x - 4y)$
Pro Teilaufgabe gibt es einen Punkt.

Auswertung zum Test: Von insgesamt 9 Punkten hast du .... Punkte erreicht.

Super!	In Ordnung!	Bitte noch einmal üben!
9 bis 8 Punkte	7 bis 6 Punkte	Weniger als 6 Punkte

Gleichungen richtig lösen

1 a) $2x = 14$ $x = 7$
b) $x + 5 = 9$ $x = 4$ Seite 115
c) $12 - x = 7$ $x = 5$
d) $3x + 2 = 17$ $x = 5$

2 a) $2 \cdot 6 + 21 = 12 + 21 = 33$ $x = 6$ ist eine Lösung
b) $8 \cdot 2{,}5 - 8 = 20 - 8 = 12 \neq 10$ $x = 8$ ist keine Lösung
c) $-3 \cdot 7 + 17 = -21 + 17 = -4 \neq 38$ $x = 7$ ist keine Lösung
d) $7 \cdot (9 - 4) + 12 = 35 + 12 = 47$ $x = 9$ ist eine Lösung

3 a) $x - 12 = -8 \quad |+12$

$x = 4$

Probe: $4 - 12 = -8$

$-8 = -8$

b) $x - 3 = -2 \quad |+3$

$x = 1$

Probe: $1 - 3 = -2$

$-2 = -2$

c) $5x - 13 = 22 \quad |+13$

$5x = 35 \quad |:5$

$x = 7$

Probe: $5 \cdot 7 - 13 = 22$

$22 = 22$

d) $1{,}2x + 4{,}8 = 10{,}8 \quad |-4{,}8$

$1{,}2x = 6 \quad |:1{,}2$

$x = 5$

Probe: $1{,}2 \cdot 5 + 4{,}8 = 10{,}8$

$10{,}8 = 10{,}8$

e) $3x + 8 = 2x + 5 \quad |-2x$

$x + 8 = 5 \quad |-8$

$x = -3$

Probe: $3 \cdot (-3) + 8 = 2 \cdot (-3) + 5$

$-9 + 8 = -6 + 5$

$-1 = -1$

f) $12x - 8 = -4x - 6 + 15x \quad |\text{zf.}$

$12x - 8 = 11x - 6 \quad |-11x + 8$

$x = 2$

Probe: $12 \cdot 2 - 8 = -4 \cdot 2 - 6 + 15 \cdot 2$

$24 - 8 = -8 - 6 + 30$

$16 = 16$

g) $4 \cdot (10 - 3x) = 8x \quad |\text{Klammer auflösen}$

$40 - 12x = 8x \quad |+12x$

$40 = 20x \quad |:20$

$2 = x$

Probe: $4 \cdot (10 - 6) = 16$

$4 \cdot 4 = 16$

$16 = 16$

h) $17 + 5 \cdot (-x + 3) - (5x + 8) = 12 \quad |\text{Klammern auflösen}$

$17 - 5x + 15 - 5x - 8 = 12 \quad |\text{zf.}$

$24 - 10x = 12 \quad |-24$

$-10x = -12 \quad |:(-10)$

$x = 1{,}2$

Probe: $17 + 5 \cdot (-1{,}2 + 3) - (5 \cdot 1{,}2 + 8) = 12$

$17 + 9 - 14 = 12$

$12 = 12$

Seite 116

4 a) $x + 6 = 9 \quad |-6$

$x = 3$

b) $5x = 4x + 9 \quad |-4x$

$x = 9$

5 a) $3x + 6 = 8 \qquad x = \frac{2}{3}$

b) $12 - 2x = 18 \qquad x = -3$

c) $(x - 6) \cdot 5 = 3x$

$5x - 30 = 3x \qquad x = 15$

d) Alter des Sohnes: x; Alter des Vaters: $3x + 1$ (ein Jahr älter als dreimal so alt wie sein Sohn)

$x + 3x + 1 = 45$ (zusammen sind sie 45 Jahre alt)

$4x + 1 = 45 \quad |-1$

$4x = 44 \quad |:4$

$x = 11$

Der Sohn ist 11 Jahre alt, der Vater 34.

TEST Seite 117

1. a) $2 \cdot (x-3) = 0$ $x = 3$
$2 \cdot (3-3) = 0$
$0 = 0$

b) $3x - (2x + 4) = 3$ $x = 7$
$3 \cdot 7 - (2 \cdot 7 + 4) = 3$
$21 - 18 = 3$
$3 = 3$

c) $(6 + 4x) : 2 = 5$ $x = 1$
$(6 + 4 \cdot 1) : 2 = 5$
$10 : 2 = 5$
$5 = 5$

d) $3x + (x - 5) = 3$ $x = 2$
$3 \cdot 2 + (2 - 5) = 3$
$6 - 3 = 3$
$3 = 3$

e) $4x + 3 \cdot (1 - x) = 11$ $x = 8$
$4 \cdot 8 + 3 \cdot (1 - 8) = 11$
$32 - 21 = 11$
$11 = 11$

Pro Teilaufgabe gibt es einen Punkt.

2. a) $4x + 2{,}5 = 5x$ $\quad | -4x$
$2{,}5 = x \Rightarrow$ F

b) $2x + 8 = 18 + x$ $\quad | -x - 8$
$x = 10 \Rightarrow$ E

c) $18 + 5x + 17 = 2x + 3 + 4x$ $\quad |$ zf
$35 + 5x = 6x + 3$ $\quad | -5x - 3$
$32 = x \Rightarrow$ R

d) $3 + 4 \cdot (2x - 5) = 7$ $\quad |$ Klammer auflösen; zf.
$8x - 17 = 7$ $\quad | +17$
$8x = 24$ $\quad | :8$
$x = 3 \Rightarrow$ I

e) $-3x - (-5x + 6) = 8$ $\quad |$ Klammer auflösen, zf.
$2x - 6 = 8$ $\quad | +6$
$2x = 14$ $\quad | :2$
$x = 7 \Rightarrow$ E

f) $4 \cdot (2{,}5 - 2x) = (3x - 5) \cdot (-2)$ $\quad |$ Klammern auflösen
$10 - 8x = -6x + 10$ $\quad | +8x - 10$
$2x = 0$
$x = 0 \Rightarrow$ N

Das Lösungswort lautet Ferien.

Für jede richtige Lösung es gibt einen Punkt, für das richtige Lösungswort auch einen Punkt.

Auswertung zum Test: Von insgesamt 12 Punkten hast du .... Punkte erreicht.

Super!	In Ordnung!	Bitte noch einmal üben!
12 bis 11 Punkte	10 bis 7 Punkte	Weniger als 7 Punkte

Ungleichungen lösen

Seite 119

1 a) $x > 5$ $\quad L = \{6; 7; 8; ...\}$; $\quad L = \{x \in \mathbb{N} \mid x > 5\}$
b) $3x \leq 15$ $\quad L = \{0; 1; 2; 3; 4; 5\}$; $\quad L = \{x \in \mathbb{N} \mid x \leq 5\}$
c) $x - 7 > -4$ $\quad L = \{4; 5; 6; ...\}$; $\quad L = \{x \in \mathbb{N} \mid x > 3\}$
d) $3x - 5 < -14$ $\quad$ Umformen ergibt: $x < -3$. Da die Grundmenge $\mathbb{N}$ ist, gibt es keine Lösung. Die Lösungsmenge ist leer $L = \{\,\}$.

2 a) $x < 3$

b) $x \geq 6$

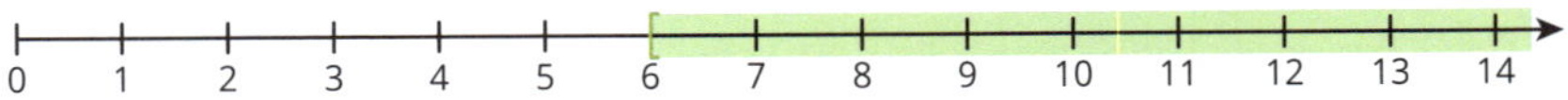

c) $x \leq 1{,}5$

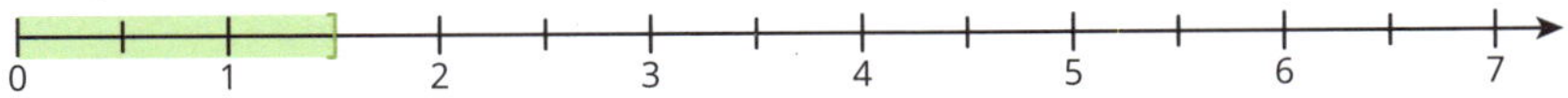

d) $x > -0{,}3$

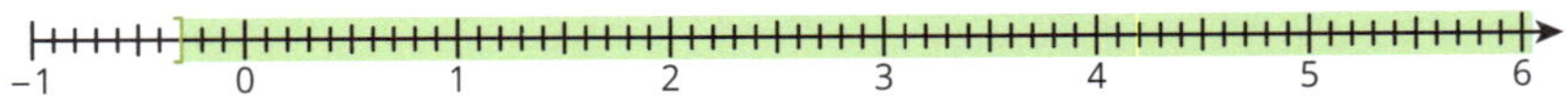

Seite 120

3 a)
$$\begin{aligned} 3x + 7 &< 13 && \mid -7 \\ 3x &< 6 && \mid :3 \\ x &< 2 \end{aligned}$$
$L = \{x \in \mathbb{Z} \mid x < 2\}$

b)
$$\begin{aligned} 12 + 2x &\geq 10 && \mid -12 \\ 2x &\geq -2 && \mid :2 \\ x &\geq -1 \end{aligned}$$
$L = \{x \in \mathbb{Z} \mid x \geq -1\}$

c)
$$\begin{aligned} -\tfrac{3}{4}x - \tfrac{9}{4} &< \tfrac{15}{4} && \mid +\tfrac{9}{4} \\ -\tfrac{3}{4}x &< 6 && \mid :\left(-\tfrac{3}{4}\right) \\ x &> -8 \end{aligned}$$
$L = \{x \in \mathbb{Z} \mid x > -8\}$

d)
$$\begin{aligned} 5 \cdot (-3x - 8) + 9x &\geq -28 && \mid \text{Klammer auflösen} \\ -15x - 40 + 9x &\geq -28 && \mid +40 \\ -6x &\geq 12 && \mid :(-6) \\ x &\leq -2 \end{aligned}$$
$L = \{x \in \mathbb{Z} \mid x \leq -2\}$

4 a) Grundmenge ist $\mathbb{Q}$
$$\begin{aligned} 3x + 6 &\leq 0 && \mid -6 \\ 3x &\geq -6 && \mid :3 \\ x &\geq -2 \end{aligned}$$
$L = \{\geq -2\}$

Korrektur:
$$\begin{aligned} 3x &\leq -6 && \mid :3 \\ x &\leq -2 \end{aligned}$$
$L = \{x \in \mathbb{Q} \mid x \leq -2\}$

b) Grundmenge ist $\mathbb{Z}$
$$\begin{aligned} 2 - x &< 4 && \mid -2 \\ -x &< 2 && \mid \cdot(-1) \\ x &< -2 \end{aligned}$$
$L = \{\ldots -5; -4; -3\}$

Korrektur:
$\ldots\ x > -2$
$L = \{-1; 0; 1; 2; \ldots\}$

TEST

1. a)
$$\begin{aligned} 3x - 2 &\leq 7 && \mid +2 \\ 3x &\leq 9 && \mid :3 \\ x &\leq 3 \end{aligned}$$

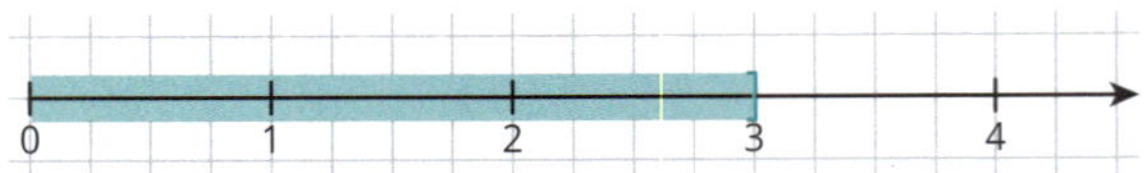

b)
$$\begin{aligned} -x + 5 &> 4 && \mid -5 \\ -x &> -1 && \mid :(-1) \\ x &< 1 \end{aligned}$$

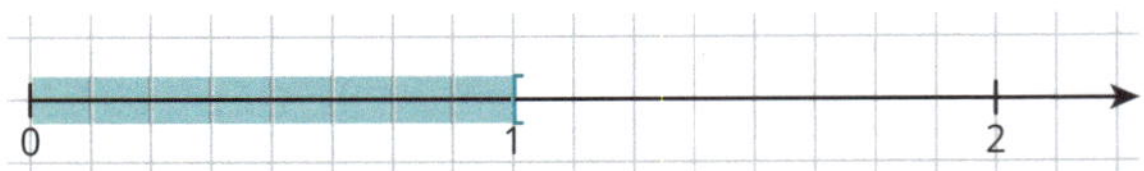

Seite 121

c)
$$\begin{aligned} -\tfrac{1}{2}x + 5 &\leq \tfrac{23}{4} && \mid -5 \\ -\tfrac{1}{2}x &\leq \tfrac{3}{4} && \mid :\left(-\tfrac{1}{2}\right) \\ x &\geq -\tfrac{3}{2} \end{aligned}$$

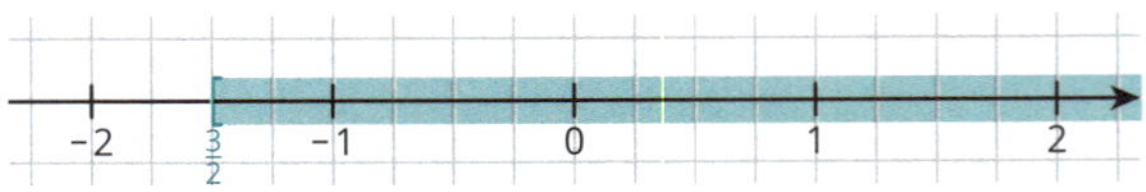

d)
$$\begin{aligned} -0{,}5 \cdot (6 - 3x) &\geq -4{,}5 && \mid \text{Klammer auflösen} \\ -3 + \tfrac{3}{2}x &\geq -4{,}5 && \mid +3 \\ \tfrac{3}{2}x &\geq -1{,}5 && \mid :\tfrac{3}{2} \\ x &\geq -1 \end{aligned}$$

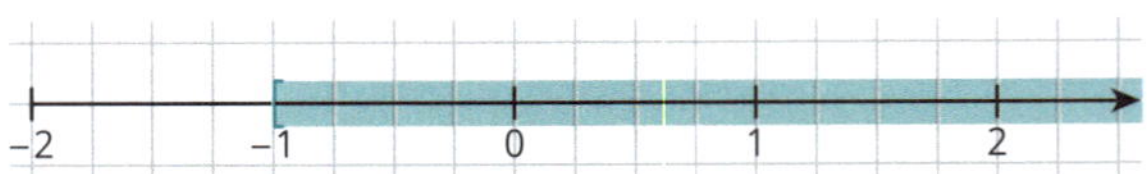

Pro Teilaufgabe erhältst du zwei Punkte, einen für die richtige Lösung, einen für den Zahlenstrahl.

2. a) $2\cdot(7-x) < 18$ |Klammer auflösen
$14 - 2x < 18$ |-14
$-2x < 4$ |$:(-2)$
$x > -2$ $L = \{x \in \mathbb{Z} \mid x > -2\}$

b) $-3\cdot\left(1-\frac{2}{3}x\right) < -8$ |Klammer auflösen
$-3 + 2x < -8$ |$+3$
$2x < -5$ |$:2$
$x < -2{,}5$ keine Lösung! $L = \{\ \}$

Pro Teilaufgabe gibt es zwei Punkte, einen für die Lösung, einen für die Lösungsmenge.

Auswertung zum Test: Von insgesamt 12 Punkten hast du .... Punkte erreicht.

Super!	In Ordnung!	Bitte noch einmal üben!
12 bis 11 Punkte	10 bis 7 Punkte	Weniger als 7 Punkte

Lineare Gleichungssysteme grafisch Lösen

Seite 123

1 a) $P_1(3|5)$ $P_3(-2|0)$
b) $P_2(1|1)$ $P_4(-1|5)$
c) $P_1(2|2)$ $P_3(6|0)$ $P_4(0|3)$

2 Umformen der Gleichungen führt auf:
a) I $y = \frac{1}{2}x - 2$
II $y = -\frac{1}{4}x + 1$
b) I $y = \frac{2}{3}x + 4$
II $y = -\frac{1}{3}x + 4$
c) I $y = -\frac{2}{5}x + 6$
II $y = -\frac{2}{5}x + 5$

Zeichnungen

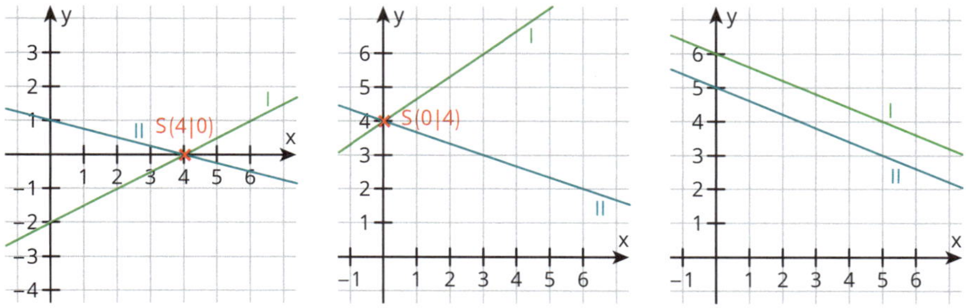

Lösung $L = \{(4|0)\}$ Lösung $L = \{(0|4)\}$ Lösung $L = \{\ \}$

TEST

1. a) I $3x + 2y = 10$ Gl. umformen
II $2x + 4y = 8$
I $y = -\frac{3}{2}x + 5$
II $y = -\frac{1}{2}x + 2$

b) I $4 + 8y = 12x$ Gl. umformen
II $4x + 4y = 28$
I $y = \frac{3}{2}x - \frac{1}{2}$
II $y = -x + 7$

Zeichnung:

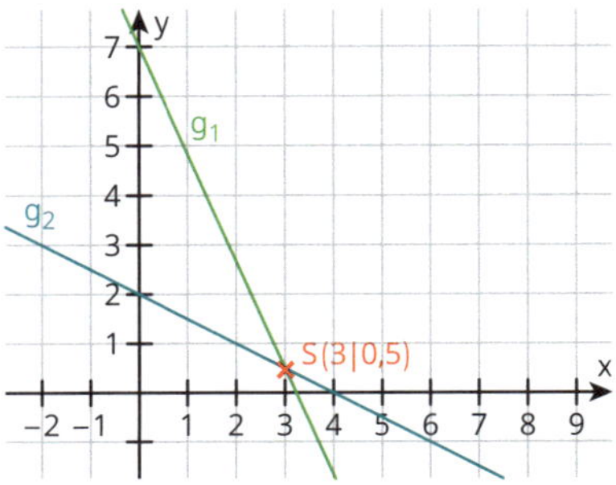

$L = \{(3|0,5)\}$

Zeichnung:

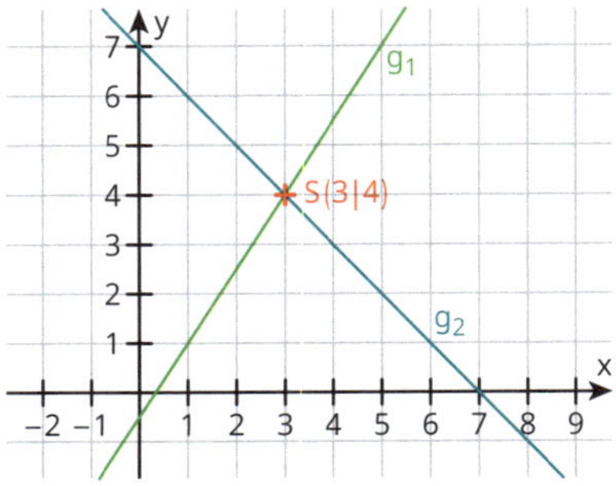

$L = \{(3|4)\}$

Pro Teilaufgabe erhältst du drei Punkte, zwei für die Zeichnung, einen für die Lösungsmenge.

2. a) $P_1(0|3)$, $P_2(1{,}5|0)$, $P_3(1|1)$ und $P_4(-0{,}5|4)$
b) $P_1(0|4{,}5)$, $P_2(2{,}25|0)$, $P_3(1|2{,}5)$ und $P_4(-0{,}5|5{,}5)$
c) $P_1(0|12)$, $P_2(-24|0)$, $P_3(1|12{,}5)$ und $P_4(-0{,}5|11{,}75)$
Pro Teilaufgabe erhältst du zwei Punkte.

Auswertung zum Test: Von insgesamt 12 Punkten hast du …….. Punkte erreicht.

Super!	In Ordnung!	Bitte noch einmal üben!
12 bis 11 Punkte	10 bis 7 Punkte	Weniger als 7 Punkte

Einsetzungs-, Gleichsetzungs- und Additionsverfahren

Seite 126 **1** a)
I $y = -2x - 1$
II $y = 5x - 8$ I und II gleichsetzen
$-2x - 1 = 5x - 8$ $|+2x+8$
$7 = 7x$ $|:7$
$x = 1$ einsetzen in II
$y = 5 \cdot 1 - 8 = -3$
Probe: I $-3 = -2 \cdot 1 - 1$ ✓
II $-3 = 5 \cdot 1 - 8$ ✓ $L = \{(1|-3)\}$

b)
I $7x + y = 44$ $|-7x$
II $2x + y = 14$ $|-2x$
I $y = 44 - 7x$
II $y = 14 - 2x$ |I und II gleichsetzen
$44 - 7x = 14 - 2x$ $|+7x-14$
$30 = 5x$ $|:5$
$x = 6$ einsetzen in II
$y = 14 - 2 \cdot 6 = 2$
Probe: I $7 \cdot 6 + 2 = 44$ ✓
II $2 \cdot 6 + 2 = 14$ ✓ $L = \{(6|2)\}$

c)
I $y = 8x + 41$
II $-2y = -6x - 22$ $|:(-2)$ |I und II gleichsetzen
$8x + 41 = 3x + 11$ $|-3x-41$
$5x = -30$ $|:5$
$x = -6$ einsetzen in I
$y = 8 \cdot (-6) + 41 = -7$

Probe: I $-7=-7$ ✓

II $14=14$ ✓ $L=\{(-6|-7)\}$

d) I $4x+4y=12$ $|-4x$ $|:4$

II $-6x+3y=-9$ $|+6x$ $|:3$

I $y=3-x$

II $y=-3+2x$

$3-x=-3+2x$ $|+x+3$

$6=3x$ $|:3$

$x=2$ einsetzen in I

$y=3-2=1$

Probe: I $12=12$ ✓

II $-9=-9$ ✓ $L=\{(2|1)\}$

2 a) I $x-5y=-1$

II $-x+2y=-5$

I + II $-3y=-6$ $|:(-3)$

$y=2$ einsetzen in I

$x=9$

Probe: I $-1=-1$ ✓

II $-5=-5$ ✓ $L=\{(9|2)\}$

b) I $3x-9y=-57$

II $-3x+5y=21$

I + II $-4y=-36$ $|:(-4)$

$y=9$ einsetzen in II

$x=8$

Probe: I $-57=-57$ ✓

II $21=21$ ✓ $L=\{(8|9)\}$

3 a) I $y=5x-6$ einsetzen in II

II $7x+7y=42$

$7x+7\cdot(5x-6)=42$

$7x+35x-42=42$ $|+42$

$42x=84$ $|:42$

$x=2$ einsetzen in I

$y=5\cdot 2-6=4$

Probe: I $4=4$ ✓

II $42=42$ $L=\{(2|4)\}$

b) I $y=3x-4$ einsetzen in II

II $4x+8y=80$

$4x+8\cdot(3x-4)=80$ Gleichung lösen

$x=4$ einsetzen in I

$y=8$

Probe: I $8=8$ ✓

II $80=80$ ✓ $L=\{(4|8)\}$

c) I $3x+y=12$ $|-3x$; einsetzen in II Seite 127

II $3x+9y=36$

$3x+9\cdot(12-3x)=36$ Gleichung lösen

$x=3$ einsetzen in I

$y=3$

Probe: I $12 = 12$ ✓

II $36 = 36$ ✓ $L = \{(3|3)\}$

d) I $0{,}5x - 3y = 0{,}1$

II $3y = 0{,}3x - 0{,}9$ | einsetzen in I

$0{,}5x - (0{,}3x - 0{,}9) = 0{,}1$ Gleichung lösen

$x = -4$ einsetzen in II

$y = -0{,}7$

Probe: I $0{,}1 = 0{,}1$ ✓

II $-2{,}1 = -2{,}1$ ✓ $L = \{(-4|-0{,}7)\}$

4 a) I $5x - 4y = 21$ $|\cdot(-2)$

II $3x - 8y = 35$

I $-10x + 8y = -42$

II $3x - 8y = 35$

I + II $-7x = -7$ $|:(-7)$

$x = 1$ einsetzen in II

$y = -4$

Probe: I $21 = 21$ ✓

I $35 = 35$ ✓ $L = \{(1|-4)\}$

b) I $x + y + 6 = 7$ $|-6$

II $8x + 14y - 11 = x$ $|-x + 11$

I $x + y = 1$ $|\cdot(-7)$

II $7x + 14y = 11$

I $-7x - 7y = -7$

II $7x + 14y = 11$

I + II $7y = 4$ $|:7$

$y = \frac{4}{7}$ einsetzen in I

$x = \frac{3}{7}$

Probe: I $7 = 7$ ✓

II $\frac{3}{7} = \frac{3}{7}$ ✓ $L = \left\{\left(\frac{3}{7}\middle|\frac{4}{7}\right)\right\}$

TEST

1. a) I $4x + y = 28$ $|-4x$

II $6x + y = 40$ $|-6x$

I $y = 28 - 4x$

II $y = 40 - 6x$ gleichsetzen

$28 - 4x = 40 - 6x$ $|+6x - 28$

$2x = 12$ $|:2$

$x = 6$ einsetzen in I

$y = 4$

Probe: I $28 = 28$ ✓

I $40 = 40$ ✓ $L = \{(6|4)\}$

b) I $x + y = 5$ $|-y$

II $3x + 9y = 33$

I $x = 5 - y$ einsetzen in II

$3\cdot(5 - y) + 9y = 33$

$15 - 3y + 9y = 33$ $|-15$

$6y = 18$ $|:6$

$y = 3$ einsetzen in I

$x = 2$

Probe: I $5 = 5$ ✓
II $33 = 33$ ✓ $L = \{(2|3)\}$

2. a) I $x + 2y = 6$
II $x - y = 3$ $|\cdot(-1)$
I $x + 2y = 6$
II $-x + y = -3$
I + II $3y = 3$
$y = 1$ einsetzen in II
$x = 4$
Probe: I $6 = 6$ ✓
I $3 = 3$ ✓ $L = \{(4|1)\}$

b) I $4x - 6y = 2$ $|\cdot 3$
II $3x - 7y = -4$ $|\cdot(-4)$
I $12x - 18y = 6$
II $-12x + 28y = 16$
I + II $10y = 22$ $|:10$
$y = 2{,}2$ einsetzen in I
$x = 3{,}8$
Probe: I $2 = 2$ ✓
II $-4 = -4$ ✓ $L = \{(3{,}8|2{,}2)\}$

Pro Teilaufgabe gibt es zwei Punkte.

Auswertung zum Test: Von insgesamt 8 Punkten hast du .... Punkte erreicht.

Super!	In Ordnung!	Bitte noch einmal üben!
8 bis 7 Punkte	6 bis 5 Punkte	Weniger als 5 Punkte

6. Zuordnungen und Funktionen

Zuordnungen, Tabellen und Schaubilder

1 a) In der Tabelle ist die Zuordnung *Größe des Paketsets* ↦ *Preis* dargestellt. Seite 129
b) 1,49 € + 2 · 1,99 € = 5,47 €
Herr Maier muss 5,47 € bezahlen.
c) 1,69 € + 1,99 € = 3,68 €
Frau Yilmaz hat je ein Paketset der Größe S und M gekauft.

2 a) 145 € + 0,06 € · 16 000 = 1105 €
Die Gasrechnung von Familie Maurer betrug 1105 €.
b)

Verbrauch in KwH	7500	10 000	12 500	15 000	17 500	20 000
Preis in €	595	745	895	1045	1195	1345

3 a) Es ist die Zuordnung *Tageszeit* ↦ *Temperatur* dargestellt. Seite 130
b) 4 Uhr: 7 °C, 8 Uhr: 13 °C, 9 Uhr: 14 °C, 19 Uhr: 12 °C
c) Die Temperatur war mit 18 °C um 14:00 Uhr am höchsten.
d) Um 9 Uhr und um 18 Uhr lag die Temperatur bei 14 °C.
e) Die Temperatur lag zwischen 9 Uhr und 18 Uhr bei über 14 °C.

Seite 131 **TEST**

1. a) Dargestellt ist die Zuordnung *Zurückgelegte Strecke* ↦ *Höhe über dem Meeresspiegel.*

b) Nach etwa 4 km Wegstrecke erreicht man den höchsten Punkt.

c) Nach 2,5 km befindet man sich auf einer Höhe von 650 m ü. NN, nach 4 km auf 700 m ü. NN und nach 6,5 km auf 650 m ü. NN.

d) Da der Startpunkt auf einer Höhe von 450 m ü. NN liegt und der Zielpunkt auf 350 m ü. NN, wandert man in der Summe 100 m mehr bergab als bergauf.

e)

Strecke (in km)	0	2	4	6	8	10	11
Höhe (in m)	450	610	700	670	560	430	350

Für die Teilaufgaben a) und b) gibt es je einen Punkt, für c), d) und e) jeweils zwei Punkte.

Auswertung zum Test: Von insgesamt 8 Punkten hast du .... Punkte erreicht.

Super!	In Ordnung!	Bitte noch einmal üben!
8 bis 7 Punkte	6 bis 5 Punkte	Weniger als 5 Punkte

Proportionale Zuordnungen

Seite 133 **1**

Gewicht (in kg)	2	4	1	8	0,5
Preis (in €)	6	12	3	24	1,5

Seite 134 **2**

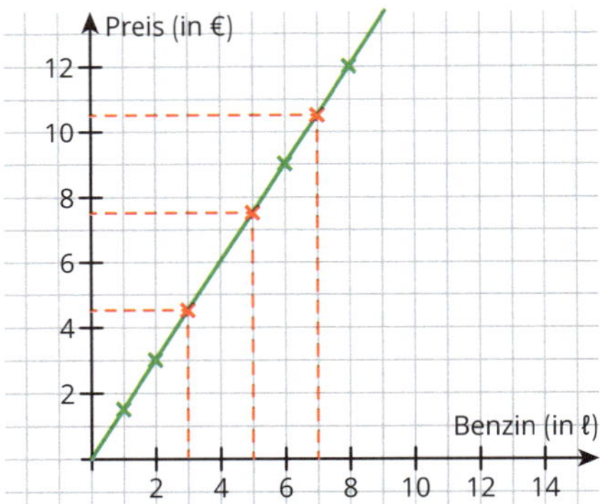

3 ℓ kosten 4,50 €.
5 ℓ kosten 7,50 €.
7 ℓ kosten 10,50 €.

3 a) Überprüfen, ob Quotientengleichheit vorliegt: $\frac{8}{3}$; $\frac{12}{4,5}=\frac{8}{3}$; $\frac{27}{9}=3$

Da die Quotienten **nicht** gleich sind, handelt es sich **nicht** um eine proportionale Zuordnung.

b) Da der Graph der Halbgeraden nicht durch den Ursprung läuft, handelt es sich nicht um eine proportionale Zuordnung.

4 450 g vom Gouda kosten ca. 4,00 €, vom Emmentaler ca. 5,50 € und vom Parmesan ca. 8,50 €.
Wähle für die Zeichnung ein geeignetes Koordinatensystem, zum Beispiel:
auf der x-Achse 1 cm für 100 g und auf der y-Achse 1 cm für 1 €.
Lies anschließend die Kosten für 450 g der jeweiligen Sorte ab (du kannst mit dem Lineal abmessen).

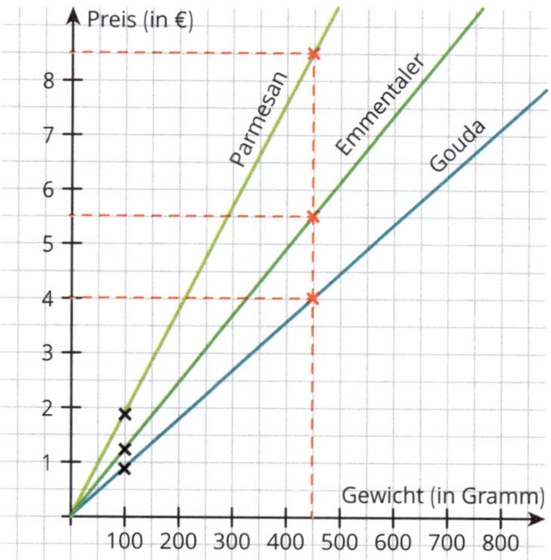

5 a)

	x	y	
	4	28	
:4	1	7	:4
·9	9	63	·9

b)

	x	y	
	7,5	45	
:7,5	1	6	:7,5
:5,5	5,5	33	:5,5

6 a)

	Rosen	Preis	
	12	14,40 €	
:2	6	7,20 €	:2
·3	18	21,60 €	·3

18 Rosen kosten 21,60 €

b)

	Käse	Preis	
	450 g	9,00 €	
:3	150 g	3,00 €	:3
·5	750 g	15,00 €	·5

750 g kosten 15,00 €

TEST

Seite 135

1. a) (6|16) Da man den x-Wert (3) des gegebenen Zahlenpaares verdoppeln muss, um auf 6 zu kommen, muss man das auch mit dem y-Wert machen: (6|2·8).
b) (15|40) c) (9|24) d) (7,5|20)
Pro richtiger Lösung erhältst du einen Punkt.

2.

x	4	6	8	12	64
y	12	18	24	36	192

Für jeden richtigen Wert erhältst du einen Punkt.

3. a) Es handelt sich um die Zuordnung *Menge (in ℓ) ↦ Preis (in €)*.
Eine Verdopplung, Verdreifachung etc. der Anzahl gekaufter Flaschen führt jeweils zu einer Verdopplung, Verdreifachung etc. des Preises.
b) Grafik siehe rechts.
c) 4,5 ℓ kosten in 0,5-ℓ-Flaschen ca. 6,50 €, in den 1,5-ℓ-Flaschen ca. 5,90 €.
Für Teilaufgabe a) gibt es einen Punkt, für die beiden anderen jeweils zwei.

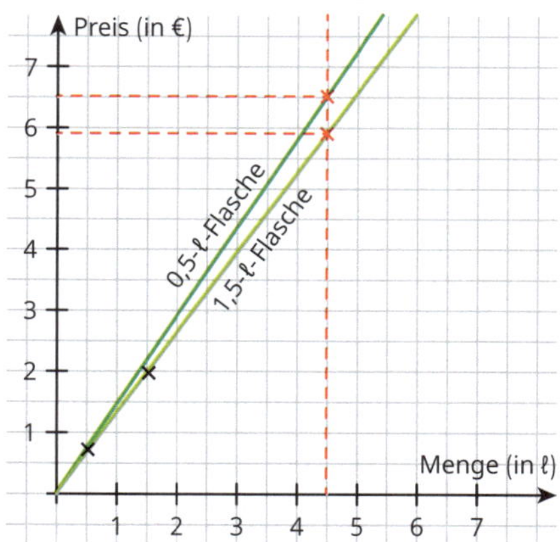

Auswertung zum Test: Von insgesamt 13 Punkten hast du .... Punkte erreicht.

Super!	In Ordnung!	Bitte noch einmal üben!
13 bis 10 Punkte	9 bis 7 Punkte	Weniger als 7 Punkte

Indirekte oder antiproportionale Zuordnungen

Seite 137

1

x	16	6	8	$\frac{16}{3}$	64
y	12	32	24	36	3

2 Prüfe auf Produktgleichheit:

$2 \cdot 15 = 30$; $3 \cdot 10 = 30$; $5 \cdot 6 = 30$; $8 \cdot 4 = 32 \neq 30$; $9 \cdot 2 = 18 \neq 30$

Da die Produkte nicht alle gleich sind, handelt es sich nicht um eine antiproportionale Zuordnung.

Seite 138

3 a) Da der Flächeninhalt, also das Produkt aus den beiden Seitenlängen, immer 12 sein soll, ist die Produktgleichheit gegeben.
Es handelt sich um eine antiproportionale Zuordnung.

b)

a	2	3	4	6
b	6	4	3	2

c) Grafik siehe rechts

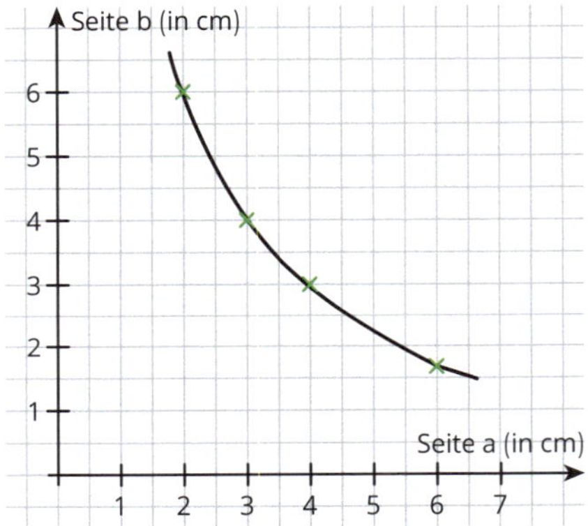

4 a) ☐ p ☐ ap ☒ k   b) ☐ p ☒ ap ☐ k   c) ☒ p ☐ ap ☐ k

5 a)

	x	y	
	6	8	
:6	1	48	·6
·16	16	3	:16

b)

	x	y	
	18	4	
:18	1	72	·18
·24	24	3	:24

6 a)

	Bagger	Stunden	
	4	18	
:4	1	72	·4
·3	3	24	:3

3 Bagger bräuchten 24 Stunden,

b)

	Bagger	Stunden	
	4	18	
:4	1	72	·4
·6	6	12	:6

6 Bagger bräuchten 12 Stunden.

Seite 139

TEST

1. a) (2|45)   b) (2|45)   c) (9|22,5)   d) (0,5|180)

Pro richtig gelöster Teilaufgabe erhältst du einen Punkt.

2.

x	3	1	18	9	8
y	12	36	2	4	4,5
x·y	$3 \cdot 12 = 36$	$1 \cdot 36 = 36$	$18 \cdot 2 = 36$	$9 \cdot 4 = 36$	$8 \cdot 4{,}5 = 36$

Pro richtig eingesetztem Wert gibt es 0,5 Punkte.

3. a)

	Personen	Stunden	
	3	7	
:3 ↓	1	21	↓ ·3
·4 ↓	4	$5\frac{1}{4}$	↓ :4

Es hätte $5\frac{1}{4}$ Stunden gedauert.

Für Teilaufgabe a) gibt es zwei Punkte, für Teilaufgabe b) drei.

b)

	Stunden	Personen	
	7	3	
:7 ↓	1	21	↓ ·7
·4,2 ↓	4,2	5	↓ :4,2

Zunächst muss man die 12 min in Stunden umrechnen: $12 : 60 = 0{,}2$. 4 h 12 min sind also 4,2 h. Es kamen ihnen 2 weitere Personen zu Hilfe.

Seite 140

Auswertung zum Test: Von insgesamt 20 Punkten hast du .... Punkte erreicht.

Super!	In Ordnung!	Bitte noch einmal üben!
13 bis 10 Punkte	9 bis 7 Punkte	Weniger als 7 Punkte

Proportionale und antiproportionale Funktionen

1 a) Funktion b) Funktion c) Funktion d) keine Funktion Seite 142

2 a) Für den Steigungsfaktor m gilt: $m = \frac{21}{3} = 7$. Die Funktion lautet $y = 7x$.

b) $y = 2{,}3x$

c) $y = \frac{25}{x}$

d) Für den Antiproportionalitätsfaktor c gilt: $c = 12 \cdot 10 = 120$.

Die Funktion lautet $y = \frac{120}{x}$.

3 Seite 143

a)	$y = 5{,}4x$	$y = 5{,}4 \cdot 6 = 32{,}4$		P(6|32,4)
b)	$y = 0{,}75x$	$3 = 0{,}75 \cdot x$	$\Rightarrow x = 4$	P(4|3)
c)	$y = \frac{210}{x}$	$y = \frac{210}{30} = 7$		P(30|7)
d)	$y = \frac{46}{x}$	$\frac{23}{4} = \frac{46}{x}$	$\Rightarrow x = 8$	P(8|23/4)

TEST

1. a) Funktion b) keine Funktion c) Funktion

Pro richtige Zuordnung gibt es einen Punkt.

2. a) $y = 2{,}5x$

(3|7,5) (2|5)

b) $y = \frac{8}{x}$

(4|2) (8|1)

(Für die Zeichnung musst du mehrere Wertepaare berechnen.)

Für jede Teilaufgabe gibt es zwei Punkte, einen für die Zeichnung, 0,5 für jedes richtige Zahlenpaar.

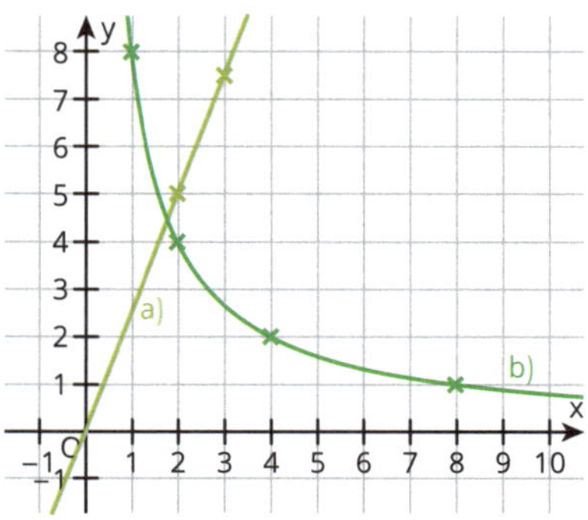

3. a) $m = \frac{7{,}5}{2{,}5} = 3$ b) $c = 8 \cdot 2 = 16$

$\Rightarrow y = 3x$ $\Rightarrow y = \frac{16}{x}$

(Für die Zeichnung musst du bei b) mehrere Wertepaare berechnen.)

Für die Teilaufgaben a) und b) gibt es je zwei Punkte, einen für die Funktionsgleichung, einen für die Zeichnung.

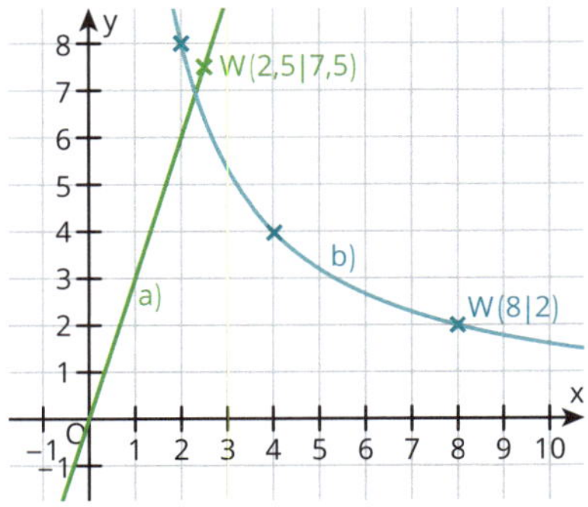

Auswertung zum Test: Von insgesamt 11 Punkten hast du .... Punkte erreicht.

Super!	In Ordnung!	Bitte noch einmal üben!
11 bis 10 Punkte	9 bis 7 Punkte	Weniger als 7 Punkte

Lineare Funktionen

Seite 146

1 f: $y = -3x + 2{,}5$ g: $y = -2x + 1$ h: $y = \frac{3}{4}x + 2{,}5$

2

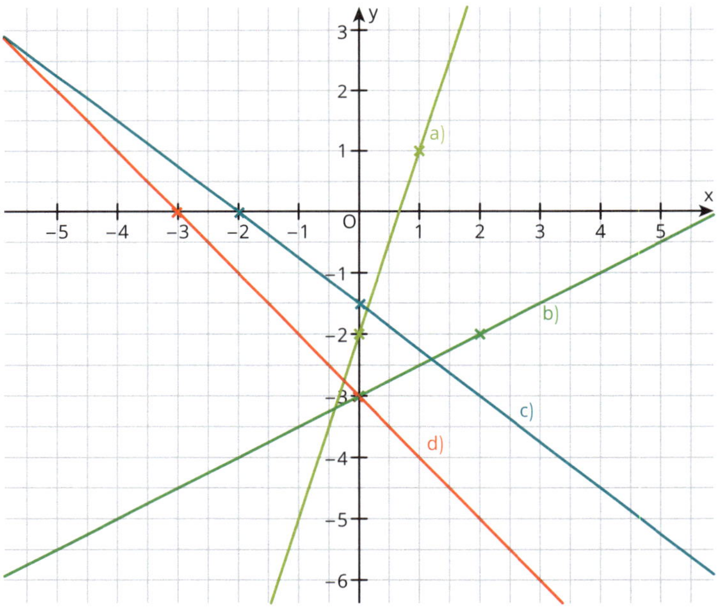

3 a) Koordinaten in die Gleichung einsetzen (Punktprobe):

Seite 147

$5 = -\frac{4}{10}$

$5 = -\frac{2}{5}$ Falsche Aussage, der Punkt liegt nicht auf der Gerade

b) $y = m \cdot x + b$

$6 = -\frac{1}{2} \cdot 4 + b$

$6 = -2 + b$ nach b auflösen!

$8 = b$

Funktionsgleichung: $y = -\frac{1}{2}x + 8$

TEST

1. a) rechnerisch:

$y = m \cdot x + b;$

$m = \frac{0{,}5 - 4}{-2{,}5 - 1} = \frac{-3{,}5}{-3{,}5} = 1$

$4 = 1 \cdot 1 + b$

$b = 3$

Funktionsgleichung: $y = 1x + 3$

b) rechnerisch:

$P(6|3);\ m = \frac{2}{3}$

$y = m \cdot x + b$

$3 = \frac{2}{3} \cdot \frac{6}{1} + b$

$3 = 4 + b \qquad |-4$

$-1 = b$

Funktionsgleichung: $y = \frac{2}{3}x - 1$

c) $3 = 1{,}5 \cdot x - 3 \qquad |+3$

$6 = 1{,}5x \qquad |:1{,}5$

$x = 4$

a), b) c) zeichnerisch:

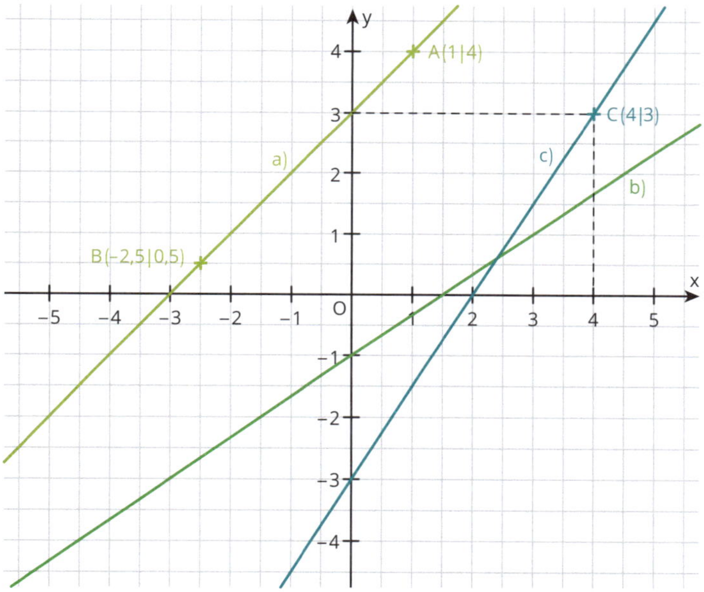

Für jede Teilaufgabe gibt es drei Punkte. Zwei für die Funktionsgleichung und einen für die Grafik.

Auswertung zum Test: Von insgesamt 9 Punkten hast du .... Punkte erreicht.

Super!	In Ordnung!	Bitte noch einmal üben!
9 bis 8 Punkte	7 bis 6 Punkte	Weniger als 5 Punkte

7. Daten und Zufall

Daten erfassen, absolute und relative Häufigkeit

1 a) Sarah: $n = 18$; Jonas: $n = 12$ **Seite 150**

b) Eine solche Liste nennt man Urliste.

c) Strichliste

Augenzahl	1	2	3	4	5	6
Sarah	III	III	III	IIII	II	III
Jonas	II	III	I	II	II	II

Liste der absoluten Häufigkeiten

Augenzahl	1	2	3	4	5	6
Sarah	3	3	3	4	2	3
Jonas	2	3	1	2	2	2

d) Tabelle der relative Häufigkeiten

Augenzahl	1	2	3	4	5	6
Sarah	$\frac{3}{18}=\frac{1}{6}$	$\frac{3}{18}=\frac{1}{6}$	$\frac{3}{18}=\frac{1}{6}$	$\frac{4}{18}=\frac{2}{9}$	$\frac{2}{18}=\frac{1}{9}$	$\frac{3}{18}=\frac{1}{6}$
Jonas	$\frac{2}{12}=\frac{1}{6}$	$\frac{3}{12}=\frac{1}{4}$	$\frac{1}{12}$	$\frac{2}{12}=\frac{1}{6}$	$\frac{2}{12}=\frac{1}{6}$	$\frac{2}{12}=\frac{1}{6}$

e) Beide würfeln relativ gesehen gleich viele Sechsen.

Seite 151 **TEST**

1. a) $n = 20 + 15 + 30 + 10 = 75$

b) Tabelle der Häufigkeiten

Tiere	Pferde	Hunde	Katzen	Sonstige
absolute H.	20	15	30	10
relative H.	$\frac{20}{75}=\frac{4}{15}$	$\frac{15}{75}=\frac{1}{5}$	$\frac{30}{75}=\frac{2}{5}$	$\frac{10}{75}=\frac{2}{15}$

Für Teilaufgabe a) gibt es einen Punkt, für b) zwei Punkte.

2. a) Der Strichliste kann man entnehmen, dass 22 Schülerinnen und Schüler mitgeschrieben haben. Es besuchen also insgesamt 24 Schülerinnen und Schüler die 6c.

b)

Note	1	2	3	4	5	6
absolute H.	3	4	5	5	4	1
relative H.	$\frac{3}{22}$	$\frac{4}{22}=\frac{2}{11}$	$\frac{5}{22}$	$\frac{4}{22}$	$\frac{4}{22}=\frac{2}{11}$	$\frac{1}{22}$

Für Teilaufgabe a) gibt es einen Punkt, für jeden richtigen Wert in der Tabelle 0,5.

3. Zunächst muss man den Stichprobenumfang bestimmen. Der Spalte „Audi" ist zu entnehmen, dass 14 Nennungen einer relativen Häufigkeit von $\frac{1}{5}$ entsprechen. Daraus ergibt sich der Stichprobenumfang $n = 14 \cdot 5 = 70$.

Automarke	Audi	BMW	Dacia	Fiat	sonstige
absolute H.	14	20	$70 \cdot \frac{1}{10} = 7$	$70 \cdot \frac{1}{14} = 5$	$70 - 46 = 24$
relative H.	$\frac{1}{5}$	$\frac{20}{70}=\frac{2}{7}$	$\frac{1}{10}$	$\frac{2}{28}=\frac{1}{14}$	$\frac{24}{70}=\frac{12}{35}$

Für jeden richtigen Wert in der Tabelle gibt es 0,5 Punkte und für das richtige n auch nochmal einen Punkt.

Auswertung zum Test: Von insgesamt 11 Punkten hast du .... Punkte erreicht.

Super!	In Ordnung!	Bitte noch einmal üben!
11 bis 10 Punkte	9 bis 7 Punkte	Weniger als 7 Punkte

Daten grafisch darstellen

Seite 154 **1** a) Sechs Schülerinnen und Schüler haben eine 2 geschrieben.

b) Acht Arbeiten wurden mit einer schlechteren Note als 3 bewertet.

c) Da zu „mindestens die Note gut" nicht nur alle guten, sondern auch die sehr guten Arbeiten zählen, waren es insgesamt neun.

2 a) Insgesamt waren
20 rote + 22 gelbe + 17 weiße + 13 grüne + 18 orangefarbige = 90 Bären
in der Tüte.

b) Da es 17 weiße und 13 grüne Bären gab, waren $90 - (17 + 13) = 60$ Bären weder weiß noch grün.

3 a) Tabelle der Häufigkeiten

Farbe	rot	orange	gelb	grün	weiß
absolute H.	20	18	22	13	17
relative H.	$\frac{20}{90} = \frac{2}{9}$	$\frac{18}{90} = \frac{1}{5}$	$\frac{22}{90} = \frac{11}{45}$	$\frac{13}{90}$	$\frac{17}{90}$

b)[3]

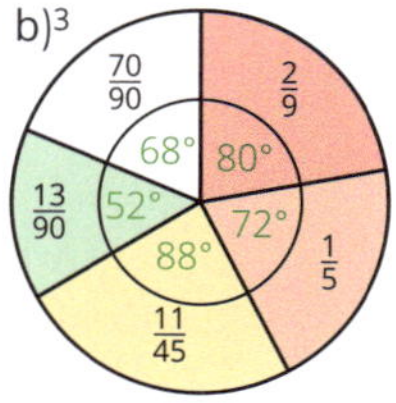

Seite 155

TEST

1. a) $n = 14 + 7 + 6 + 5 + 6 + 11 = 49$ Jonah hat 49 Schülerinnen und Schüler befragt.

b)

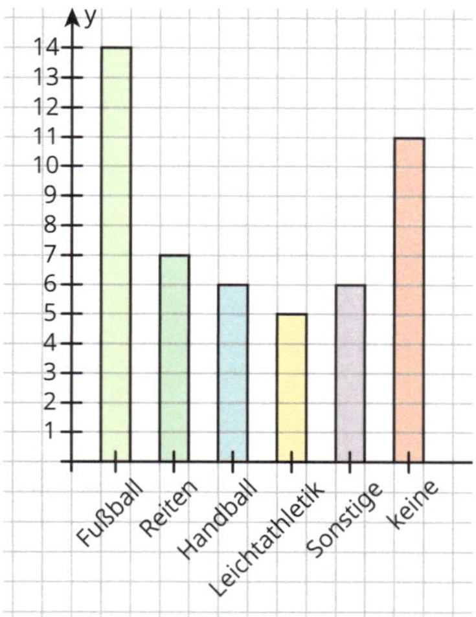

c)

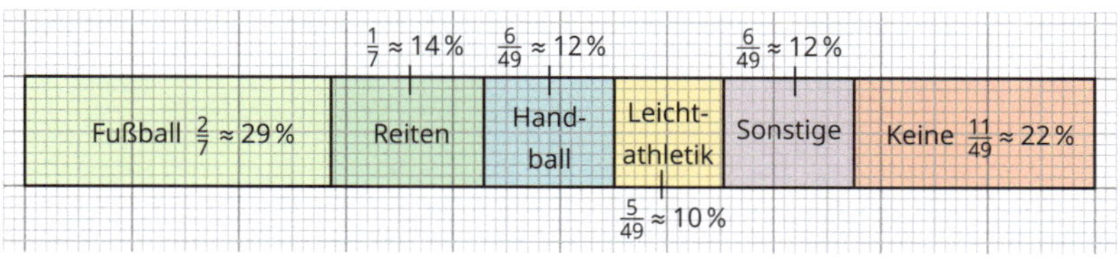

Anmerkung: Wenn man die Prozentangaben der relativen Häufigkeiten rundet, kann es sein, dass man in der Summe nicht exakt auf 100 % kommt. Die Gesamtsumme der Brüche ergibt aber $\frac{1}{1}$, bzw. 100 %

Pro Teilaufgabe gibt es zwei Punkte.

2.

Mängel	Licht	Bremsen	Reflektoren	Glocke
absolute H.	8	4	2	6
relative H.	$\frac{8}{20} = \frac{2}{5} = 0{,}4$	$\frac{4}{20} = \frac{1}{5} = 0{,}2$	$\frac{2}{20} = \frac{1}{10} = 0{,}1$	$\frac{6}{20} = \frac{3}{10} = 0{,}3$

Für die richtige Tabelle gibt es vier Punkte und für jeden Fehler einen Punkt Abzug.

Auswertung zum Test: Von insgesamt 10 Punkten hast du .... Punkte erreicht.

3 Die Winkel musst du nicht in dein Diagramm eintragen. Sie dienen hier lediglich der Kontrolle.Die Winkel musst du nicht in dein Diagramm eintragen. Sie dienen hier lediglich der Kontrolle.

Super!	In Ordnung!	Bitte noch einmal üben!
10 bis 9 Punkte	8 bis 6 Punkte	Weniger als 6 Punkte

Statistische Kenngrößen, Boxplots

Seite 157

1 a) $\frac{1{,}53 + 1{,}46 + 1{,}71 + 1{,}65 + 1{,}53 + 1{,}67 + 1{,}69 + 1{,}58 + 1{,}73 + 1{,}62}{10} \approx 1{,}62$

Die Durchschnittsgröße der Gruppe beträgt etwa 1,62 m.

b) Erstelle zuerst eine geordnete Rangliste:

1,46 m; 1,53 m; 1,53 m; 1,58 m; 1,62 m; 1,65 m; 1,67 m; 1,69 m; 1,71 m; 1,73 mm

Gerade Anzahl Werte ⇒ Median = $\frac{1{,}62\,m + 1{,}65\,m}{2} = 1{,}635\,m$

Modalwert = 1,53 m

2 a)

Reihe 1	35	37	39	41	42	42	48	51	52	62
Reihe 2	37	39	40	46	47	50	51	55	58	

b) Median 1 = $\frac{42 + 42}{2} = 42$ Median 2 = 47

arithmetisches Mittel 1 = $\frac{35 + 37 + 39 + 41 + 42 + 42 + 48 + 51 + 52 + 62}{10} = 44{,}9$

arithmetisches Mittel 2 = $\frac{37 + 39 + 40 + 46 + 47 + 50 + 51 + 55 + 58}{9} = 47$

Modalwert 1 = 42

Modalwert 2 gibt es nicht, da alle Werte gleich oft vorkommen.

c) Reihe 1: Minimum = 35; Maximum = 62; Spannweite = 62 – 35 = 27

Reihe 2: Minimum = 37; Maximum = 58; Spannweite = 58 – 37 = 21

d) Kommt ein weiterer Wert zur zweiten Reihe dazu, enthält sie ebenfalls zehn Werte und der Median ist der Mittelwert aus dem 5. und 6. Wert. Da der 5. Wert 47 ist, muss der neue Wert 49 sein, damit der errechnete Mittelwert den geforderten Median von 48 ergibt.

e) unteres Quartil 1 = 38; oberes Quartil 1 = 51,5. unteres Quartil 2 = 39,5; oberes Quartil 2 = 53 Die Spannweite ist in Reihe 1 größer. Die erste Reihe ist auch deutlich asymmetrischer, das untere Viertel ist deutlich schmaler als das obere. (Hinweis: Eine solche Verteilung nennt man „schief".)

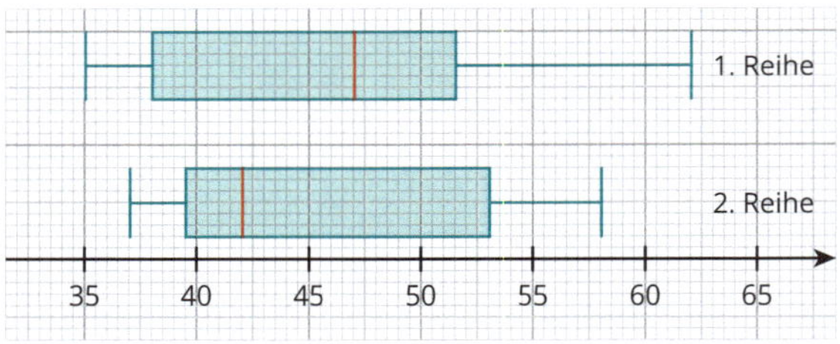

TEST

1. a) Mittelwert = $\frac{10 + 8 + 15 + 21 + 30 + 8 + 17 + 23}{8} = 16{,}5$

b) sortierte Liste: 8; 8; 10; 15; 17; 21; 23; 30

Median = $\frac{15 + 17}{2} = 16$

Modalwert = 8

Minimum = 8; Maximum = 30

Spannweite 30 – 8 = 22

2. a) geordnete Rangliste:

43	45	45	46	48	49	51	52	53	55	57	57	61

Arithmetisches Mittel = $\frac{43+45+45+46+48+49+51+52+53+55+57+57+61}{13} \approx 51$.
Die durchschnittliche Herzschlagfrequenz lag bei ca. 51.

b) benötigte Kenngrößen: Median = 51; unteres Quartil = 45,5; oberes Quartil = 56;
Minimum = 43; Maximum 61, Spannweite = 61 − 43 = 18
Boxplot:

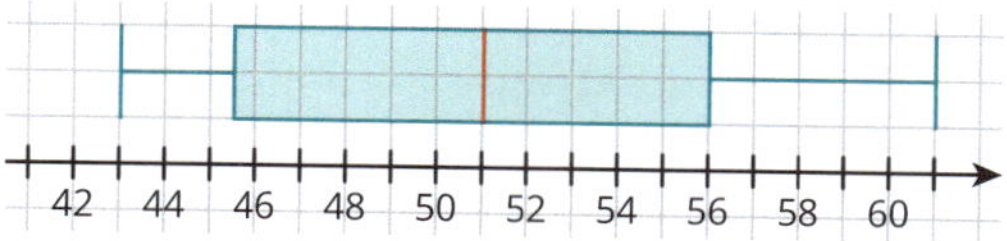

Zufallsexperimente, Ereignisse, Wahrscheinlichkeiten

1 a) A = {1; 3; 5} B = {3; 6} C = {2; 3; 5} D = {4; 5; 6} **Seite 159**
b) E: Die Augenzahl ist mindestens 5.
F: Die Augenzahl ist eine Quadratzahl.
G: Die Augenzahl ist mindestens 2 und höchstens 3.

2 $p(A) = \frac{3}{6} = \frac{1}{2} = 0{,}5$ $p(B) = \frac{2}{6} = \frac{1}{3}$ $p(C) = \frac{3}{6} = \frac{1}{2} = 0{,}5$ $p(D) = \frac{3}{6} = \frac{1}{2} = 0{,}5$ **Seite 160**

3 $p(A) = \frac{1}{32}$ $p(B) = \frac{4}{32} = \frac{1}{8}$ $p(C) = \frac{8}{32} = \frac{1}{4}$ $p(D) = \frac{16}{32} = \frac{1}{2}$
$p(E) = \frac{12}{32} = \frac{3}{8}$

4 a) Die Winkel müssen jeweils 360° : 6 = 60° groß sein. Allerdings gilt auch ein Glücksrad mit unterschiedlich großen Öffnungswinkeln als Laplace-Experiment. Dabei denkt man sich eine Einteilung in 1°-Schritten, von denen die unterschiedlich großen Sektoren eben unterschiedlich viel beinhalten. Und die Wahrscheinlichkeit, dass das Glücksrad in einem 1°-Sektor stehen bleibt, ist immer gleich.
b) $p(A) = \frac{1}{6}$ $p(B) = \frac{3}{6} = \frac{1}{2}$
c) Es sind verschiedene Lösungen denkbar, zum Beispiel:
E_1: Es wird eine gerade Zahl gedreht. (Die Null gehört zu den geraden Zahlen.)
E_2: Es wird mindestens eine 4 gedreht.
E_3: Es wird höchstens eine 3 gedreht.

5 a) p(gleicher Monat) = $\frac{1}{12}$ b) p(gleicher Tag) = $\frac{1}{365}$ **Seite 161**

TEST

1. a) Nachdem Marie bereits die Kugel mit der 2 gezogen hat, sind noch 9 Kugeln in der Urne, $p(3) = \frac{1}{9}$.
b) Möglich sind noch: 0; 4; 6; 8, also: p(gerade Ziffer) = $\frac{4}{9}$.
c) Da Marie zuerst die 2 gezogen hat, muss sie jetzt mindestens die Ziffer 6 ziehen, damit die Quersumme größer ist als 7. Also: p(Quersumme größer als 7) = $\frac{4}{9}$.
Pro Teilaufgabe gibt es einen Punkt.

2. $p(A) = \frac{1}{2}$ $p(B) = \frac{1}{8}$ $p(C) = \frac{1}{8} + \frac{1}{8} = \frac{1}{4}$
Für jedes richtige Ergebnis erhältst du einen Punkt.

3. a) A = {2; 3; 5; 7}
B = {0; 4; 8} (Achtung: Null ist durch jede von Null verschiedene Zahl teilbar!)
C = {0; 1; 2; 3} D = {0; 5}
b) $\overline{A}$: Die Zahl ist keine Primzahl. $p(\overline{A}) = 1 - \frac{4}{10} = \frac{6}{10}$

$\overline{B}$: Die Zahl ist nicht durch 4 teilbar. $p(\overline{B}) = 1 - \frac{3}{10} = \frac{7}{10}$

$\overline{C}$: Die Zahl ist mindestens 4 (Achtung: „größer als 4“ wäre falsch, da dann die 4 in keinem der beiden Ereignisse enthalten wäre!). $p(\overline{C}) = 1 - \frac{4}{10} = \frac{6}{10} = \frac{3}{5}$

$\overline{D}$: Die Zahl ist nicht durch 5 teilbar. $p(\overline{D}) = 1 - \frac{2}{10} = \frac{8}{10} = \frac{4}{5}$

Du bekommst einen Punkt für jedes richtige Teilergebnis, insgesamt also acht.

Auswertung zum Test: Von insgesamt 14 Punkten hast du …….. Punkte erreicht.

Super!	In Ordnung!	Bitte noch einmal üben!
14 bis 12 Punkte	11 bis 8 Punkte	Weniger als 8 Punkte

Mehrstufige Zufallsexperimente; Baumdiagramm

Seite 163

1 a)

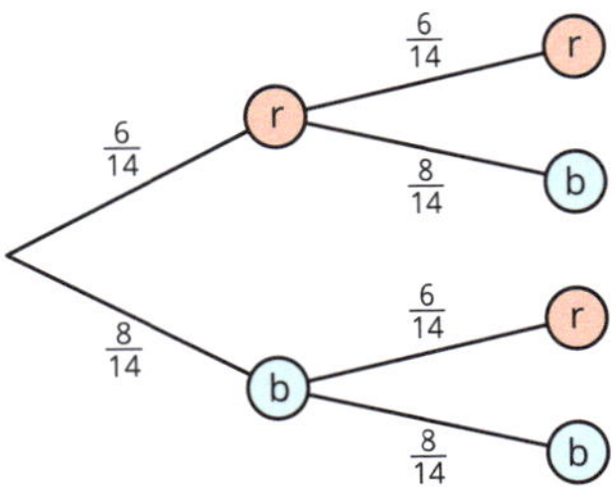

b) $p(r\,r) = \frac{6}{14} \cdot \frac{6}{14} = \frac{9}{49}$

c) $p(b\,r) = \frac{8}{14} \cdot \frac{6}{14} = \frac{12}{49}$

d) p(blau und rot)
$= p(b\,r) + p(r\,b)$
$= \frac{12}{49} + \frac{6}{14} \cdot \frac{8}{14} = \frac{24}{49}$

Seite 164

2 a)

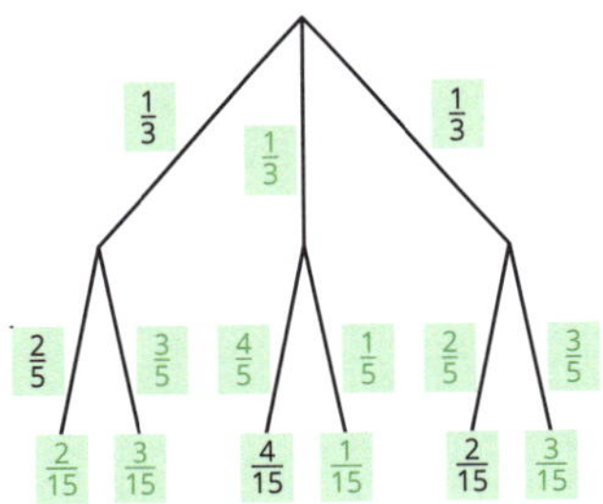

b)

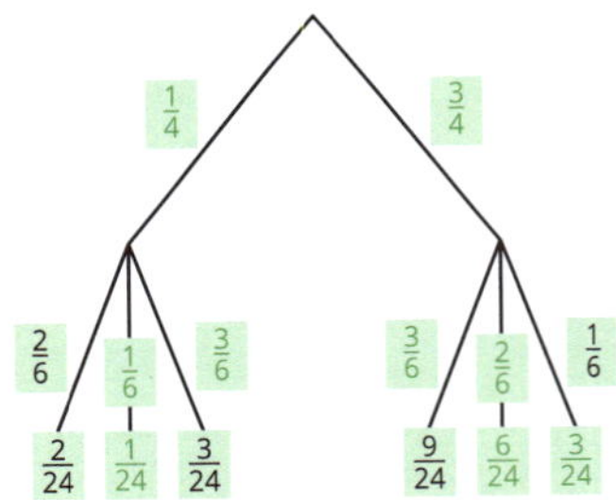

3 a)

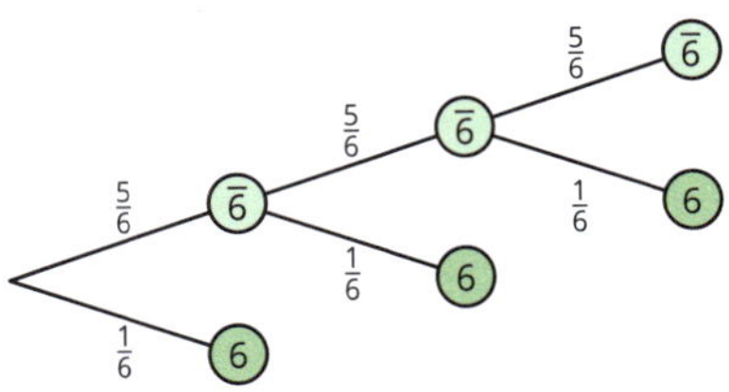

b) Du darfst in der ersten Runde starten, wenn du im ersten, zweiten oder dritten Wurf eine 6 würfelst.
p(erste Runde)
$= p(6) + p(\overline{6}; 6) + p(\overline{6}; \overline{6}; 6)$
$= \frac{1}{6} + \frac{5}{6} \cdot \frac{1}{6} + \frac{5}{6} \cdot \frac{5}{6} \cdot \frac{1}{6} = \frac{91}{216} \approx 0{,}42$

4 a)

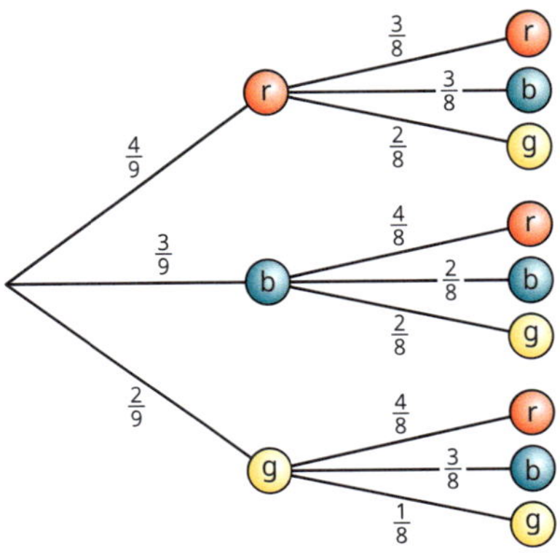

Achtung es handelt sich um eine Aufgabe ohne Zurücklegen!

b) p(gleichfarbige Kugeln)
$= p(r\,r) + p(b\,b) + p(g\,g)$
$= \frac{4}{9} \cdot \frac{3}{8} + \frac{3}{9} \cdot \frac{2}{8} + \frac{2}{9} \cdot \frac{1}{8}$
$= \frac{20}{72} = \frac{5}{18}$

Seite 165

5 a)

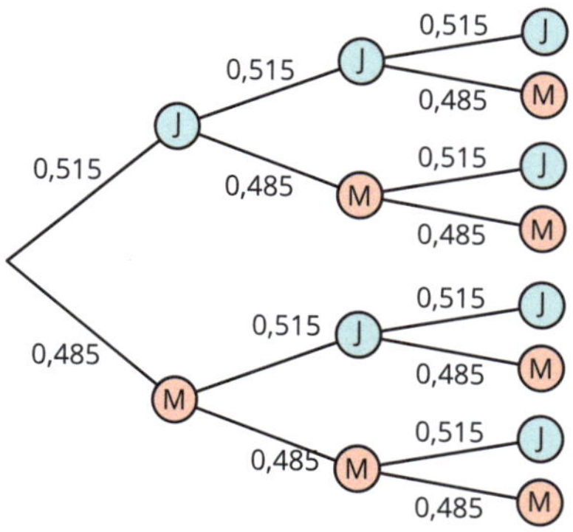

b) $p(JJJ) = 0{,}515 \cdot 0{,}515 \cdot 0{,}515$
$= 0{,}515^3 \approx 0{,}137$
$p(MMM) = 0{,}485^3 \approx 0{,}114$

TEST

1.

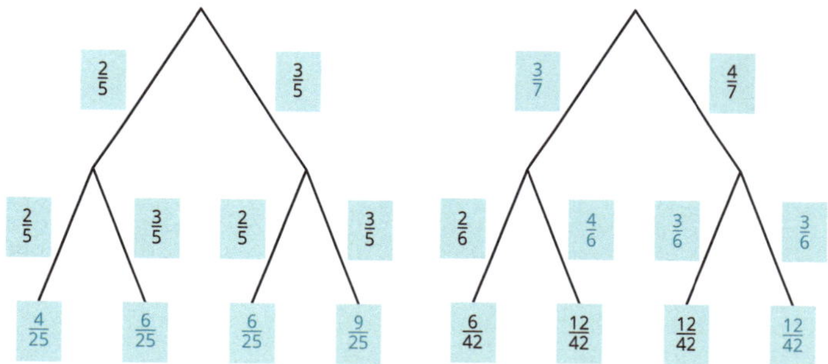

Für jeden vollständig und richtig beschrifteten Baum gibt es zwei Punkte.

2. a)

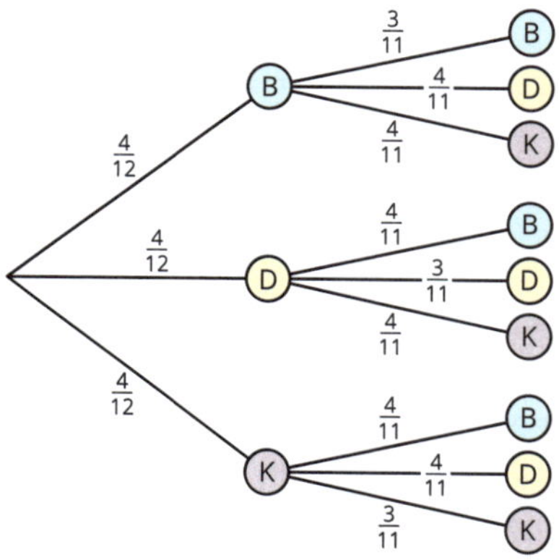

b) $p(DD) = \frac{4}{12} \cdot \frac{3}{11} = \frac{1}{11} \approx 0{,}09$

c) p(mind. einmal Bube)
$= p(BD) + p(DB) + p(BK) + p(KB) + p(BB)$
$= \left(\frac{4}{12} \cdot \frac{4}{11}\right) \cdot 4 + \frac{4}{12} \cdot \frac{3}{11} = \frac{19}{33} \approx 0{,}58$

d) p(zwei verschiedene Karten)
= 1 – p(zwei gleiche Karten)
$= 1 - (p(BB) + p(DD) + p(KK))$
$= 1 - \left(\frac{4}{12} \cdot \frac{3}{11}\right) \cdot 3$
$= 1 - \frac{3}{11} = \frac{8}{11}$
$\approx 0{,}73$

Für Teilaufgabe b) gibt es einen Punkt, für die anderen jeweils zwei Punkte.

Auswertung zum Test: Von insgesamt 11 Punkten hast du …….. Punkte erreicht.

Super!	In Ordnung!	Bitte noch einmal üben!
11 bis 10 Punkte	9 bis 7 Punkte	Weniger als 7 Punkte

Glossar

Hier findest du wichtige Begriffe noch einmal erklärt.

- **Absolute Häufigkeit:** Angabe wie oft ein bestimmter Wert in einer Stichprobe vorkommt (Anzahl).
- **Baumdiagramm:** Grafische Darstellungsform der möglichen Ergebnisse bei mehrstufigen Zufallsexperimenten.
- **Boxplot:** Übersichtliche Darstellung von Daten in einem Diagramm (wie z. B. Minimum, Maximum, Median, Quartil, Spannweite).
- **Datenerfassung:** Bezeichnet das Sammeln und Auswerten von Daten, beispielsweise in einer Umfrage.
- **Dezimalbruch:** Ein Bruch, dessen Nenner eine Zehnerpotenz (10; 100, 1000 ...) ist. Die Darstellung erfolgt in der Regel als Dezimalzahl („Kommazahl").
- **Diagramm:** Grafische Darstellung von Daten. Häufig als Piktogramm, Säulen- oder Kreisdiagramm.
- **Dreisatz:** Rechenmethode (mit drei Schritten) zur Bestimmung beliebiger Wertepaare von (anti-)proportionalen → Zuordnungen und in der Prozentrechnung.
- **Ereignis:** Teilmenge aller möglichen Ergebnisse eines → Zufallsexperiments. Ereignisse mit nur einem möglichen Ergebnis heißen Elementarereignisse.
- **Faktorisieren:** Ausklammern gemeinsamer Faktoren aus einer Summe oder Differenz von Produkten. Beispiel: $2xy - 2yz = 2y(x - z)$.
- **Flächenmaß (auch Flächenmaßeinheit):** Maßeinheit zur Angabe des Flächeninhalts einer Fläche. Umwandlung in die nächstgrößere oder -kleinere Maßeinheit erfolgt mit dem Faktor 100.
- **Funktion:** Eine eindeutige Zuordnung, bei der jedem Element aus der Definitionsmenge genau ein Element aus der Wertemenge zugeordnet wird.
- **Ganze Zahlen (Symbol $\mathbb{Z}$):** Menge aller ganzen Zahlen. $\mathbb{Z} = \{...; -2; -1; 0; 1; 2; ...\}$.
- **Gegenereignis:** Menge aller Ergebnisse eines Zufallsexperiment, die nicht zu einem Ereignis E gehören. Symbol $\overline{E}$ (lies: E quer).
- **Grundwert:** Begriff aus der Prozentrechnung. Beschreibt die Ausgangsgröße, auf die sich der → Prozentsatz bezieht.
- **Gleichung:** Gleichheit zweier Terme, die mit einem Gleichheitszeichens verbunden sind.

- **Hauptnenner:** Das kleinste gemeinsame Vielfache der Nenner mehrerer Brüche.
- **Hyperbel:** Graph, auf dem alle Werte einer antiproportionalen → Zuordnung liegen.
- **Inkreismittelpunkt:** Schnittpunkt der Winkelhalbierenden eines Dreiecks.
- **Koordinatensystem:** Senkrecht aufeinander stehende x- und y-Achsen mit der Bezeichnung der Position von Punkten $P(x|y)$.
- **Körper:** Dreidimensionale Gebilde wie Würfel, Quader, Zylinder, Kegel, Pyramide, Kugel.
- **Kongruenzsätze:** Aussagen, mit denen sich die Kongruenz („Deckungsgleichheit") von Dreiecken nachweisen lässt. Es gelten die Sätze: sss; sws; Ssw; wsw und sww. Werden auch zur Konstruktion von Dreiecken verwendet.
- **Kreiszahl π (lies: pi):** Konstante, die dem Verhältnis vom Umfang eines Kreises zu seinem Durchmesser entspricht, $\pi \approx 3{,}14$.
- **Laplace-Experiment:** Zufallsexperiment, bei dem alle Ausgänge gleichwahrscheinlich sind. Für die Wahrscheinlichkeit eines solchen Experiments gilt: $p(E) = \frac{\text{Anzahl der für E günstigen Ergebnisse}}{\text{Anzahl aller möglichen Ergebnisse}}$
- **Lösungsmenge:** Menge aller Lösungen einer (Un-)Gleichung.
- **Natürliche Zahlen (Symbol ℕ):** Menger aller positiven ganzen Zahlen einschließlich der Null. $\mathbb{N} = \{0; 1; 2; 3 \ldots\}$.
- **Netz:** Darstellung eines Körpers, bei der die Flächen des Körpers in der Ebene ausgebreitet abgebildet werden.
- **Nullstelle:** Schnittpunkt eines Funktionsgraphen mit der x-Achse.
- **Oberfläche:** Gesamtheit der Flächen, die einen Körper von außen begrenzen.
- **Orthogonal:** rechtwinklig.
- **Pfadregeln:** Regeln zur Berechnung der Wahrscheinlichkeit eines Ergebnisses (Multiplikationsregel), bzw. eines Ereignisses (Summenregel) eines mehrstufigen Zufallsexperiments anhand eines → Baumdiagramms.
- **Primzahl:** Eine natürliche Zahl, die ausschließlich durch sich selbst und durch 1 teilbar ist.
- **Prisma:** Geometrische Körper, dessen Grundfläche ein beliebiges Vieleck ist. Alle Seitenkanten sind parallel zueinander und gleich lang. Grund und Deckfläche sind kongruent/deckungsgleich.

- **Proportionalität:** Zwei Größen einer Zuordnung sind proportional, wenn sie immer im selben Verhältnis zueinander stehen. Man unterscheidet (direkt) proportionale und antiproportionale Zuordnungen.
- **Prozentsatz:** Begriff aus der Prozentrechnung. Beschreibt den Anteil des Ganzen. Beispiel: $p\,\% = 23\,\% = \frac{23}{100}$.
- **Prozentwert:** Begriff aus der Prozentrechnung. Beschreibt die Größe des durch den → Prozentwert festgelegten Anteil des Ganzen.
- **Rationale Zahlen (Symbol $\mathbb{Q}$):** Menge aller Zahlen, die sich als Bruch darstellen lassen.
- **Relative Häufigkeit:** Der relative Anteil eines Merkmalswertes am Gesamtumfang einer Stichprobe. Entspricht dem Quotient aus absoluter Häufigkeit und → Stichprobenumfang $\left(\frac{H}{n}\right)$
- **Schwerpunkt:** Schnittpunkt der → Seitenhalbierenden eines Dreiecks.
- **Seitenhalbierende:** Strecke zwischen einem Eckpunkt eines Dreiecks und der Mitte der gegenüberliegenden Seite.
- **Steigung:** Maß für die Steilheit einer Geraden. Für die Steigung einer beliebigen Geraden gilt: $m = \frac{y_2 - y_1}{x_2 - x_1}$
- **Stichprobenumfang:** Anzahl der untersuchten Elemente bei einer Datenerfassung (z. B. Anzahl befragte Schüler).
- **Term:** Mathematischer Ausdruck, der Zahlen und Buchstaben (→ Variablen) enthalten kann.
- **Umkreismittelpunkt:** Schnittpunkt der Mittelsenkrechten eines Dreiecks.
- **Variablen:** Platzhalter für Zahlen in Termen und Gleichungen.
- **Winkelsumme:** Summe der Innenwinkel in einem n-Eck. Winkelsumme im Dreieck: 180°, Winkelsumme im Viereck: 360°.
- **x-Achse:** waagerechte Achse des Koordinatensystems.
- **y-Achse:** senkrechte Achse des Koordinatensystems.
- **Zufallsexperiment:** Ein Vorgang der genau beschreibbar und unter gleichen Bedingungen beliebig oft wiederholbar ist, ohne dass sich sein Ausgang vorhersagen lässt.
- **Zuordnung:** Hängt eine Größe von einer anderen ab, spricht man von einer Zuordnung (Symbol $\mapsto$). Zum Beispiel
  Anzahl Schüler $\mapsto$ benötigte Tische im Klassenzimmer

Stichwortverzeichnis